NOTIONS

DE CHIMIE

Tout exemplaire de cet ouvrage non revêtu de ma griffe sera réputé contrefait.

SOCIÉTÉ ANONYME D'IMPRIMERIE DE VILLEFRANCHE-DE-ROUERGUE
Jules Bardoux, Directeur.

NOTIONS
DE CHIMIE

APPLIQUÉES

AUX ARTS, A L'HYGIÈNE ET A L'ÉCONOMIE DOMESTIQUE

A L'USAGE DES DEMOISELLES

PAR

PAUL POIRÉ

Ancien élève de l'École normale, Agrégé de l'Université,
Professeur au lycée Condorcet, et à l'École normale supérieure de Saint-Cloud.

OUVRAGE ORNÉ DE 140 GRAVURES INTERCALÉES DANS LE TEXTE

HUITIÈME ÉDITION

PARIS

LIBRAIRIE CH. DELAGRAVE

15, RUE SOUFFLOT, 15

1889

PRÉFACE

DE LA PREMIÈRE ÉDITION

Les sciences physiques ont pris, depuis le commencement de ce siècle, un tel essor ; elles ont servi de point de départ à tant d'applications fécondes, à tant d'industries utiles, que leur étude ne peut plus rester le privilége de quelques-uns : elles doivent être vulgarisées et connues de tous.

Les femmes elles-mêmes, qu'on a eu le tort jusqu'ici de ne pas initier assez à la connaissance des grandes lois de la nature, doivent avoir leur part dans cet enseignement des sciences physiques. Là, comme ailleurs, il est nécessaire qu'elles acquièrent des connaissances qui leur permettent de participer davantage à l'éducation de leurs enfants et de mieux seconder ceux qui se vouent à l'enseignement de la jeunesse.

Combien de mères, à notre époque, et je parle des plus instruites et des plus intelligentes, qui sont obligées de rester muettes devant les questions d'un enfant, devant ces questions qui révèlent tant de grâces naïves et mettent souvent en évidence un talent d'observation qui étonne! La réponse cependant serait souvent bien facile pour celles qui auraient étudié les éléments des sciences.

Combien de femmes aussi pour lesquelles les lois les plus simples de l'hygiène et de l'économie domestique restent incomprises, parce qu'elles ignorent les principes qui leur servent de base!

Notre but, en rédigeant le double ouvrage que nous publions, a été de concourir, pour notre faible part, à cette œuvre de vulgarisation qui est une nécessité de notre époque.

Pour atteindre le but, il faut enlever à la science ce qu'elle a de rude et d'austère, se rappeler souvent que, si les formes du langage scientifique sont nécessaires aux progrès, elles nuisent à la vulgarisation. Nous avons écarté de ces leçons tous les faits d'importance secondaire, restés jusqu'ici sans application, pour ne porter l'attention que sur les principaux, et mieux faire ressortir de leur examen les grandes lois qui les résument, et qui président avec tant d'harmonie au jeu des forces de la nature.

Nous avons toujours essayé de parler un langage que tous puissent facilement comprendre, sans rien perdre cependant de la rigueur et de la précision qui doivent être les premières qualités de tout ouvrage scientifique.

La plupart des applications pratiques ont été étudiées avec détails. Nous citerons :

En physique : le chauffage et la ventilation des appartements, les machines à vapeur, la galvanoplastie, la télégraphie électrique, la photographie, les instruments de musique.

En chimie : les propriétés de l'air, de l'eau, et leurs applications ; les procédés de blanchiment de la laine, de la soie, du lin et du coton ; l'étude du diamant et des principales variétés de charbon ; le gaz de l'éclairage, le blanchissage du linge, la fabrication des poteries, des porcelaines et du verre ; les propriétés des métaux utiles ; la fabrication du vinaigre, de l'amidon, du papier, du vin, de la bière, du cidre, des bougies, des savons, etc. ; l'étude du lait, du beurre et des conserves alimentaires.

P. POIRÉ.

NOTIONS
DE CHIMIE

LIVRE PREMIER

CHAPITRE PREMIER

1. Les corps de la nature peuvent subir dans leurs propriétés des modifications fréquentes, que l'on désigne sous le nom de *phénomènes.* Tantôt ces modifications n'altèrent pas la nature intime des corps ; ce sont les *phénomènes physiques.* Un morceau de fer que l'on chauffe s'allonge et se dilate dans tous les sens ; mais si on le laisse se refroidir, il revient peu à peu à ses dimensions primitives. Ici le phénomène consiste en un changement de dimensions, en une dilatation de ce morceau de fer ; la nature du corps n'a pas été changée : c'est un phénomène physique. Nous en dirons autant de la modification que subit dans son état un morceau de plomb soumis à l'action de la chaleur : il se fond, devient liquide ; mais si on l'abandonne à lui-même, il se refroidit et reprend l'état solide, sans qu'aucune de ses propriétés soit changée.

Si, au contraire, nous abandonnons à l'air humide un morceau de fer, sa surface, d'abord brillante et polie, se ternit et se recouvre bientôt d'une couche jaunâtre *d'oxyde de fer,* produite par l'union intime du fer et de l'oxygène contenu dans l'air ; le corps qui résulte de ce phénomène, n'est plus du fer : il a des propriétés entièrement différentes de celles du métal. Il en serait de même du plomb que l'on maintiendrait fondu à l'air : il finirait par se transformer tout entier en *oxyde de plomb*, corps jaune, tout différent du métal qui lui a donné naissance. Dans ces deux exemples nous retrouvons les caractères d'un phénomène chimique.

2. Objet de la chimie. — L'étude des phénomènes chimiques fait l'objet de la chimie, tandis que la physique s'occupe des phénomènes physiques. Mais la chimie n'étudie pas seulement les phénomènes physiques et les lois auxquelles ils sont soumis ; elle étudie encore les corps isolément, pour faire la description de leurs principales propriétés extérieures (état, couleur, densité, odeur, points de fusion et de volatilisation, etc.). Elle apprend à les distinguer les uns des autres, et donne les moyens de déceler la présence de chacun d'eux, alors même que la division qu'ils ont subie et la ténuité de leurs parties sembleraient devoir les faire échapper à toute investigation.

3. Corps simples. Corps composés. — Il est des corps dont on n'a pu retirer jusqu'ici qu'une seule espèce de matière ; tels sont le phosphore, le soufre, le fer, le mercure, etc. Ces corps, qui sont maintenant au nombre de 64, sont dits *simples*. Les corps simples peuvent, en se combinant entre eux, donner lieu à des corps que l'on désigne sous le nom de *corps composés*.

L'expérience suivante va nous prouver l'existence des corps composés. Introduisons dans la cornue B (fig. 1) une poussière rouge désignée sous le nom de *bioxyde de mercure*, et chauffons la cornue à l'aide d'un fourneau F ou d'une forte lampe. Nous verrons bientôt la poudre rouge brunir, puis se décomposer en deux corps distincts : l'un, le *mercure*, qui vient se déposer en gouttelettes brillantes sur la panse et le col *b* de la cornue et leur donne l'aspect d'un miroir ; l'autre, l'*oxygène*, corps gazeux, qui, sortant par le tube C, se rend, sous forme de bulle, dans une cloche en verre E ; cette cloche, appelée *éprouvette*, est remplie d'eau et renversée sur une cuvette T contenant

également de l'eau ; elle repose sur une capsule retour-
née D, ou têt à gaz, qu'on voit en *a, b, c* (fig. 2) et qui
présente deux ouvertures : l'une allongée, par laquelle le

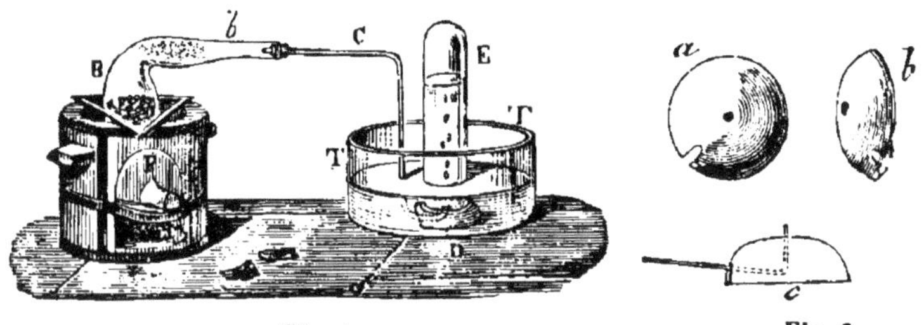

Fig. 1.   Fig. 2.

tube entre sous le têt ; l'autre circulaire, par laquelle il pénètre dans l'éprouvette. A mesure que le gaz se dégage,
il se rend dans l'éprouvette, dont il chasse l'eau ; lorsqu'elle est remplie, soulevons-la et plongeons-y une allumette ne présentant plus que quelques points en ignition :
nous la verrons se rallumer et brûler avec un vif éclat.
Cette expérience nous prouve bien l'existence de *corps
composés,* puisque nous avons retiré du bioxyde de mercure deux substances distinctes, le mercure et l'oxygène.

4. Analyse. Synthèse. — La chimie a, pour déterminer
la constitution des corps composés, deux méthodes différentes, l'*analyse* et la *synthèse.*

Analyser un corps, c'est le décomposer en ses éléments ; en faire la *synthèse,* c'est prendre les éléments
que l'on suppose entrer dans sa constitution et les combiner pour reconstituer le corps. Dans l'expérience précédente, nous avons fait l'analyse du bioxyde de mercure,
car nous l'avons décomposé en ses deux éléments, le
mercure et l'oxygène. Si, au contraire, chauffant le mercure au contact de l'oxygène, nous combinons ces deux
corps pour reconstituer le bioxyde de mercure, nous ferons la synthèse de cet oxyde.

L'analyse est *qualitative* quand elle ne détermine que
la nature des éléments ; elle est *quantitative* quand elle
détermine leurs proportions relatives.

5. Constitution des corps. Atomes. — Tous les corps
sont divisibles en un nombre plus ou moins grand de
parties. La nature nous offre de nombreux exemples de
divisibilité de la matière, qu'elle pousse quelquefois très
loin. On a peine à se figurer la ténuité des particules qui
se détachent à chaque instant de certaines substances
odorantes. Un grain de musc, abandonné dans un appartement, où l'air se renouvelle constamment, répand ses
particules odorantes de toutes parts, et, au bout de plusieurs mois, la diminution de poids qu'il a subie est à
peine sensible.

Quelques milligrammes de cette substance colorante
si riche que les teinturiers emploient sous le nom de
fuchsine, suffisent à colorer en rouge plusieurs litres
d'eau. A quel degré de divisibilité faut-il que cette matière parvienne pour que la coloration qu'elle commu-
munique à l'eau se répande dans un aussi grand volume !

Sans pouvoir atteindre, par des opérations mécaniques,
au degré de divisibilité dont ces exemples donnent l'idée,
l'homme peut néanmoins arriver à des résultats dont
nous signalerons les plus frappants.

Les feuilles d'or dont se servent les doreurs sont tellement minces, qu'il faudrait en superposer vingt mille
pour atteindre l'épaisseur d'un millimètre.

Wollaston est parvenu à fabriquer un fil de platine
dont le diamètre était inférieur à $\frac{1}{1200}$ de millimètre ; il
aurait fallu plus de 144 morceaux de ce fil, juxtaposés,
pour constituer un faisceau qui eût la grosseur d'un fil
de soie de cocon.

Bien que la divisibilité de la matière puisse être poussée
très loin, les lois de la chimie ne nous permettent pas
d'admettre qu'elle aille à l'infini, et nous appellerons *atomes* les parties insécables des corps vis-à-vis desquelles
s'arrête la divisibilité de la matière. Nous appellerons
molécule d'un corps composé la plus petite partie que
l'on puisse imaginer de ce corps composé. Une molécule
d'un corps composé peut renfermer un ou plusieurs atomes des corps simples qui entrent dans sa composition.

6. Les corps sont formés d'atomes situés à distance. — L'expérience nous apprend que le volume des corps est variable. Nous pouvons le diminuer par la compression ou par le refroidissement, l'augmenter par une élévation de température. Ce fait ne peut se concilier avec l'idée de la continuité de la matière ; on ne saurait l'expliquer qu'en admettant que les atomes des corps sont séparés par des intervalles vides; qu'ils sont situés les uns par rapport aux autres à des distances variables. Ces distances peuvent diminuer sous l'influence de la compression ou du refroidissement, augmenter par suite d'une élévation de température. Ces intervalles vides sont appelés *pores intermoléculaires*. Ils ne sont pas accessibles à l'observation.

Il ne faut pas confondre les pores intermoléculaires avec ces lacunes que l'on observe, soit à l'œil nu, soit au microscope, dans les substances appelées *substances poreuses*. Les vides que l'on remarque dans une éponge, dans un morceau de liège, ne sont pas des pores intermoléculaires.

7. États de la matière. — La matière peut affecter différents états : l'état solide, l'état liquide et l'état gazeux. L'eau, à l'état de glace, est un corps solide : elle coule dans nos fleuves à l'état liquide et se trouve dans l'atmosphère à l'état de gaz ou de vapeur.

L'étude des lois auxquelles obéissent les changements d'état, fait partie de la physique ; cependant, comme la chimie, en faisant l'histoire des corps, doit indiquer les températures auxquelles ils subissent ces changements, nous croyons devoir donner quelques notions à ce sujet, d'autant plus que la chaleur, qui est la cause ordinaire des changements d'état, produit aussi des modifications dites *allotropiques*, qui ressortent directement de la chimie.

§ 8. Fusion. Dissolution. — Le passage de l'état solide à l'état liquide peut se faire dans deux circonstances différentes, soit par voie de *fusion*, soit par voie de *dissolution*. Lorsqu'on chauffe du soufre dans un ballon, on constate que ce corps devient liquide à la température de

114°; on dit alors qu'il y a eu *fusion*. Si, au contraire, on met du soufre en présence du sulfure de carbone, corps liquide, qui est lui-même composé de soufre et de charbon, on voit le soufre disparaître et prendre l'état liquide. Le soufre s'est *dissous* dans le sulfure de carbone.

La dissolution des corps dans un liquide est, en général, accompagnée d'une absorption de chaleur. La dissolution de l'azotate d'ammoniaque dans l'eau peut faire baisser la température jusqu'à 15° au-dessous de zéro. Quand il y a élévation de température pendant la dissolution d'un corps, c'est qu'il y a en même temps, comme nous le dirons bientôt, *combinaison* du corps dissous avec le dissolvant.

La quantité de corps solide que peut dissoudre un volume déterminé de corps liquide, dépend de la nature des deux corps et en même temps de la température. Quand un liquide a dissous d'un solide tout ce qu'il peut en dissoudre, on dit qu'il est *saturé*. Généralement l'élévation de température recule la limite de saturation. Il est cependant certaines substances qui sont moins solubles à chaud qu'à froid : ainsi la chaux est plus soluble dans l'eau froide que dans l'eau chaude; le sulfate de soude est plus soluble dans l'eau à 33° que dans l'eau à une température inférieure ou supérieure.

On appelle *température de fusion* d'un corps, ou *point de fusion*, la température à laquelle un corps passe de l'état solide à l'état liquide. Le point de fusion est une propriété caractéristique d'un corps.

9. **Solidification.** — Lorsqu'un corps liquide se refroidit, il arrive un moment où il reprend l'état solide. Ce changement d'état est désigné sous le nom de *solidification*. La température de solidification est, en général, la même que la température de fusion. Il peut se faire cependant que la température d'un liquide s'abaisse audessous de la température de solidification, sans que la solidification se produise : on dit alors que le corps est en *surfusion*. Le phosphore, le soufre, l'eau, etc., peuvent présenter le phénomène de la surfusion : la soli-

dification est instantanée quand on laisse tomber dans le liquide une parcelle solide de la substance.

Lorsqu'un liquide a été saturé d'un corps solide, si l'on évapore le liquide, ou si on le porte à une température où la solubilité du corps solide est moins grande, une certaine quantité de ce corps reprend l'état solide. Il peut se faire, cependant, qu'il ne se dépose aucune parcelle solide; on dit alors que le liquide est *sursaturé*. La sursaturation cessera, et le corps dissous se solidifiera, si on laisse tomber dans la dissolution une parcelle solide de la substance dissoute.

10. Volatilisation. Sublimation. — Lorsqu'on porte un corps liquide à une température suffisamment élevée, il se met à bouillir et se transforme en un fluide aériforme appelé *vapeur*. Ce phénomène est étudié en physique sous le nom d'*ébullition*. La température à laquelle un liquide bout sous une pression de $0^m,760$, est appelée le *point d'ébullition* de ce liquide.

Quand un corps solide passe directement de l'état solide à l'état de vapeur, sans passer par l'état liquide, on dit qu'il y a *sublimation*. C'est ce qui arrive pour l'arsenic.

11. Liquéfaction des vapeurs et des gaz. — Si l'on place une vapeur dans des conditions absolument inverses de celles qui ont présidé à sa formation, il est naturel qu'elle reprenne l'état liquide. C'est ce que l'expérience vérifie de tout point. Lorsqu'on refroidit une vapeur, elle se liquéfie; pendant l'hiver, la vapeur d'eau qui se trouve dans nos appartements chauffés, reprend l'état liquide au contact des vitres refroidies par l'air extérieur.

Une vapeur revient aussi à l'état liquide lorsqu'on augmente assez la pression qu'elle supporte.

Les vapeurs présentant, comme on le voit en physique, des analogies frappantes avec les gaz, il était naturel de supposer qu'en soumettant ceux-ci soit à un refroidissement, soit à une augmentation de pression, soit enfin aux deux moyens à la fois, on les ramènerait à l'état liquide. C'est ce qu'a fait Faraday dans une série de remarquables expériences.

L'oxygène, l'hydrogène, l'azote, le bioxyde d'azote, l'oxyde de carbone et l'hydrogène protocarboné avaient résisté, jusque dans ces derniers temps, aux efforts que l'on avait tentés pour les liquéfier. On les désignait sous le nom de *gaz permanents*. En 1878, M. Cailletet et M. Pictet sont parvenus à les liquéfier en combinant la pression et le refroidissement.

12. Cristallisation des corps. — Quand un corps passe de l'état liquide ou gazeux à l'état solide, le phénomène ne s'effectue pas toujours dans les mêmes conditions.

Si le passage d'un état à l'autre est brusque ou rapide, le solide n'affecte pas de formes régulières; il est dit *amorphe*. Mais, si le changement d'état est lent, les molécules du corps se groupent suivant des lois naturelles et forment des solides convexes, terminés par des faces planes et de forme géométrique régulière, qu'on désigne sous le nom de *cristaux*. Ce passage de l'état liquide ou gazeux à l'état solide est appelé *cristallisation*.

Les cristaux présentent toujours des angles saillants; et, si l'on rencontre quelquefois dans une masse cristallisée des angles rentrants, cela tient à l'accolement et au groupement des cristaux entre eux.

Pour faire cristalliser un corps, il faut l'obtenir soit à l'état liquide, soit à l'état gazeux, et le placer dans des conditions telles, qu'il puisse reprendre *lentement* l'état solide. Trois procédés peuvent être employés : la fusion, la volatilisation ou sublimation et la dissolution.

13. Cristallisation par fusion. — Cette méthode s'applique à des corps qui fondent à une température peu élevée, tels que le soufre, le bismuth, etc.

Prenons le soufre, par exemple, et fondons-en une certaine quantité dans un creuset de terre; laissons refroidir lentement le liquide : il se solidifiera, et, le refroidissement atteignant d'abord les parties les plus extérieures, celles qui touchent les parois du creuset, il se formera contre celles-ci des aiguilles prismatiques, tandis que la surface supérieure se solidifiera elle-même. Avant que le liquide soit entièrement solidifié, perçons la couche superficielle de deux ouvertures, avec une tige de fer chauffée, et renversons le vase ; l'une des ouvertures servira à l'écoulement du liquide intérieur, l'autre à la rentrée de l'air, et les aiguilles cristallines seront mises à nu.

Le bismuth, l'antimoine et beaucoup de métaux s'obtiennent à l'état cristallisé par un moyen identique.

14. Cristallisation par volatilisation ou sublimation. — La méthode par sublimation s'applique aux corps qui, comme l'arsenic, passent directement de l'état solide à l'état gazeux. On introduit, à cet effet, dans une cornue de l'arsenic en quantité assez faible pour en occuper seulement la partie inférieure, que l'on chauffe. L'arsenic se volatilise, et, sa vapeur arrivant dans les parties supérieures de la cornue, dans le dôme et le col, qui sont à une température moins élevée, s'y condense en déposant des cristaux du plus brillant aspect.

15. Cristallisation par dissolution. — La méthode par dissolution est celle que l'on emploie le plus généralement.

Les corps étant, en général, plus solubles à chaud qu'à froid, on les dissout à chaud dans une certaine quantité de liquide; puis on laisse refroidir : le corps dissous se dépose en cristaux sur les parois du vase. Les formes cristallines seront d'autant plus belles que le refroidissement aura été plus lent.

On peut aussi opérer de la manière suivante : on dissout le corps solide dans le liquide jusqu'à ce que ce dernier en soit saturé; puis on abandonne le tout à l'évaporation spontanée, dans un vase à large ouverture : le liquide s'évapore lentement ; et, à mesure que les vapeurs s'échappent, le solide qui le saturait, ne se trouvant plus en présence d'une quantité suffisante, se dépose en cristaux. Cette seconde manière d'appliquer la méthode par dissolution est beaucoup plus longue, mais elle présente l'avantage de fournir des cristaux plus volumineux et plus nets.

Lorsqu'on veut, dans les laboratoires, préparer des

cristaux à l'état isolé et parfaitement réguliers, on se
sert d'un procédé imaginé par Leblanc.

Supposons, par exemple, qu'on veuille faire cristalliser
de l'alun ; on opère de la manière suivante. On prépare une
dissolution saturée de cette substance à la température
ordinaire, et on l'abandonne à l'évaporation spontanée. Il se forme peu à peu
de petits cristaux. On en choisit un qui
soit régulier et on le place dans un vase
à fond plat renfermant une dissolution
saturée d'alun bien pur, qu'on abandonne à l'évaporation spontanée. Il se
dépose très lentement des molécules
solides qui recouvrent le cristal primitif, et, si l'on prend soin de retourner
celui-ci à intervalles égaux, de manière
qu'il repose pendant le même temps

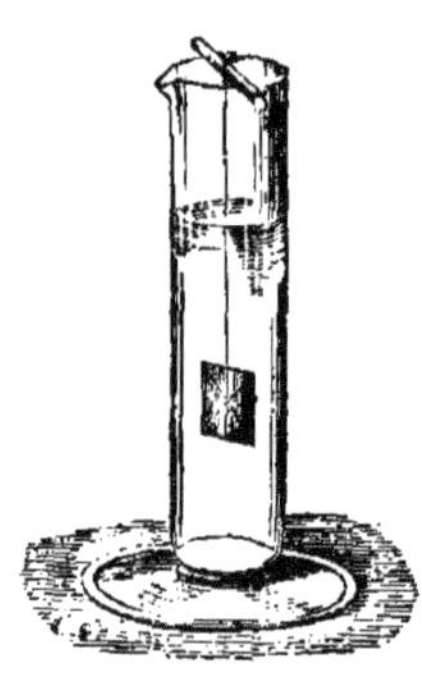

Fig. 3.

sur chacune de ses faces, le développement se fait très
régulièrement, aucune face ne se trouvant atrophiée.

Souvent aussi on préfère suspendre le cristal au milieu
de la dissolution saturée, au moyen d'un fil que l'on choisit assez fin pour que sa trace se distingue à peine (fig. 3).

**16. Toutes les formes des cristaux se rapportent à six
systèmes cristallins.** — Lorsqu'on examine d'une manière superficielle les cristaux, si nombreux et si variés
dans leur forme, que nous offre la nature ou que nous
rencontrons dans les laboratoires, ils présentent entre eux
des différences, si multiples, qu'il semble impossible de
leur trouver des caractères communs et d'essayer d'en
faire la classification. Mais une étude plus sérieuse fait
saisir des caractères de ressemblance, et, comme l'a dit
Laurent, des formes en apparence bien différentes et opposées ne sont, pour ainsi dire, que des déguisements
sous lesquels se cache le même individu.

On a trouvé que tous les cristaux pouvaient être considérés comme dérivant, suivant des lois simples et déterminées, de six formes principales, que l'on a appelées
formes-types.

17. Importance de la forme cristalline. — L'étude des cristaux présente le plus haut intérêt, car la manière dont cristallise un corps constitue une des propriétés caractéristiques de ce corps.

Les matières minérales, à l'état amorphe, ne présentent pas, en effet, comme les animaux et les végétaux, une forme propre, qui permette de les distinguer. Cette forme caractéristique leur est donnée par la cristallisation. Il est vrai que, tandis que la forme de l'animal est invariable dans l'espèce, la même substance minérale peut souvent se présenter sous des formes différentes; mais en appliquant les principes connus depuis les découvertes d'Haüy, on ramène ordinairement ces formes différentes à une seule forme-type, dont elles dérivent.

18. La cristallisation est un mode de purification des corps. — La cristallisation est un moyen souvent employé pour purifier les corps. Lorsque, dans la préparation d'un corps, on est arrivé à dissoudre ce corps avec d'autres substances, on peut souvent le séparer de ces dernières en le faisant cristalliser. Les autres substances restent dissoutes. Ce principe est appliqué dans la préparation du carbonate de soude, de l'azotate de potasse, etc. Nous devons ajouter que, pour arriver à une purification absolue, il faut souvent exécuter plusieurs cristallisations.

19. Dimorphisme. — Il est des cas, assez rares, où un même corps peut affecter deux formes cristallines n'appartenant pas au même système. C'est en cela que consiste le *dimorphisme*.

20. Polymorphisme. — Il y a des substances qui sont même capables de cristalliser sous plus de deux formes incompatibles, c'est-à-dire appartenant à des systèmes différents : on les appelle *polymorphes;* tel est l'oxyde de titane, qui cristallise sous trois formes incompatibles.

21. Isomorphisme. — Si un corps peut affecter deux ou plusieurs formes cristallines incompatibles, inversement, des corps différents peuvent donner des cristaux identiques.

Quand deux corps présentent la même forme cristalline

et que leurs dissolutions peuvent *cristalliser ensemble,*
on les dit *isomorphes.* Lorsqu'on fait cristalliser un mélange de deux dissolutions d'alun ordinaire et d'alun de
chrome, elles *cristallisent ensemble,* c'est-à-dire que chacun des cristaux obtenus, quelque petit qu'il soit, renferme à la fois de l'alun ordinaire et de l'alun de chrome.
Ces deux corps sont dits *isomorphes,* et comme l'alun ordinaire ne diffère de l'alun de chrome que parce que l'alumine du premier est remplacée, dans le second, par du
sesquioxyde de chrome, on conclut à l'isomorphisme de
l'alumine et du sesquioxyde de chrome.

Nous ferons remarquer que, pour que deux corps soient
isomorphes, il ne suffit pas qu'ils aient la même forme
cristalline. Il est absolument nécessaire que leurs dissolutions mélangées puissent cristalliser ensemble ; ainsi,
par exemple, si l'on mélange des dissolutions de sel marin et d'alun, qui tous deux cristallisent dans le système
cubique, on obtiendra des cristaux de même forme ; mais
ils seront exclusivement formés les uns de sel marin, les
autres d'alun ; ces deux corps ne sont pas isomorphes.

L'isomorphisme de deux substances indique en général
une très grande analogie dans leur composition chimique.

La découverte de l'isomorphisme est due à Mitscherlich [1].

22. Transformations moléculaires. — Indépendamment des changements d'état que les corps peuvent
subir sous l'influence de la chaleur, ils peuvent aussi,
sous la même influence ou sous d'autres, subir dans
leur constitution moléculaire des transformations qui,
en laissant intacte leur composition chimique, changent
d'une manière plus ou moins complète leurs propriétés.
Nous verrons plus tard que le phosphore ordinaire, ou
phosphore blanc, chauffé pendant plusieurs jours à une
température de 240°, passe de l'état liquide à l'état solide, sous forme d'une masse rouge très différente, par
l'ensemble de ses propriétés, du phosphore ordinaire.

---

[1] Mitscherlich, chimiste allemand, né en 1794, mort à Berlin en
1865.

On dit alors que le phosphore *rouge* est une modiuca-
tion *allotropique* du phosphore blanc. De même, l'oxygène soumis à des effluves électriques, c'est-à-dire à des
décharges électriques obscures, acquiert de nouvelles
propriétés et se transforme, comme nous le verrons plus
tard, en *ozone*. L'ozone est une modification allotropique de l'oxygène.

23. Combinaisons et décompositions chimiques. —
L'observation nous apprend qu'en dehors des changements d'état et des modifications allotropiques, les corps
peuvent subir dans leurs propriétés des modifications
profondes : ce sont celles auxquelles donnent lieu les
combinaisons et les décompositions chimiques.

Un corps qui subit un changement d'état physique ou
une modification allotropique, ne fournit qu'une *seule et
même substance* douée de propriétés différentes de celles
qu'il avait avant la modification ; mais c'est encore la
même substance. Au contraire, on observe souvent que
deux ou plusieurs corps mis en présence réagissent l'un
sur l'autre, modifient profondément leurs propriétés respectives, pour donner naissance à un corps nouveau,
dont les caractères sont distincts de ceux des éléments
qui le composent. Ou bien encore, un corps unique placé
dans des conditions convenables se modifie de manière
à donner naissance à deux ou plusieurs corps différents.
Dans le premier cas, on dit qu'il y a eu *combinaison chimique* des corps mis en présence; dans le second cas,
qu'il y a eu *décomposition chimique* du corps composé.

Quelques exemples vont nous permettre de mieux
faire comprendre la nature de ces phénomènes. Nous
allons d'abord mettre en évidence la différence qui
existe entre une combinaison chimique et un mélange.
Dans un mélange, chacun des éléments conserve ses
propriétés distinctives; dans une combinaison, elles sont
remplacées par des propriétés nouvelles, qui sont celles
du corps composé. Mettons dans un mortier de la limaille
de cuivre, et du soufre en poudre fine, dit *soufre en fleurs :*
nous pouvons, en les triturant ensemble, en faire un

mélange intime et obtenir une poudre de couleur en apparence homogène ; mais il nous sera toujours possible de distinguer les grains de soufre des grains de cuivre, sinon avec le seul secours de nos yeux, du moins avec celui d'une loupe, et nous pourrons opérer la séparation des deux éléments en jetant le mélange dans l'eau : le soufre restera en suspension, tandis que le cuivre se déposera au fond du vase. Nous avons là les caractères d'un *mélange*. Les deux éléments sont encore distincts et ont conservé leurs propriétés respectives. Mais, si nous versons le mélange dans un ballon en verre et que nous chauffions le vase, la *combinaison* s'effectue, la masse devient incandescente, et nous obtenons un corps homogène, de couleur noire, dans lequel les propriétés du cuivre et du soufre ont disparu ; l'union des deux corps est tellement intime, qu'on ne peut plus les séparer par des moyens physiques et que le microscope le plus puissant ne pourrait les faire distinguer l'un de l'autre ; il n'y a plus, en quelque sorte, ni soufre, ni cuivre ; il n'y a qu'un composé de ces deux corps, le sulfure de cuivre.

Nous ajouterons, pour compléter la distinction que nous voulons établir entre le mélange et la combinaison, que celle-ci ne s'effectue jamais qu'entre des quantités *déterminées* de matière, tandis que, dans le mélange, les proportions peuvent être quelconques.

Reprenons encore l'exemple de la combinaison du soufre et du cuivre. Si nous introduisons dans le ballon 16 parties de soufre et 32 parties de cuivre, la combinaison s'effectuera dans toute la masse, et lorsqu'elle sera faite, il ne restera ni soufre, ni cuivre en liberté ; tout aura été transformé en sulfure de cuivre. Mais si, la proportion de soufre restant la même, nous introduisons 40 parties de cuivre, 32 seulement se combineront aux 16 parties de soufre, et 8 resteront libres.

Si nous reprenons l'expérience qui nous a servi (3) à montrer l'existence de corps composés, nous verrons qu'elle nous offre l'exemple d'une *décomposition chimique ;* le bioxyde de mercure se décompose, sous l'influence de la chaleur, en deux corps distincts, le mercure et l'oxygène.

De même, si, dans de l'eau que l'on a acidulée d'acide sulfurique pour la rendre conductrice de l'électricité, nous plongeons deux fils de platine communiquant avec les pôles d'une pile, nous voyons des gaz se dégager le long des fils ; si nous les recueillons dans des éprouvettes, comme nous le ferons plus tard à propos de l'analyse de l'eau, nous constatons qu'à l'un des pôles se dégage un gaz appelé *oxygène;* qu'à l'autre se dégage un autre gaz nommé *hydrogène.* Ces deux corps sont le résultat de la décomposition chimique que l'eau a subie sous l'influence du courant électrique.

24. Circonstances qui accompagnent, facilitent ou retardent les combinaisons. — 1° La combinaison de deux corps ne peut s'effectuer qu'à condition qu'il y ait contact entre ces corps. Un exemple bien simple nous le fera comprendre. Approchons de la surface d'une dissolution aqueuse de baryte une baguette de verre dont l'extrémité aura été trempée dans l'acide sulfurique. L'acide sulfurique et la baryte ont une grande tendance à se combiner, pour former un corps blanc connu sous le nom de *sulfate de baryte,* et cependant on peut approcher la baguette aussi près que l'on veut de la surface du liquide, la combinaison ne s'effectue pas avant qu'elle ait touché la dissolution de baryte. Mais, dès qu'il y a contact, le sulfate de baryte se produit et apparaît dans le verre sous forme d'une poussière blanche insoluble.

2° Nous avons vu que la combinaison des corps ne s'effectue qu'à une température déterminée; que le soufre et le cuivre ne se combinent que lorsqu'on les chauffe; qu'il en est de même de l'hydrogène et de l'oxygène.

3° La combinaison des corps est le plus souvent accompagnée de phénomènes calorifiques. On dit que deux corps ont beaucoup d'affinité l'un pour l'autre, c'est-à-dire une grande tendance à se combiner, pour former un nouveau corps, quand cette combinaison donne lieu à un grand dégagement de chaleur.

On appelle *réactions exothermiques* celles qui donnent lieu à un dégagement de chaleur (combinaison de l'hydrogène et de l'oxygène, pour former de l'eau). Il est, au contraire, d'autres combinaisons qui ne peuvent s'effectuer qu'à condition que les corps qui en sont l'objet absorbent de la chaleur. Elles sont appelées *endothermiques* (combinaison du chlore et de l'azote, pour former le chlorure d'azote).

4° La combinaison chimique donne lieu à des phénomènes électriques.

5° Il résulte de ce qui précède, que tout ce qui contribue à produire les circonstances dont nous venons de parler, intimité de contact, chaleur, etc., favorisera les combinaisons. Parmi ces causes, nous trouvons la dissolution et la fusion.

Lorsqu'un corps solide se dissout dans un liquide, ses molécules se disséminent dans le liquide, et lorsqu'on met la dissolution de ce corps en présence d'un autre corps, sur lequel il n'avait pas d'action à l'état solide, le contact devient plus intime et la combinaison peut s'effectuer. C'est ainsi que, si nous mélangeons, à l'état solide, le bicarbonate de soude et l'acide oxalique, ils n'exercent pas d'action l'un sur l'autre, tandis que, si nous les dissolvons et si nous mélangeons leurs dissolutions, l'acide oxalique se combine avec la soude du bicarbonate et chasse l'acide carbonique.

La chaleur agit tantôt pour faciliter les combinaisons chimiques, tantôt pour les détruire. Cela résulte de ce que nous avons dit sur les phénomènes calorifiques qui accompagnent les combinaisons et les décompositions. Le soufre et le cuivre ne se combinent pas à la température ordinaire : chauffés à une température convenable, ils s'unissent avec incandescence. Nous ferons remarquer que la chaleur n'a pas ici, comme dans beaucoup d'autres cas, facilité la combinaison par le seul fait qu'en déterminant la fusion du soufre elle a assuré un contact plus intime ; elle a agi aussi en portant les deux corps à la température qui convenait à leur combinaison, et la réaction, une fois commencée, s'est propagée par suite de la chaleur dégagée.

6° *Électricité.* L'électricité peut aussi agir dans les deux sens sur les combinaisons. L'étincelle électrique, par la chaleur qu'elle apporte, produit la combinaison de l'hydrogène et de l'oxygène mélangés. Nous verrons que l'eau est décomposée par le courant électrique en hydrogène et en oxygène. Nous verrons plus tard le gaz ammoniac décomposé, par une série d'étincelles électriques, en azote et en hydrogène.

7° *Lumière.* La lumière agit de la même façon. Le chlore et l'hydrogène mélangés à volumes égaux se combinent avec détonation lorsqu'on dirige les rayons solaires sur le vase qui les renferme. Certains sels d'argent se décomposent sous l'influence de la lumière, et la photographie est une application de cette propriété.

8° *Influence de la pression. Dissociation.* MM. Sainte-Claire Deville et Debray ont montré qu'il y avait lieu de faire intervenir les considérations de pression dans l'explication des phénomènes chimiques. Les expériences suivantes, dues à M. Debray, mettent bien en évidence l'influence de la pression dans les phénomènes chimiques.

Lorsqu'on chauffe à l'air libre du carbonate de chaux (combinaison d'un gaz appelé *acide carbonique* avec un solide appelé *chaux*), il se décompose *totalement* en acide carbonique et en chaux, si la température est assez élevée, 860° par exemple. Mais si on chauffe ce même corps à 860° dans un espace vide et clos, la décomposition n'est que partielle, et s'arrête lorsque l'acide carbonique a pris une tension de 85^{mm} environ. Si l'on enlève cet acide carbonique en faisant le vide, la décomposition recommence jusqu'à ce que la tension de l'acide carbonique soit devenue de nouveau égale à 85^{mm}. Si la température, au lieu d'être de 860°, est de 1040°, la décomposition aura lieu jusqu'à ce que la tension de l'acide carbonique soit de 520^{mm}.

A l'air libre, au contraire, la décomposition est complète, pourvu que l'acide carbonique se dégage à mesure qu'il se produit, et n'atteigne pas la tension qu'il doit atteindre pour que la décomposition s'arrête.

Inversement, si l'on chauffe de la chaux en présence de l'acide carbonique à 860°, la combinaison des deux corps s'effectue tant que la tension de l'acide carbonique est supérieure à 85^{mm}, et s'arrête dès qu'elle a atteint cette valeur.

A 1040°, la combinaison s'effectuerait tant que la tension de l'acide carbonique serait supérieure à 520^{mm}.

Il résulte de ces faits qu'un corps qui renferme un principe gazeux se décompose à une température déterminée, lorsque la tension du principe gazeux qu'il émet est supérieure à une certaine valeur, qui varie avec le corps, avec la température, et que Sainte-Claire Deville a appelée la *tension de dissociation* de ce corps.

10° Certains corps peuvent, par leur seule présence, produire des phénomènes chimiques qui n'auraient pas lieu sans eux. Telle est l'éponge ou mousse de platine. Fixons à l'extrémité d'un fil métallique un morceau de mousse de platine (fig. 4); puis faisons descendre sur elle une éprouvette renfermant un mélange de deux volumes d'hydrogène et d'un volume d'oxygène; la mousse de platine deviendra incandescente, et la combinaison des deux gaz s'effectuera avec une vive détonation. Si l'éprouvette choisie est large et épaisse, on peut sans danger la tenir par la partie supérieure. Voici ce qui s'est passé : les deux gaz se sont condensés dans la mousse de platine; cette condensation a élevé la température de la mousse au point de la rendre incandescente, et la combinaison s'est produite. Berzelius avait désigné cette action sous le nom d'*action de présence*, de *force catalytique;* mais on voit que les phénomènes s'expliquent sans l'intervention de cette cause nouvelle.

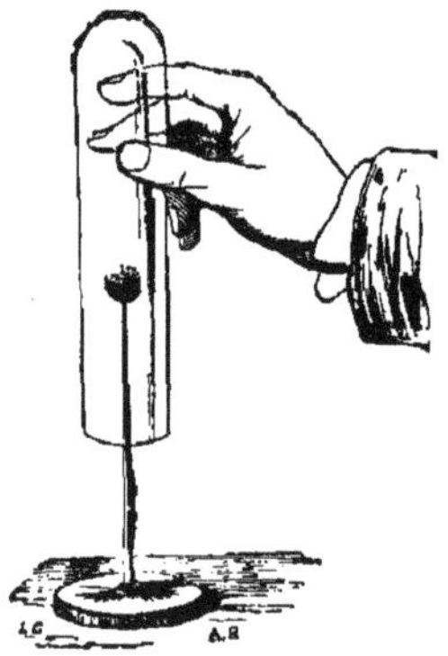
Fig. 4.

25. Nombres proportionnels. — La loi des proportions définies et la loi des proportions multiples nous ont appris que, lorsque deux corps se combinent entre eux pour former un ou plusieurs corps composés, les poids des corps simples qui entrent en combinaison sont toujours représentés par des nombres simples. Les nombres qui représentent les proportions suivant lesquelles ou suivant les multiples desquelles les corps entrent en combinaison, ont été désignés sous le nom de *nombres proportionnels.* On rapporte ces proportions à l'une d'elles prise pour unité : c'est ordinairement la proportion suivant laquelle l'hydrogène entre en combinaison. Ainsi, l'eau est composée de 1 partie d'hydrogène et de 8 parties d'oxygène en poids; l'hydrogène forme avec l'oxygène un autre composé appelé *eau oxygénée*, dans lequel 1 d'hydrogène est combiné avec 16 ou 2 fois 8 d'oxygène. De même, 1 d'hydrogène et 16 de soufre forment l'hydrogène sulfuré; 1 d'hydrogène et 2 fois 16 de soufre forment l'hydrogène bisulfuré; 1 d'hydrogène et 35,5 de chlore forment l'acide chlorhydrique, etc., etc. Les nombres 1, 8, 16, 35,5 sont les nombres proportionnels de l'hydrogène, de l'oxygène, du soufre et du chlore. Ces nombres proportionnels sont aussi appelés les *équivalents* des corps.

NOMENCLATURE CHIMIQUE.

On désigne sous le nom de *nomenclature chimique* un ensemble de règles adoptées pour désigner les corps.

Dès l'origine de la science, les chimistes, rencontrant des corps différents par leurs propriétés, comprirent la nécessité de les désigner par des noms capables de rappeler leur nature. Mais chaque nom se rapportait à des circonstances tirées de l'histoire du corps auquel il était donné, et le choix de la propriété particulière d'où le nom devait être tiré était toujours très arbitraire. Il devait en résulter une confusion regrettable, et l'on en était arrivé à désigner le même corps par plusieurs noms différents; pour ne citer qu'un exemple, la substance que nous appelons aujourd'hui *sulfate de potasse* était indifféremment appelée *sel polychreste de Glazer, sel de duobus, arcanum duplicatum, tartre vitriolé, vitriol de potasse.*

Guyton de Morveau[1], dès 1782, signala le premier les inconvénients d'une pareille confusion, et en 1787 l'Académie des sciences nommait une commission composée de Lavoisier, Berthollet et de Fourcroy[2], qui, de concert avec Guyton de Morveau, alors à Paris, arrêta les règles de la nomenclature chimique.

Cette nomenclature n'a pas seulement l'avantage de désigner par des noms analogues les corps qui jouissent de propriétés semblables, elle a aussi celui d'indiquer, par le nom du composé, la nature des éléments qui y entrent. Avant d'en exposer les principes nous devons définir quelques termes généraux.

26. Acides. Bases. Corps neutres. Sels. — On appelle *acides* des corps, tels que l'acide sulfurique, le vinaigre, qui ont la propriété de rougir la teinture bleue de tournesol.

Il est des corps dont les propriétés sont analogues à celles de la potasse et de la soude, et qui, lorsqu'ils sont solubles, ramènent au bleu la teinture de tournesol rougie par un acide : on les désigne en chimie sous le nom de *bases.*

On désigne sous le nom de corps *neutres* ceux qui n'ont aucune action sur la teinture de tournesol bleue, ou rouge.

Le produit résultant de la combinaison d'un acide et d'une base est appelé *sel.* Ce sel est dit neutre lorsque sa dissolution n'a pas d'action sur la teinture de tournesol, bleue ou rouge, c'est-à-dire lorsque les propriétés de l'acide et de la base s'y sont mutuellement neutralisées. Le sel est dit acide quand il contient plus d'acide que le sel neu-

[1] Guyton de Morveau, célèbre chimiste, membre de l'Académie des sciences, né à Dijon en 1757, mort en 1816.

[2] De Fourcroy (Antoine-François), chimiste, né à Paris en 1755, mort en 1809.

tre, *basique* quand il renferme plus de base que le sel neutre.

NOMENCLATURE DES CORPS SIMPLES.

27. Les corps simples ont en général conservé les noms par lesquels ils étaient primitivement désignés; d'autres, au moment de leur découverte, ont tiré leur nom de celui que portait déjà leur composé le plus important. Tels sont le potassium et le sodium extraits de la potasse et de la soude.

28. **Métalloïdes. Métaux.** — Les corps simples sont au nombre de 64 et se divisent en *métalloïdes* et en *métaux*. Les métalloïdes sont au nombre de 15, et les métaux au nombre de 49.

Les métaux possèdent, quand ils sont en masse suffisante, un éclat particulier appelé *éclat métallique;* ils conduisent bien la chaleur et l'électricité; ils ont pour caractère essentiel de former avec l'oxygène au moins une base.

Les métalloïdes n'ont pas l'éclat des métaux, sont mauvais conducteurs de la chaleur et de l'électricité, et ne forment jamais de base en se combinant avec l'oxygène; leurs composés oxygénés sont des acides ou des corps neutres.

Les deux tableaux suivants offrent la liste des métalloïdes et des métaux groupés par familles, dans lesquelles on a réuni ceux de ces corps qui présentaient des propriétés chimiques analogues. L'hydrogène est mis à part.

MÉTALLOIDES.

HYDROGÈNE.			
Chlore.	Oxygène.	Azote.	Carbone.
Brome.	Soufre.	Phosphore.	Bore.
Iode.	Sélénium.	Arsenic.	Silicium.
Fluor.	Tellure.		

MÉTAUX.

Potassium.	Magnésium.	Fer.	Étain.	Cuivre.	Aluminium.	Mercure.	Argent
Sodium.	Manganèse.	Zinc.	Antimoine	Plomb.	Glucinium.	Palladium.	Or.
Lithium.	Cérium.	Chrôme.	Tungstène.	Bismuth.		Rhodium.	Platine
Thallium.	Lanthane.	Nickel.	Molybdàne.			Ruthénium.	
Cæsium.	Didyme.	Cobalt.	Osmium.				
Rubidium.	Yttrium.	Cadmium.	Tantale.				
Baryum.	Erbium.	Uranium.	Titane.				
Strontium.	Terbium.	Vanadium.	Niobium.				
Calcium.	Thorium.	Gallium.	Pélopium.				
	Zirconium.						

29. Composés binaires[1] non oxygénés. — Un composé binaire se désigne par le nom de l'un des éléments que l'on fait suivre de la terminaison *ure* et que l'on unit au nom du second élément par la préposition *de*. C'est ainsi que l'on dira : chlorure de plomb, bromure de fer, iodure d'argent, pour désigner les combinaisons du chlore et du plomb, du brome et du fer, de l'iode et de l'argent.

La règle que nous venons d'énoncer semble permettre de dire plombure de chlore, ferrure de brome, argenture d'iode; mais pour fixer l'incertitude qu'elle pourrait laisser, on est convenu d'énoncer d'abord le corps qui, dans la décomposition du composé par le courant électrique, se rendrait au pôle positif de la pile. Ce corps est appelé ordinairement l'élément *électro-négatif*, parce qu'on supposait autrefois que, puisqu'il se rendait au pôle positif, il devait être chargé d'électricité négative.

Dans un composé formé par l'union d'un métalloïde et d'un métal, c'est toujours le métalloïde qui est électro-négatif; ce sera donc toujours le nom du métalloïde que l'on devra énoncer le premier.

Il arrive souvent qu'un élément électro-négatif forme avec un même corps électro-positif plusieurs composés qui diffèrent entre eux par la quantité de l'élément électro-négatif entrant dans la composition de chacun d'eux. C'est

---

1. On désigne sous le nom de *composé binaire* un corps formé par la combinaison de deux corps simples.

ainsi que le soufre et le potassium forment ensemble cinq composés, dans lesquels il entre pour une même quantité 39 de potassium :

> 16 parties de soufre   dans le premier;
> 2 fois 16 ou 32 de soufre dans le second;
> 3 fois 16 ou 48   —   dans le troisième;
> 4 fois 16 ou 64   —   dans le quatrième;
> 5 fois 16 ou 80   —   dans le cinquième;

On exprime ces différences en faisant précéder les mots sulfure de potassium des préfixes, *proto* pour le premier, *bi* pour le second, *tri* pour le troisième, *quadri* ou *tétra* pour le quatrième, *quinti* ou *penta* pour le cinquième. C'est ainsi que l'on dira :

> protosulfure de potassium,
> bisulfure de potassium,
> trisulfure de potassium,
> quadrisulfure ou tétrasulfure de potassium,
> quintisulfure ou pentasulfure de potassium.

Le chlore et le fer forment deux composés, et le composé le plus chloruré contient 1 fois et 1/2 autant de chlore que l'autre; le plus chloruré s'appelle sesquichlorure de fer, et l'autre protochlorure de fer.

On appliquera ces règles dans tous les cas analogues.

Il arrive assez souvent que, par des considérations d'euphonie ou d'autres, on déroge un peu aux règles précédentes. Ainsi, on ne dit pas du *phosphorure* d'hydrogène pour désigner la combinaison du phosphore et de l'hydrogène, mais du *phosphure* d'hydrogène; on ne dit pas du *soufrure* de fer, mais du *sulfure* de fer.

L'usage apprendra ces dérogations à la règle générale.

30. **Hydracides**. — Parmi les exceptions au principe de la nomenclature des composés binaires non oxygénés, nous citerons spécialement celle qui est relative aux composés acides que certains métalloïdes, comme le chlore, le brome, l'iode, le soufre, le sélénium et le tellure forment

avec l'hydrogène. Ces composés que l'on appelle hydracides d'une manière générale, se désignent par le mot *acide* suivi d'un mot formé par le nom du corps électro-négatif et la terminaison hydrique (la particule *hydr* indiquant que l'hydrogène entre dans la décomposition du corps). Ainsi l'on dira :

> Acide chlorhydrique (chlore et hydrogène).
> — bromhydrique (brome et hydrogène).
> — sulfhydrique (soufre et hydrogène).

31. Alliages. — Les combinaisons des métaux entre eux ont reçu le nom d'*alliages*. On les désigne en mettant à la suite du mot *alliage* les noms des métaux qui y entrent :

> Alliage d'or et de cuivre.
> — d'or et d'argent.

Lorsque le mercure est l'un des métaux, l'alliage prend le nom d'*amalgame*.

> Amalgame d'or (alliage de mercure et d'or).
> — de cuivre (alliage de mercure et de cuivre).

NOMENCLATURE DES COMPOSÉS BINAIRES OXYGÉNÉS.

32. Composés oxygénés basiques ou neutres. — Les composés binaires oxygénés, basiques ou neutres, sont désignés par le mot *oxyde* uni par la préposition *de* au nom du corps combiné à l'oxygène :

> Oxyde de zinc, oxyde d'azote.

Si l'oxygène forme, avec un même corps, plusieurs composés neutres ou basiques, on se sert pour les distinguer des préfixes, *proto, sesqui, bi*, etc., comme on l'a fait pour les composés binaires non oxygénés :

> Protoxyde de manganèse.
> Sesquioxyde de manganèse.
> Bioxyde de manganèse.

Certains oxydes ont conservé des noms qui ne sont pas conformes aux règles de la nomenclature. Ainsi les mots potasse, soude, chaux, baryte, magnésie, alumine..., désignent des oxydes de potassium, sodium, calcium, baryum magnésium, aluminium.

33. Composés oxygénés acides. — Lorsqu'un corps simple ne forme avec l'oxygène qu'un seul acide, le composé se désigne par le mot *acide*, suivi d'un mot formé par le nom du corps simple auquel on ajoute la terminaison *ique*. *Acide carbonique* désigne un acide formé de carbone et d'oxygène.

Lorsque le corps simple forme avec l'oxygène deux acides, le moins oxygéné prend la terminaison *eux*, l'autre gardant la terminaison *ique*.

Acide sulfureux (acide composé de 16 parties de soufre et de 16 parties d'oxygène).

Acide sulfurique (acide composé de 16 parties de soufre et de 24 parties d'oxygène).

Lorsque le corps simple forme plus de deux acides, on se sert des préfixes *hypo* pour désigner un degré inférieur d'oxygénation; *hyper* ou *per* pour désigner un degré supérieur. Le chlore forme avec l'oxygène cinq acides que l'on désigne de la manière suivante, en les rangeant par ordre décroissant d'oxygénation :

Acide hyperchlorique ou perchlorique (35,5 parties de chlore unies à 56 d'oxygène).
— chlorique.................... (35,5   —   40   —   ).
— hyperchlorique .... (35,5   —   32   —   ).
— chloreux.................... (35,5   —   24   —   ).
— hypochloreux................ (35,5   —   8   —   ).

34. Nomenclature des sels. — Les sels se désignent en prenant le nom de l'acide qu'ils renferment, en y remplaçant la terminaison *ique* par *ate*, la terminaison *eux* par *ite*, et unissant par la préposition *de* le mot ainsi formé au nom de la base combinée avec l'acide.

Azotate de protoxyde de plomb désigne un sel formé d'acide azotique et de protoxyde de plomb.

Hypochlorite de soude désigne un sel formé d'acide hypochloreux et de soude

Il arrive quelquefois qu'un acide peut se combiner en proportions différentes avec une même quantité de base; dans ce cas, on se sert des préfixes *proto, sesqui, bi,* ajoutés au nom de l'acide pour désigner ses sels.

Ainsi on dira :

Carbonate neutre de soude	(22 d'acide carbonique et 31 de soude).	
Sesquicarbonate de soude	(33 — 31 de soude)	
Bicarbonate de soude	(44 — 31 de soude).	

Dans d'autres cas, c'est la base qui, en se combinant en proportions différentes avec une même quantité d'acide, donne lieu à plusieurs sels. On se sert encore des mêmes préfixes.

Ainsi on dira :

Azotate neutre d'oxyde de mercure	(54 d'acide azotique et 108 d'oxyde de mercure)	
— bibasique	(54 — 2 f. 108, ou 216 —)	
— tribasique	(54 — 3 f. 108, ou 324 —)	

35. Sels doubles. — Deux sels qui contiennent le même acide, mais des bases différentes, peuvent quelquefois se combiner. Le résultat de cette combinaison est appelé *sel double*. On le désigne en prenant le nom générique du sel que l'on fait suivre du nom des deux bases :

Sulfate double d'alumine et de potasse.

CHAPITRE II

OXYGÈNE. — AZOTE. AIR ATMOSPHÉRIQUE. — COMBUSTION.
FLAMMES. — RESPIRATION DES ANIMAUX
ET DES PLANTES.

OXYGÈNE.

36. Historique. — Le 1er août 1774, Priestley[1], en con-

---

[1] Priestley, physicien anglais, né en 1733, à Fieldhead, près de Leeds (Angleterre), mort en 1804, se plaça par ses nombreuses découvertes en physique et en chimie au premier rang des savants de l'Europe.

centrant, à l'aide d'une forte lentille, la chaleur du soleil sur une substance connue à cette époque sous le nom de *mercure précipité per se* et appelée maintenant *bioxyde de mercure*, y découvrit la présence d'un corps nouveau, qui reçut successivement les noms d'*air vital*, d'*air du feu*, d'*oxygène*. A peu près à la même époque Schèele[1], en Suède, découvrit aussi ce corps, sans avoir connaissance des travaux de Priestley.

C'est à Lavoisier qu'on doit la connaissance de ses propriétés principales et du rôle important qu'il joue dans les phénomènes de la combustion et de la respiration.

37. Préparation de l'oxygène. — 1° *Par le bioxyde de mercure.* Dans une cornue B (fig. 5) on introduit une certaine quantité d'une poudre rouge appelée bioxyde de mercure. La cornue est bouchée par un bouchon

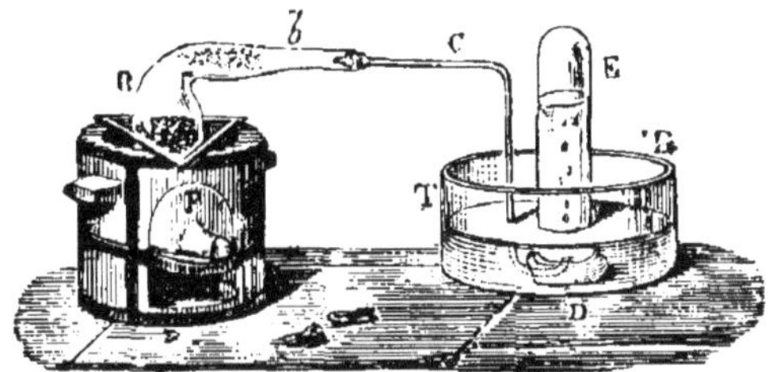

Fig. 5.

en liége, percé d'un trou à travers lequel passe un tube en verre C, dit tube *abducteur;* ce tube met la cornue en communication avec l'éprouvette E. On chauffe la cornue à l'aide de charbons contenus dans le fourneau F, sur lequel elle est placée. Le bioxyde de mercure se décompose par l'action de la chaleur en oxygène et en mercure. L'oxygène se dégage, sous forme de gaz, qui se rend bulle à bulle dans la cloche E d'où il chasse l'eau. Quant au mercure, il se volatilise à la température de l'expérience; sa vapeur se refroidissant dans la partie supérieure et dans le col de la cornue s'y condense et, en se déposant à leur surface, leur communique l'aspect d'un miroir.

Quand l'éprouvette E est pleine de gaz, on introduit d'une main sous l'eau de la cuvette T une soucoupe S

1 Schèele, né à Stralsund en 1742, mort à Kœping, en 1780.

(fig. 6); de l'autre main on soulève l'éprouvette de dessus le têt à gaz, sans sortir de l'eau sa base inférieure, que l'on

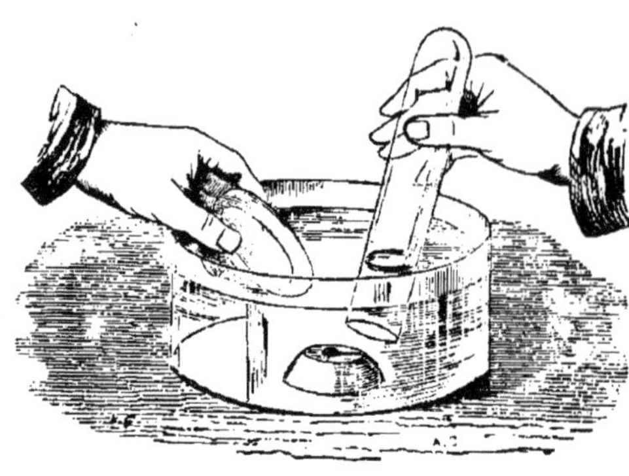

Fig. 6.

pose sur la soucoupe; puis on sort de l'eau soucoupe et éprouvette (fig. 7). On a ainsi enlevé l'éprouvette sans permettre à l'air extérieur de se mêler au gaz qu'elle contient. Cela fait, on remplace la première éprouvette par une seconde, et ainsi de suite.

Ce que nous venons de dire sur la manière de recueillir

Fig. 7.

le gaz oxygène est général et s'appliquera dans la suite de ces leçons à tout gaz se dégageant sur la cuve à eau ou sur la cuve à mercure.

Le procédé que nous venons de décrire n'est guère employé, il serait trop coûteux. Nous ne l'avons expliqué que par suite de son importance historique, Priestley s'en étant servi pour découvrir l'oxygène.

2° Le procédé le plus ordinairement employé dans les laboratoires est le suivant :

On chauffe dans une cornue en verre (fig. 8) un sel blanc appelé *chlorate de potasse*. Ce sel se fond d'abord, puis se décompose. Le chlore de l'acide chlorique se porte sur le potassium de la potasse[1] et forme avec lui du chlorure de potassium : l'oxygène venant, tant de l'acide

____
[1] La potasse est un protoxyde de potassium.

chlorique que de la potasse, se dégage sous les éprouvettes.
La légende suivante rend compte de la réaction.

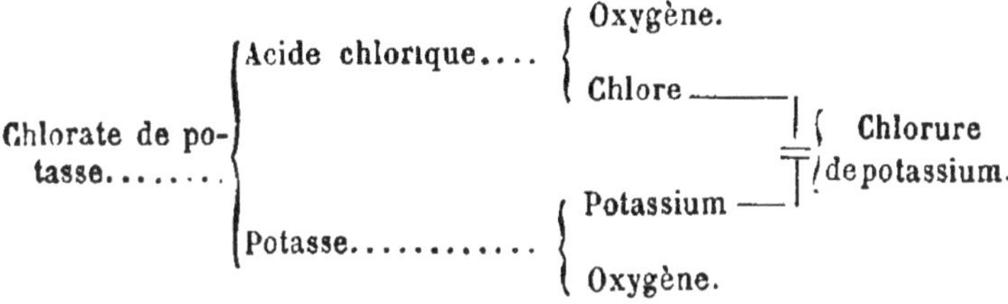

On a l'habitude dans cette préparation de mélanger au
chlorate de potasse une petite quantité de bioxyde de man-

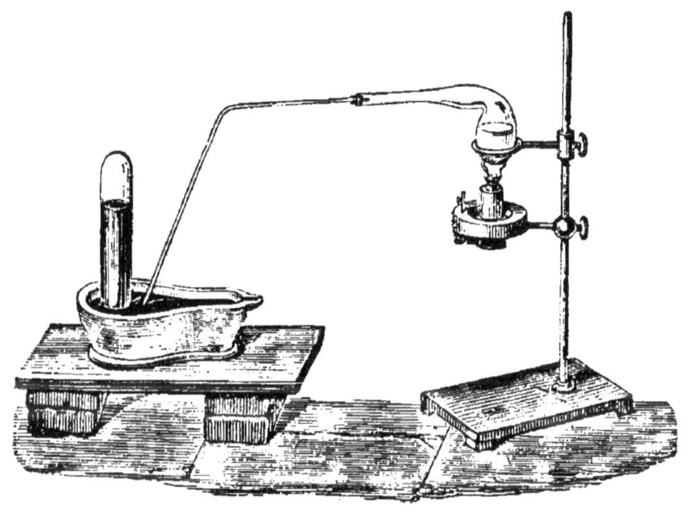

Fig. 8

ganèse ou d'oxyde noir de cuivre; leur présence empêche la
formation d'un perchlorate de potasse et par suite prévient
des explosions souvent dangereuses.

38. Propriétés physiques. — L'oxygène est un corps
gazeux incolore, sans odeur ni saveur. Il a été liquéfié
par M. Cailletet et par M. Pictet, à l'aide d'un froid estimé à 130° au-dessous de zéro et par une pression de
273 atmosphères. Il est, comme tous les gaz permanents,

2.

peu soluble dans l'eau : 1 litre d'eau à 0° dissout 41 centimètres cubes d'oxygène. Sa densité est égale à 1,1056 [1]; 1 litre de ce gaz à 0°, sous la pression de 760^{mm}, pèse 1^{gr},430.

39. Propriétés chimiques. — L'oxygène est éminemment propre à la combustion des corps : nous verrons plus tard qu'il est nécessaire à la respiration. Si l'on plonge dans une éprouvette remplie d'oxygène une allumette que l'on vient d'éteindre, mais qui présente encore quelques points rouges, elle se rallume et brûle avec un vif éclat. Une bougie allumée, plongée (fig. 9) dans un vase rempli d'oxygène, y brûle aussi avec vivacité.

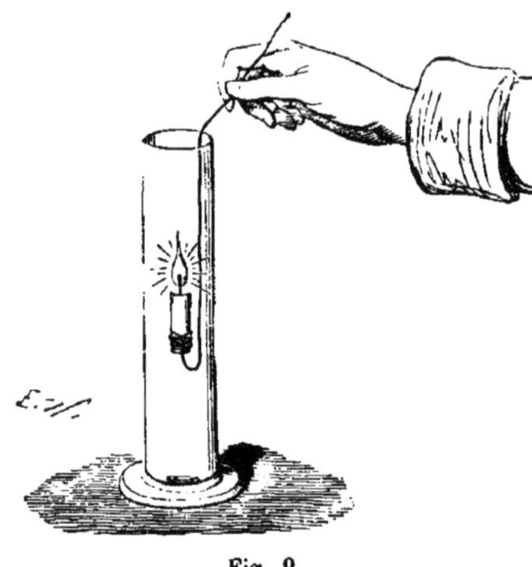

Fig. 9.

Les expériences suivantes mettent en évidence l'énergie des affinités chimiques de l'oxygène.

Dans un ballon à large goulot, plein d'oxygène, descendons (fig. 10) un charbon ardent placé dans une petite coupelle suspendue à l'extrémité d'un fil de fer; le charbon se met à brûler avec une vive lumière; le phénomène dure jusqu'à ce que tout l'oxygène ait été transformé en un gaz acide appelé acide carbonique, qui a la propriété de troubler l'eau de chaux et de rougir la teinture de tournesol.

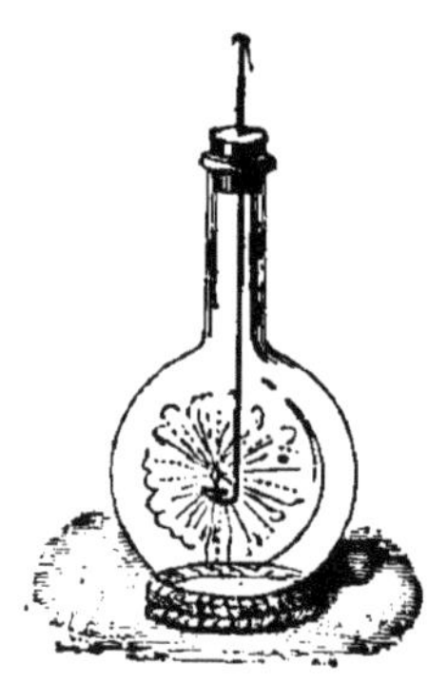

Fig. 10.

---

[1] La densité des gaz est toujours prise par rapport à l'air; c'est le rapport qui existe entre le poids d'un certain volume de gaz et le

Le soufre enflammé placé dans les mêmes conditions brûle avec une flamme bleue très-vive et donne lieu à un gaz appelé acide sulfureux, qui provoque les larmes par son odeur suffocante et décolore la teinture de tournesol après l'avoir rougie.

Le phosphore enflammé brûle aussi dans l'oxygène avec une flamme d'un éclat éblouissant : il s'élève en même temps des fumées blanches (fig. 11) formées par le corps solide pulvérulent qui résulte de la combinaison du phosphore avec l'oxygène. Ce corps est l'acide phosphorique.

Fig. 11.

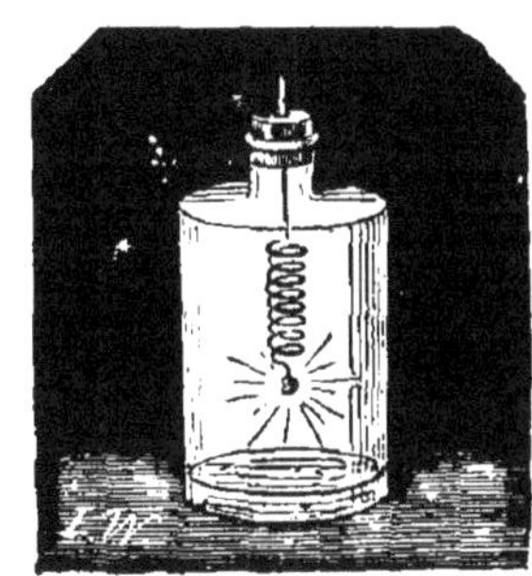

Fig. 12.

Enfin suspendons à un bouchon de liége un ressort de montre tourné en spirale, à l'extrémité duquel est attaché un morceau d'amadou : enflammons cet amadou et descendons le ressort dans un flacon d'oxygène; l'amadou y brûle avec rapidité (fig. 12), sa combustion se communique au ressort d'acier qui brûle à son tour en lançant de tous côtés de vives étincelles. La chaleur dégagée par la combustion est tellement grande que l'oxyde formé se fond et tombe en globules incandescents, qui vont s'incruster dans le fond du flacon. Cet oxyde n'est pas la rouille ou ses-

poids du même volume d'air pris tous deux à 0° et à 760ᵐᵐ. Pour avoir le poids d'un litre de gaz à 0° et à 760ᵐᵐ, il faut multiplier la densité de ce gaz par 1ᵍʳ,293, poids d'un litre d'air dans ces conditions.

quioxyde de fer, c'est un autre oxyde appelé oxyde magnetique de fer. Les parcelles incandescentes, qui se détachent d'un morceau de fer chauffé au rouge lorsque le forgeron le martèle sur l'enclume, sont aussi formées par l'oxyde magnétique.

40. Combustion vive et combustion lente. — Les expériences précédentes nous montrent que les corps ne brûlent dans l'oxygène que parce qu'ils se combinent avec lui. Ces phénomènes de combinaisons des corps avec l'oxygène sont désignés sous le nom de phénomènes de combustion. Dans les expériences que nous venons de décrire, la combustion de l'oxygène et des corps employés s'est faite avec une grande rapidité, on dit que la combustion est *vive*. Dans le cas, au contraire, où l'oxygénation se fait lentement, comme lorsqu'un morceau de fer s'oxyde lentement au contact de l'oxygène humide, on dit encore qu'il y a combustion, mais il y a combustion *lente*. (Nous reviendrons plus tard sur la combustion et nous verrons que la respiration des animaux est un phénomène de combustion lente.)

AZOTE.

41. Historique. — Jusqu'en 1772, l'azote a été confondu avec l'acide carbonique, parce qu'il éteint comme lui les corps en combustion. C'est à Ruterford [1] que l'on doit d'avoir le premier distingué ces deux gaz l'un de l'autre.

42. Propriétés physiques et chimiques de l'azote. — L'azote est un gaz incolore, inodore, insipide. Il a été liquéfié par M. Cailletet. Sa densité est 0,972, 1 litre de gaz à 0° et à 760^{mm} pèse 1^{gr},257.

Il éteint les corps en combustion, et les animaux que l'on y plonge y tombent asphyxiés.

43. Préparation. — On peut préparer l'azote, en l'extrayant de l'air atmosphérique dont il constitue les $\frac{4}{5}$.

---

[1] Ruterford, physicien anglais, né dans le comté de Cambridge en 1712, mort en 1771.

Cette extraction peut se faire par le phosphore ou par le cuivre chauffé au rouge.

1° *Par le phosphore.* Dans une capsule en terre placée sur un bouchon de liége qui flotte (fig. 13) à la surface de l'eau d'une cuve, on met un morceau de phosphore; on l'enflamme et on recouvre le tout avec une cloche. Le phosphore brûle aux dépens de l'oxygène de l'air renfermé dans la cloche et se transforme en acide phosphorique qui se dissout dans l'eau. Quand tout l'oxygène est absorbé, le phosphore s'éteint et le gaz qui reste sous la cloche est de l'azote.

Fig. 13.

Nous ferons remarquer que l'eau a monté d'une certaine quantité dans la cloche pour remplacer l'oxygène absorbé par le phosphore.

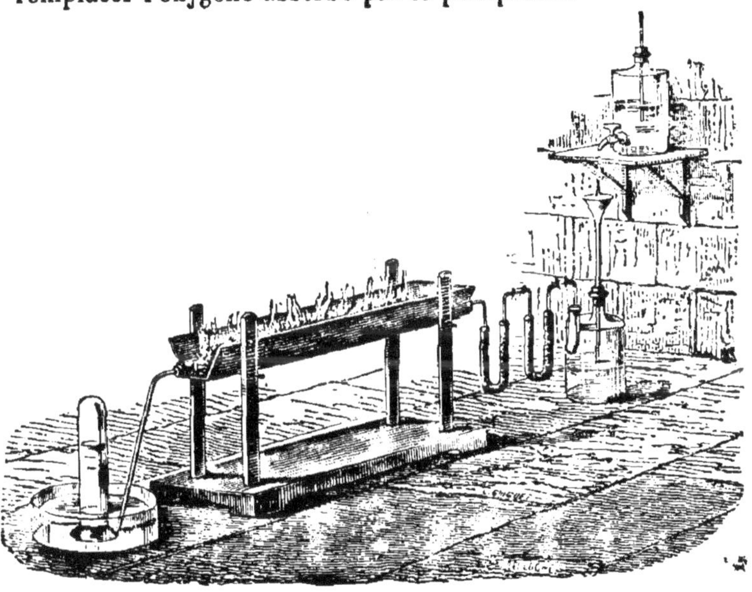

Fig. 14.

L'azote ainsi préparé n'est pas d'une pureté parfaite. Il contient encore un peu d'oxygène qui a échappé à la combustion vive du phosphore, de l'acide carbonique provenant de l'air employé, et des vapeurs de phosphore.

2° *Par le cuivre métallique.* On peut préparer l'azote à l'état de pureté parfaite en faisant passer un courant d'air privé d'acide carbonique sur du cuivre métallique chauffé au rouge. A cette température, le cuivre s'empare de l'oxygène de l'air et l'azote seul se dégage.

L'eau d'un flacon à robinet (fig. 14) s'écoule dans un tube à entonnoir, qui traverse l'une des tubulures du flacon situé au-dessous. L'eau arrivant dans ce flacon en chasse l'air par le tube qui traverse la seconde tubulure et qui communique avec le reste de l'appareil. Les tubes en U contiennent de la potasse caustique destinée à arrêter au passage l'acide carbonique. Le cuivre est contenu et chauffé dans un tube en verre vert porté sur une grille où on l'entoure de charbons ardents : ce tube communique avec une éprouvette dans laquelle se rend l'azote.

44. La terre est entourée par une couche gazeuse que l'on désigne sous le nom d'*air atmosphérique*, et dont l'épaisseur est de 60 kilomètres environ.

L'air est incolore, lorsqu'on le regarde sous une faible épaisseur. Vu sous une épaisseur considérable, il paraît bleu ; c'est ce qui arrive lorsque l'atmosphère n'est pas chargée de vapeurs, lorsque *le temps est beau.* Si parfois le ciel nous paraît couvert, gris ou blanc, c'est que l'atmosphère se trouvant chargée de vésicules de vapeur, qui constituent les nuages, nous ne pouvons la regarder sous une épaisseur assez considérable pour qu'elle nous paraisse bleue.

L'air n'a ni odeur, ni saveur. Galilée [1] a démontré, en 1640, qu'il était pesant ; sa densité est $\frac{1}{773}$ de celle de l'eau. C'est à la densité de l'air prise pour unité que l'on rapporte la densité des autres gaz. 1 litre d'air pèse $1^{gr},293$, à 0° et sous la pression de 760^{mm}.

45. Composition. — Les anciens regardaient l'air comme un élément. En 1669, un chimiste anglais, John Mayow [2]

---

[1] Galilée, né à Pavie en 1564, mort en 1642.
[2] John Mayow, chimiste anglais, né en 1645 en Cornouailles, mort à Londres en 1679

soupçonna dans l'atmosphère la présence d'un principe plus spécialement propre à entretenir la combustion. Plus tard, les expériences de Bayen[1] (1774) prouvèrent que le mercure chauffé à l'air augmente de poids ; mais, comme celles de Jean Rey[2] (1630) sur l'augmentation de poids de l'étain chauffé à l'air, elles restèrent sans résultats.

La composition de l'air n'est connue que depuis la fin du siècle dernier. C'est à Lavoisier (1774) que l'on doit cette découverte, qui doit être considérée comme ayant exercé la plus grande influence sur le développement de la chimie. On comprend en effet que la plupart des phénomènes chimiques se passant au milieu de l'air, il doit intervenir dans le plus grand nombre d'entre eux, et que sa part d'influence, comme les résultats de cette intervention, ne pourront être bien calculés et expliqués qu'autant qu'on connaîtra sa composition chimique.

Voici l'expérience mémorable par laquelle Lavoisier démontra l'existence dans l'air de deux gaz différents :

Il introduisit un poids déterminé de mercure dans un ballon, dont le col recourbé (fig. 15) s'élevait jusqu'au mi-

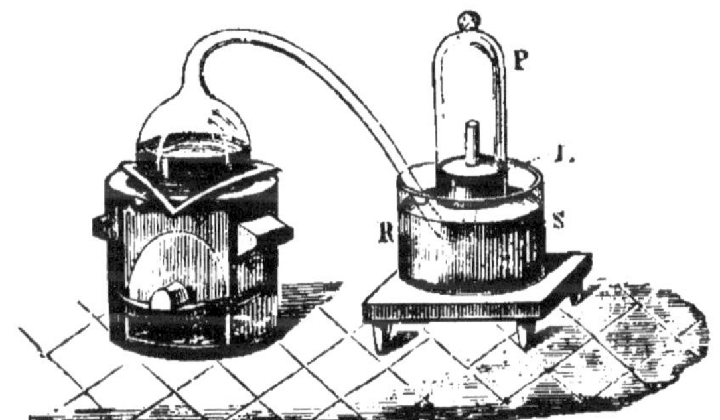

Fig. 15.

lieu d'une cloche P reposant sur un bain de mercure RS et remplie d'air ; puis, aspirant une partie de cet air avec

<hr>

[1] Bayen (Pierre), pharmacien et chimiste, né à Châlons-sur-Marne en 1725, mort en 1798.

[2] Jean Rey, chimiste français, né dans le Périgord vers la fin du XVIᵉ siècle, mort en 1745

un siphon, il fit monter le mercure jusqu'à un niveau I.
qu'il marqua soigneusement avec une bande de papier. Le
ballon reposait sur un fourneau. Les charbons que contenait ce dernier échauffaient le mercure jusqu'à une température voisine de son ébullition.

L'expérience dura douze jours. Au bout du second jour
Lavoisier commença à voir nager à la surface du mercure du
ballon de petites parcelles rouges dont le nombre augmenta
pendant quatre ou cinq jours. En même temps le mercure
s'éleva dans la cloche P. Au bout de douze jours, Lavoisier
voyant que la *calcination* du mercure (oxydation du mercure) ne faisait plus aucun progrès, éteignit le feu et laissa
refroidir l'appareil. Il constata alors que le volume d'air
qu'il contenait au début de l'expérience avait diminué d'environ $\frac{1}{6}$, que le gaz qui restait n'avait plus la propriété d'entretenir la combustion ni la respiration, que les animaux
y tombaient asphyxiés, que les bougies s'y éteignaient immédiatement.

Reprenant alors les parcelles rouges qui s'étaient formées
à la surface du mercure (et qui ne sont autres que du
bioxyde de mercure), il les introduisit dans une petite cornue de verre munie d'un tube abducteur, la chauffa et dé-
composa la matière rouge en mercure qui resta dans la
cornue et en un gaz qu'il recueillit. Le gaz communiquait
à la flamme de la bougie un éclat éblouissant ; le charbon,
au lieu de s'y consumer paisiblement comme dans l'air or
dinaire, y brûlait avec éclat.

En réfléchissant aux conséquences de cette expérience,
on voit que l'air se compose de deux gaz de nature différente et, pour ainsi dire, opposée ; l'un, capable d'être
absorbé par le mercure chauffé, de communiquer à la combustion une activité qu'elle n'a pas dans l'air, sera bientôt
étudié par nous sous le nom d'oxygène ; l'autre, incapable
de se combiner avec le mercure et d'entretenir la combustion, est appelé azote.

Lavoisier achevait de prouver cette importante vérité, en
montrant que les deux gaz mélangés dans les proportions
qu'il avait déterminées reproduisaient de l'air ordinaire.

L'expérience de Lavoisier établissait d'une manière incontestable que l'air était composé d'azote et d'oxygène, mais elle ne donnait pas exactement les proportions relatives de ces deux gaz.

On peut démontrer rapidement de la manière suivante ce que l'expérience de Lavoisier n'établit qu'au bout d'un temps assez long.

On place (fig. 13) sur un morceau de liége flottant à la surface de l'eau une petite coupelle en terre dans laquelle se trouve un morceau de phosphore; on enflamme celui-ci et on recouvre le tout avec une cloche en verre remplie d'air. Le phosphore brûle, forme avec l'oxygène de l'air un corps appelé *acide phosphorique* qui s'élève dans la cloche sous forme de fumées blanches; on constate que, lorsque le phosphore a cessé de brûler, l'eau a monté dans la cloche; qu'il reste dans celle-ci un volume d'azote égal environ aux quatre-cinquièmes du volume total.

On emploie maintenant d'autres procédés pour déterminer d'une manière exacte la composition de l'air. Nous allons étudier les principaux.

46. Analyse de l'air par le phosphore à froid. — On introduit un bâton de phosphore mouillé dans un tube gradué reposant sur le mercure (fig. 16) et contenant un volume d'air que l'on observe. Le phosphore s'empare lentement de l'oxygène de l'air pour former avec lui de l'acide phosphoreux que dissout l'eau qui mouille le bâton de phosphore. Lorsque celui-ci n'est plus lumineux dans l'obscurité, on mesure le volume gazeux restant.

Fig. 16.

47. Analyse de l'air par le phosphore à chaud. — En opérant à chaud, l'analyse se fait plus rapidement. Dans une cloche courbe (fig. 17) contenant un volume déterminé d'air et reposant sur l'eau, on introduit un morceau de phosphore et on le pousse, à l'aide d'un fil de fer, jusqu'à ce qu'il arrive dans le petit renflement que présente la cloche : on chauffe doucement avec une lampe à alcool : le phosphore fond et s'enflamme : une lueur verdâtre traverse la cloche de haut en bas : l'acide phosphorique formé se

Fig. 17.

dissout dans l'eau, et on mesure le volume d'azote restant.

48. Analyse de l'air par le cuivre. — *Procédé de MM. Dumas et Boussingault.* Dans toutes les méthodes précédentes, la composition de l'air se déduit de la mesure de volumes gazeux assez petits; il était donc nécessaire de constater les résultats obtenus par un procédé fondé sur la détermination des poids : d'ailleurs les procédés où l'on pèse impliquent moins de causes d'erreur que ceux où l'on mesure des volumes. MM. Dumas et Boussingault ont fait l'analyse de l'air en combinant son oxygène avec du cuivre chauffé au rouge et en recueillant l'azote.

Un ballon M (fig. 18) vide d'air et portant un robinet R est relié avec un tube tt muni aussi de robinets R', R″. Ce tube, qui est aussi vide d'air et contient de la tournure de cuivre, est posé sur une grille G et se trouve relié lui-même aux tubes o, r et i, destinés à absorber la vapeur d'eau et l'acide carbonique que contient l'air qui les traverse. Le ballon M et le tube tt ont été pesés avant l'expérience.

On chauffe au rouge le tube tt; puis, ouvrant avec précaution les robinets R, R', R″, on laisse arriver sur le cuivre l'air purifié par son passage à travers les tubes o, r, i : le cuivre se combine avec l'oxygène de cet air; quant à l'azote, il se rend dans le ballon M.

L'augmentation de poids subie après l'expérience par le tube *tt* indique le poids d'oxygène contenu dans la quantité d'air considéré; l'augmentation de poids du ballon

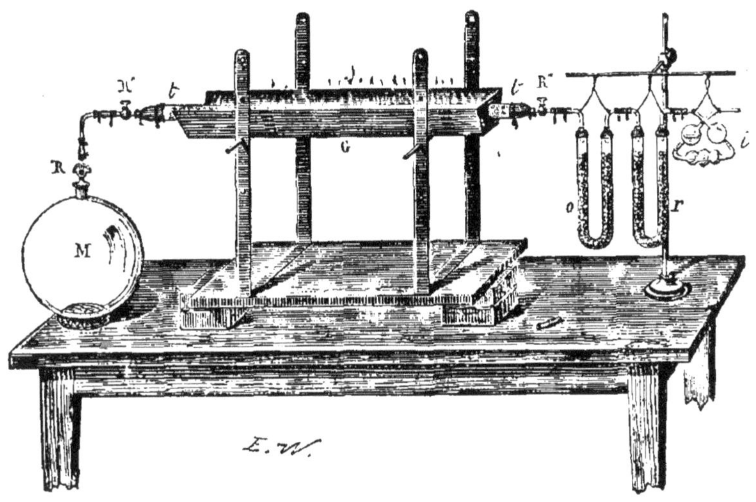

Fig. 18.

donne le poids de l'azote. Il est évident que l'on doit corriger ces résultats de la quantité d'azote qui reste après l'expérience dans le tube *tt*, et cette quantité se termine en y faisant le vide et en mesurant la diminution de poids qu'il subit par le départ de l'azote.

Un grand nombre d'expériences ont permis de conclure que l'air atmosphérique a la composition moyenne suivante :

1° 100 grammes d'air renferment........ $\left\{\begin{array}{l} 23^g,13 \text{ d'oxygène.} \\ 76^g,87 \text{ d'azote.} \end{array}\right.$

$$\overline{100^g,00}$$

2° 1 litre ou 1000 centimètres cubes d'air renferme .... $\left\{\begin{array}{l} 209 \text{ centim. cub. d'oxyg.} \\ 791 \quad\quad — \quad\quad \text{d'azote.} \end{array}\right.$

$$\overline{1000}$$

49. Autres matières contenues dans l'air. — Indépendamment de l'azote, de l'oxygène, l'air contient encore de l'acide carbonique dont la proportion est de 0,0004 environ, de la vapeur d'eau dont la proportion est variable et d'autres substances, telles que l'ammoniaque et l'azotate d'ammoniaque. Avec ces substances se trouvent de nombreux corpuscules organiques que l'on aperçoit très-bien sur le trajet d'un rayon solaire traversant une chambre peu éclairée.

50. Invariabilité dans la composition de l'air. — Un très-grand nombre d'analyses faites sur des volumes d'air recueilli en des lieux bien différents et à des hauteurs variables dans l'atmosphère, ont démontré que l'air avait une composition constante.

51. L'air est un mélange. — Quoique l'air atmosphérique ait une composition constante, on doit le considérer comme un mélange et non comme une combinaison définie. Voici les raisons principales que l'on fait valoir à l'appui de cette assertion :

1° Les volumes d'azote et d'oxygène qui se trouvent dans l'air n'offrent pas entre eux un rapport simple comme ceux que l'on remarque ordinairement dans les combinaisons gazeuses.

2° Quand on mélange l'azote et l'oxygène dans les proportions où ils se trouvent dans l'air, on n'observe pas le dégagement de chaleur et d'électricité qui accompagne ordinairement les combinaisons chimiques, et cependant le mélange présente toutes les propriétés de l'air atmosphérique.

3° Lorsqu'on chauffe (fig. 19) un ballon exactement rempli d'eau et fermé par un bouchon que traverse un tube également rempli d'eau et se rendant sous une éprouvette pleine de mercure, on ne tarde pas à constater un dégagement de gaz. Ces gaz constituent un mélange d'azote et d'oxygène, dont la composition n'est pas la même que celle de l'air atmosphérique : les volumes d'azote et d'oxygène sont dans le rapport de 67 à 33. Or, si l'air est une combinaison, il doit se dissoudre en vertu d'une solubilité qui lui est propre, et 100 parties en se dissolvant doivent entraîner 79 parties d'azote et 21 d'oxygène. Mais s'il n'est qu'un mélange, chacun des gaz qui le composent conserve sa solubilité individuelle et se dissout proportionnellement à cette solubilité. C'est pourquoi nous retrouvons, dans le mélange

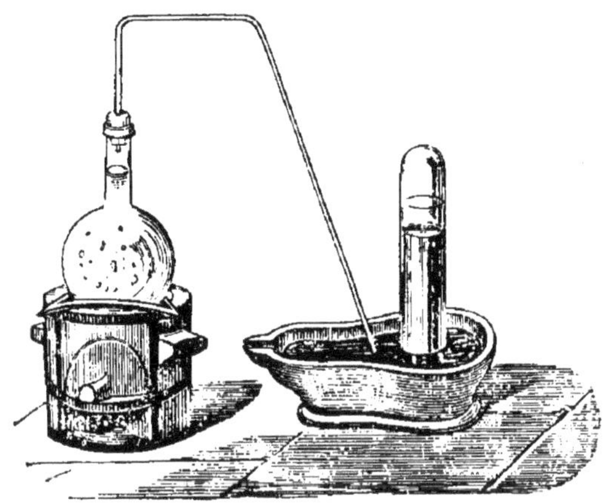

Fig. 19.

gazeux que dissout l'eau, non pas 79 d'azote et 21 d'oxygène, mais 67 d'azote et 23 d'oxygène.

52. Rôle de l'air dans la combustion. — Nous avons vu plus haut que certains corps pouvaient brûler dans l'oxygène et que, suivant les cas, la combustion était *vive* ou *lente;* les mêmes phénomènes de combustion se produisent dans l'air par l'action de l'oxygène qu'il renferme, mais leur intensité est moins vive, car l'azote vient modérer par ses propriétés opposées l'énergie de la réaction.

Le mot *combustion* a été longtemps considéré comme exprimant un phénomène d'oxydation; plus tard, on a généralisé sa signification en le rendant synonyme de *combinaison*. Mais le plus souvent maintenant on lui conserve le sens restreint que lui avait d'abord donné Lavoisier. Il y a plus, dans le langage ordinaire, on désigne par *combustion* la fixation de l'oxygène *avec dégagement de chaleur et de lumière*, et l'on réserve le mot *oxydation* pour désigner la combinaison d'un corps avec l'oxygène, quels que soient les phénomènes qui l'accompagnent.

On croyait autrefois que la combustibilité des corps était produite par une substance répandue dans toute la nature, qui s'échappait d'eux pendant la combustion et à laquelle on donnait le nom de *phlogistique*. Mais quand Schèele eut découvert qu'il y a consommation d'oxygène dans la combustion, quand Lavoisier eut reconnu que le corps brûlé augmente d'un poids précisément égal à celui de l'oxygène consommé, la théorie du phlogistique dut être abandonnée pour faire place à la théorie universellement admise aujourd'hui par les chimistes modernes, qui considèrent la combustion comme un phénomène d'oxydation.

Il résulte de là que la combustion ne pourra s'effectuer dans l'air qu'autant que cet air se renouvellera suffisamment à la surface du combustible. Supposons des charbons en ignition placés au milieu d'une chambre hermétiquement close de toutes parts : l'oxygène de l'air eutretiendra d'abord la combustion de ces charbons qui, par leur combinaison avec l'oxygène, produiront de l'acide carbonique : mais peu à peu la conbustion s'effectuera avec moins d'énergie et finira même par s'arrêter tout à fait. C'est qn'en effet, l'oxygène de l'air est lentement absorbé, et qu'au bout d'un certain temps l'atmosphère de la chambre ne renferme plus que de l'azote et de l'acide carbonique, gaz incapables tous deux d'entretenir la combustion.

Cela nous explique la nécessité du tirage des cheminées. Lorsque ce tirage n'est pas suffisant, non-seulement les produits de la combustion, fumée, acide carbonique, etc., ne sont pas emportés au dehors d'une manière régulière, ce qui présente de nombreux inconvénients pour les personnes qui habitent l'appartement, mais aussi le *feu dort*, comme on dit vulgairement ; le combustible ne brûle que péniblement, parce que l'air avec lequel il est en contact ne se renouvelle pas avec assez de rapidité, et que, par suite, la quantité d'oxygène fournie est insuffisante. Tout le monde sait du reste que pour activer dans un foyer la combustion, il suffit de diriger, à l'aide d'un soufflet, un courant d'air à travers la masse du combustible.

On peut montrer facilement, par l'expérience suivante la

nécessité du renouvellement de l'air dans la combustion des corps. La flamme d'une bougie est produite, comme nous le verrons plus loin, par la combustion de certains gaz qui se dégagent de la cire en fusion. Si nous plaçons une bougie sous une cloche en verre remplie d'air, nous la voyons d'abord brûler comme à l'air libre; puis la flamme s'allonge, pâlit et s'éteint (fig. 20). Cela est dû à l'absorption graduelle de l'oxygène que renfermait l'air de la cloche.

Fig. 20.

53. La combustion des corps est ordinairement accompagnée de dégagement de chaleur et de lumière, et nous croyons utile d'indiquer ici les températures auxquelles correspondent les diverses teintes prises par les corps, soit en combustion, soit chauffés eux-mêmes par des corps en combustion. Nous empruntons le tableau suivant aux travaux de M. Pouillet :

Couleur que prend le platine.	Température correspondant en degrés.
Rouge naissant	525
Rouge sombre	700
Cerise naissant	800
Cerise	900
Cerise clair	1000
Orangé foncé	1100
Orangé clair	1200
Blanc	1300
Blanc soudant	1400
Blanc éblouissant	1500

On voit qu'au-dessous de 500° environ les corps ne sont pas lumineux; on dit alors que la chaleur est obscure.

DE LA FLAMME.

54. On appelle *flamme* un gaz ou une vapeur en com-

bustion, portés à une température assez élevée pour devenir lumineux.

Lorsqu'un corps ne peut se transformer en gaz ou en vapeur, il peut devenir lumineux par l'action d'une température suffisante, mais il ne produit pas de flamme : tels sont le charbon bien calciné qui brûle sans flamme, le fer, le cuivre, etc... Le phosphore, le soufre, le zinc qui sont volatils, les gaz combustibles, comme l'hydrogène, brûlent au contraire avec flamme.

55. Température de la flamme. — La température de la flamme a pour cause la chaleur dégagée par la combinaison avec l'oxygène de l'air du gaz ou de la vapeur combustibles. Cela est si vrai que la flamme n'est lumineuse qu'aux points où le gaz est en contact avec l'oxygène. Approchons, en effet, une bougie de l'orifice d'une éprouvette remplie d'hydrogène (fig. 21),

Fig. 21

l'éprouvette étant tournée vers la terre, de telle sorte que le gaz plus léger que l'air reste dans l'éprouvette; le gaz va s'enflammer, mais la flamme ne se propagera pas dans l'intérieur. Renversons au contraire l'éprouvette (fig. 22), le gaz en vertu de sa légèreté s'échappera en partie, une certaine quantité d'air le remplacera et la flamme se propagera dans l'intérieur.

Il résulte de là qu'à l'intérieur d'une flamme, la température est bien plus basse qu'à l'extérieur, puisqu'il n'y a contact et combinaison avec l'oxygène que sur les parties externes. On peut le prouver très-simplement par l'expérience suivante :

Fig. 22.

Plaçons (fig. 23) une feuille de papier en travers de la
flamme d'une bougie, et nous verrons une auréole rous-
sâtre se tracer à sa sur-
face : elle correspond
aux points où la par-
tie extérieure de la
flamme, partie qui est
la plus chaude, a car-
bonisé le papier avant
de l'enflammer; quant
au centre de l'aurréole,

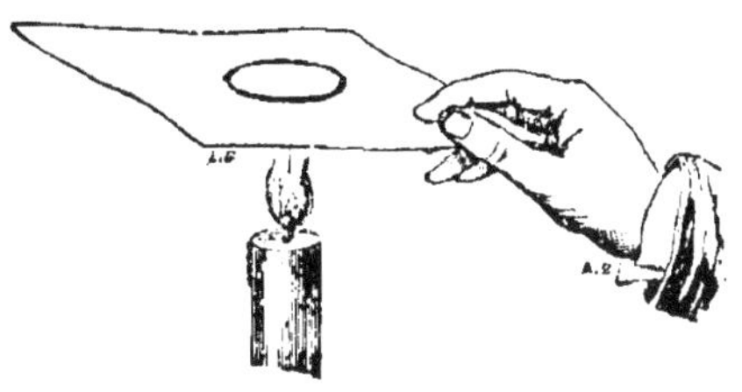

Fig. 23.

le papier y est resté blanc, parce qu'il n'a été en contact
qu'avec les parties centrales et froides.

Les flammes produites par les différents corps combustibles n'ont pas toutes la même température : plus l'affinité
pour l'oxygène du corps qui brûle est grande, plus la température de la flamme est élevée. Aussi celle de l'hydrogène
est-elle plus chaude que celle du charbon, celle du charbon plus chaude que celle du soufre.

56. Éclat de la flamme. — L'éclat de la flamme est
produit par la suspension au milieu du gaz en combustion
de particules solides qui s'y échauffent assez pour devenir
elles-mêmes lumineuses. La flamme de l'hydrogène est très-
pâle, sans éclat, parce qu'il ne peut se produire dans la
combustion de ce gaz aucune parcelle solide : celle du gaz
de l'éclairage est brillante, parce que ce gaz en brûlant
donne lieu à des particules de charbon qui restent en suspension dans la flamme et y deviennent lumineuses. Il en
est de même pour la flamme de l'huile et de la bougie.

Pour comprendre que l'éclat d'une flamme tient à la présence de corps solides, il suffira de remarquer que la flamme
la plus pâle, celle de l'hydrogène, devient brillante dès
qu'on y introduit un corps solide, comme un fil mince de
platine, des brins d'amiante, de la chaux vive, etc. Réciproquement, la flamme brillante d'une lampe à huile devient terne et fumeuse, dès qu'on enlève le verre qui l'enveloppe. C'est qu'en effet, le verre une fois enlevé, le courant
d'air, qui circulait autour de la flamme et lui fournissait

l'oxygène nécessaire à la combustion des particules charbonneuses produites par la décomposition de l'huile, devient
moins actif : la combustion n'est plus complète, la température des gaz qui compose la flamme s'abaisse, et les
molécules de charbon cessant d'être incandescentes forment
cette fumée noire que l'on voit s'élever au-dessus de la
lampe. Le même effet se produit lorsque, par suite d'une
mauvaise position du verre, le tirage et la circulation d'air
se font mal ; on dit alors que la lampe *file*.

On peut produire un effet analogue sur la flamme d'une
chandelle ou d'une bougie en plaçant transversalement au
milieu d'elle une toile métallique : cette flamme paraît
alors coupée par la toile métallique (fig. 24) au-dessus de
laquelle s'élève une fumée noire. C'est qu'en effet la toile
par sa conductibilité prend une quantité de chaleur consi

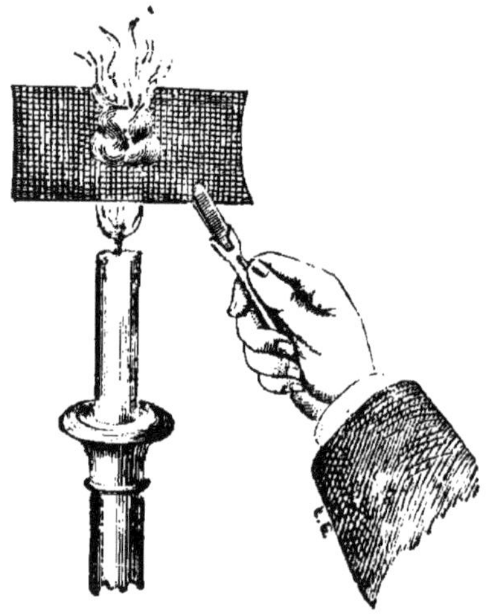

Fig. 24.

dérable aux gaz de la flamme, les laisse passer à travers ses
mailles, mais les refroidit assez pour les empêcher d'être
lumineux, en arrêtant la combustion et l'incandescence des
molécules de charbon. Cela est si vrai que si, à une petite
distance de la toile, on approche la flamme d'une autre bou

gie et qu'on rende ainsi aux gaz la chaleur qui leur manque,
ils prennent feu et continuent à brûler (fig. 25).

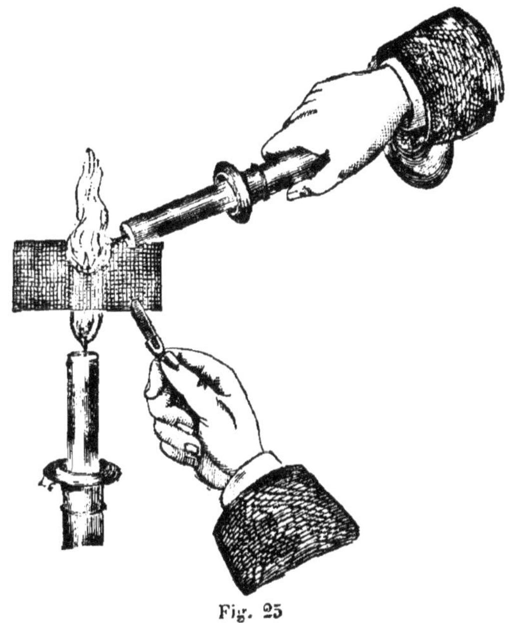

Fig. 25

La même expérience peut être faite (fig. 26) sur la
flamme du gaz de l'éclairage.

Cette propriété des toiles métalliques est appliquée,
comme nous le verrons plus tard, dans la construction de la
lampe de sûreté de Davy.

57. Constitution de la flamme. — Les flammes produites par la combustion d'un corps simple ou indécomposable sont simples elles-mêmes et homogènes; mais il
n'en est pas de même de celles qui sont produites par les
corps composés : leurs propriétés varient en leurs divers
points avec la nature des substances qui s'y forment.

Prenons pour exemple la flamme d'une bougie. Nous y
distinguerons trois parties distinctes.

A l'intérieur et autour de la mèche une partie sombre
m (fig. 27), où la température n'est pas élevée : autour de

cet espace une région *i* lumineuse; cette région est elle-même enveloppée par une couche *e* peu lumineuse et bleuâtre vers sa base *b*.

Si l'on plonge dans la flamme un morceau de fil de fer, il ne rougira pas dans le milieu *m*, se colorera facilement dans la partie lumineuse *i* et rougira fortement dans la

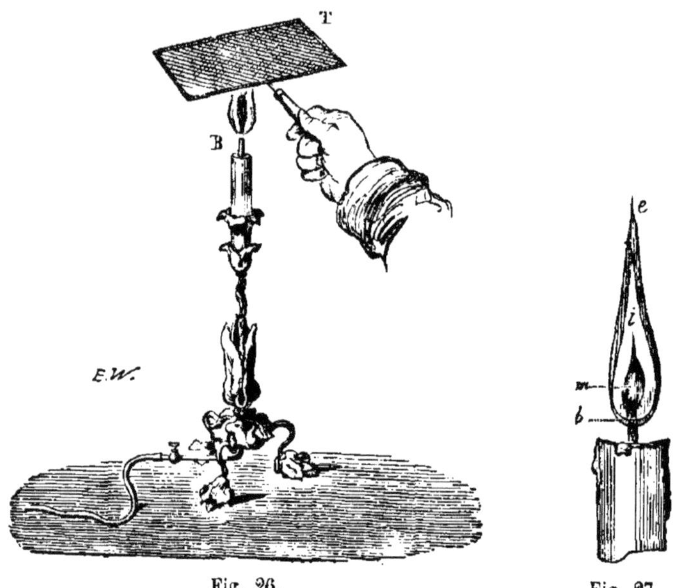

Fig. 26.

Fig. 27.

couche *e* : ce qui indique que la température va en croissant du centre à la périphérie.

Toutes ces différences s'expliquent aisément. La bougie est formée par une substance composée de charbon, d'hydrogène et d'oxygène, au centre de laquelle se trouve une mèche en coton tressé. Lorsque nous l'allumons, elle brûle mal au début, parce que la mèche n'est pas encore imbibée de matière combustible; mais bientôt la cire fond, monte par capillarité dans la mèche et s'y décompose en produits gazeux, qui constituent la partie obscure *m* de la flamme et n'y brûlent pas faute d'oxygène. Ces gaz, qui sont composés en grande partie d'hydrogène carboné, commencent à brûler dans la partie *i*; mais, comme ils n'y rencontrent pas encore assez d'oxygène pour la combustion du carbone, l'hydrogène seul y brûle, le carbone y est seulement porté à l'incandescence; c'est lui qui fournit à cette partie de la flamme l'éclat qu'elle présente. Dans l'enveloppe extérieure *e*, le carbone brûle, se transforme en acide carbonique, et c'est à cette transformation que sont dues la diminution d'éclat et l'augmentation de chaleur que l'on constate dans cette partie de la flamme.

57 *bis*. Lampe à huile et à double courant d'air. — Les lampes à huile et à double courant d'air donnent des flammes dont la clarté est plus vive que celle des bougies. Ces lampes présentent une mèche annulaire en coton tressé; cette mèche plonge dans un réservoir où arrive constamment de .l'huile poussée par l'action d'un mécanisme qui varie avec la nature de la lampe. Si l'on enflamme cette mèche, l'huile qui la baigne se décompose, fournit des gaz qui par leur combustion produisent une flamme annulaire, dont les surfaces interne et externe sont en contact avec l'air. La mèche est entourée d'un verre destiné à créer un courant d'air qui active la combustion de l'huile.

La flamme d'une lampe à huile paraît avoir une constitution différente de celle d'une bougie, et cependant elle n'en diffère pas. Elle peut être considérée comme formée par la juxtaposition, suivant le cercle formé par la mèche, d'une série de flammes identiques à celle d'une bougie, de telle sorte que si l'on fait une coupe dans la flamme par un plan vertical passant suivant un diamètre de la mèche, on obtient la figure 28, qui présente aux deux extrémités de ce diamètre la forme d'une flamme analogue à celle de la bougie.

Fig. 28.

58. Le gaz d'éclairage donne des flammes d'une nature semblable. Si le jet de gaz s'échappe par une seule ouverture, on a une flamme dont la constitution est la même que celle d'une bougie. Si le gaz s'échappe par une réunion d'ouvertures disposées en cercle et que le bec soit muni

d'un verre, la flamme peut être comparée à celle des lampes que nous venons d'étudier.

59. Du chalumeau. — On a souvent besoin, dans l'industrie comme dans les laboratoires, d'augmenter la température des flammes. On y parvient en dirigeant un courant d'air sur la flamme à l'aide d'un instrument appelé *chalumeau*.

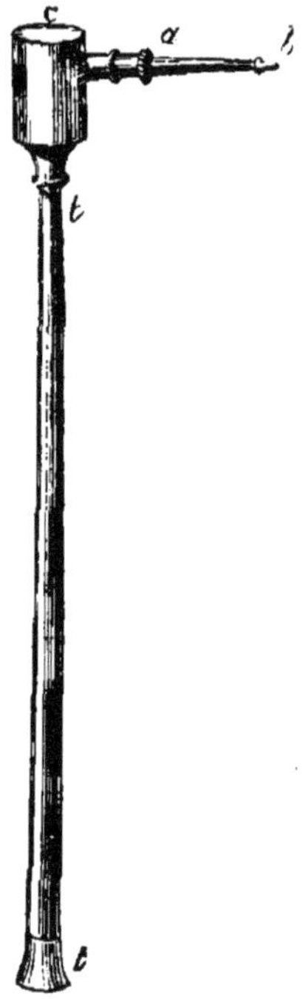

Il se compose (fig. 29) d'un tube *tt* dont l'extrémité est placée dans la bouche, d'une partie renflée *c* qui arrête l'humidité que le courant d'air sortant de la bouche emporte avec lui, d'un ajutage *a*, que l'on appelle le *porte-vent*, et d'un bout *b*, qui est percé d'un trou dont le diamètre varie.

Les orfèvres, les émailleurs, les bijoutiers, les essayeurs de monnaie font usage du chalumeau toutes les fois qu'ils veulent fondre une petite quantité de métal et d'alliage, faire des soudures de peu d'étendue, etc.

Il faut un peu d'habitude pour obtenir, sans se fatiguer, un courant d'air continu. On doit gonfler les joues, respirer par les fosses nasales, et, par le mouvement régulier des muscles des joues, faire sortir d'une manière continue l'air renfermé dans la bouche.

Fig. 29.

Fig. 30.

Le chalumeau porte, au milieu de la flamme, une masse d'air qui en change l'aspect. Elle s'incline et prend la disposition que représente la figure 30. Elle offre, dans son centre, un jet bleu *a*; l'extrémité de ce jet est le point où se développe la plus haute température; la combustion y est complète. Cette zone se trouve entourée d'une partie brillante, dans laquelle l'oxygène fait défaut et où les particules charbonneuses incandescentes ne brûlent pas. Enfin la zone externe est pâle, l'oxygène y est en excès et la combustion complète. Si l'on veut simplement faire fondre une substance, on la placera à l'extrémité de la pointe du cône bleu *a*. Si l'on veut réduire un oxyde, c'est-à-dire lui enlever son oxyde, on le placera dans la partie brillante où il rencontrera de nombreuses parcelles de charbon avides d'oxygène. Enfin, si l'on veut produire une oxydation, on placera la substance à oxyder à l'extrémité de la flamme, où il y a excès d'oxygène.

60. Chalumeau à gaz oxygène et hydrogène. — Le chalumeau que nous venons de décrire ne suffirait pas pour opérer la fusion des substances très-difficiles à fondre et que l'on appelle *réfractaires*. On se sert, pour les fondre, d'un chalumeau dans lequel la combustion de l'hydrogène ou du gaz de l'éclairage est activée par un courant d'oxygène.

Le tube central *tt'* (fig. 31) communique par le robinet *o* avec un réservoir d'oxygène comprimé; il est enveloppé

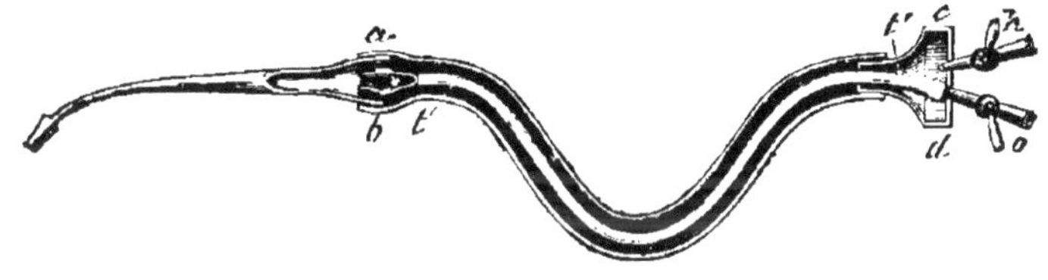

Fig. 31.

par un autre tube *abcd*, qui communique par sa partie latérale avec un réservoir d'hydrogène comprimé ou avec les conduites du gaz de l'éclairage; par suite de cette disposition, ce dernier gaz se répand dans l'espace annulaire compris entre le tube central et le tube extérieur *abcd*. Le mélange des deux gaz ne se fait qu'à l'extrémité du chalumeau; il n'y a pas de possibilité d'explosion.

ROLE DE L'AIR DANS LA RESPIRATION.

61. L'air est nécessaire à la respiration des animaux; cette fonction ne peut s'effectuer dans un milieu dépourvu d'air ou dans lequel ce fluide serait trop raréfié. On le prouve en plaçant un animal plein de vie sous le récipient de la machine pneumatique. A mesure qu'on enlève l'air par le jeu des pistons, l'animal s'affaiblit, devient haletant, tombe épuisé et ne tarde pas à mourir. Lavoisier a démontré, en 1777, que le phénomène de la respiration est une combustion lente. Sans entrer dans de grands détails à ce sujet, nous allons indiquer en quoi consiste essentiellement l'accomplissement de cette fonction nécessaire à l'entretien de la vie et quels en sont les effets.

Le sang est un liquide nourricier qui circule à travers l'organisme dans un ensemble de vaisseaux, appelé système circulatoire. Dans sa marche, il dépose les élements destinés à nourrir les organes, à réparer leurs pertes incessantes, mais il se charge en même temps de principes qui le rendent impropre à continuer son rôle réparateur. Il faut donc qu'il se révivifie, et cette révivification, qui est le but et l'effet de la respiration, s'accomplit par l'intermédiaire de l'air atmosphérique. Pour cela l'air, par les mouvements d'inspiration, est introduit dans l'intérieur des poumons; le sang impropre à la nutrition, dit *sang veineux*, y arrive aussi, et, à travers les membranes qui forment les parois des cellules pulmonaires, s'opère un échange de gaz entre l'air et le sang veineux. Celui-ci exhale l'acide carbonique qu'il contient en excès et prend une certaine quantité d'oxygène à l'air atmosphérique. Cet oxygène entraîné dans la circulation y brûle les principes charbonneux du sang et produit ainsi de nouvel acide carbonique, qui vient s'échanger dans les poumons contre une nouvelle dose d'oxygéne. Dans les mouvements d'*expiration*, l'acide carbonique est rejeté au dehors.

On peut mettre en évidence cette exhalation d'acide carbonique, en soufflant pendant quelques instants (fig. 32) dans un tube plongeant au milieu d'une dissolution limpide

de chaux. L'air qui sort des poumons contient une quantité d'acide carbonique suffisante pour qu'il se produise
bientôt un abondant dépôt de carbonate de chaux.

Fig. 32.

L'air est le seul gaz qui puisse entretenir la respiration
d'une manière continue ; l'oxygène serait trop actif ; l'azote,
qui est mélangé avec lui dans l'atmosphère, vient tempérer
ses effets.

62. Chaleur animale. — La combustion lente du char
bon dans les vaisseaux sanguins est accompagnée d'un dégagement continuel de chaleur. C'est là la source principale
de la chaleur animale. Quand la respiration est active, la
température du corps de l'animal reste constante, indé-
pendante de la température extérieure ; en général, elle
lui est même supérieure. C'est ce que l'on rencontre dans
les animaux dits *à sang chaud* ou *à température constante*,
comme les mammifères et les oiseaux. Quand la respira-

tion d'un animal est lente, sa température suit la variation
de la température des corps environnants; c'est ce que
l'on observe chez les reptiles, les poissons, qui sont dits
animaux *à sang froid* ou *à température variable.*

63. Air confiné. — Nous avons dit précédemment que,
d'après un certain nombre d'analyses, on pouvait considérer la composition de l'air comme invariable; il est bien
entendu que cette remarque ne peut s'appliquer qu'à l'air
libre. Lorsqu'au contraire l'air est enfermé dans un espace
limité, où se trouvent réunis des hommes ou des animaux
la composition de l'atmosphère ne tarde pas à être modi-
fiée. A chaque mouvement respiratoire, une certaine quantité d'oxygène disparaît pour être remplacée par une quantité à peu près équivalente d'acide carbonique. Au bout
d'un temps variable qui dépend du nombre des individus
et de la capacité de l'enceinte où ils sont renfermés, l'air
est devenu irrespirable ou tout au moins nuisible.

Le défaut du renouvellement d'air dans les locaux d'une
capacité insuffisante et non ventilés a souvent amené les
accidents les plus graves. En 1750, aux assises d'Olb-Bailey,
qui se tenaient dans une pièce de 10 mètres carrés de surface, la plupart des juges et des assistants périrent asphyxiés; ceux qui survécurent étaient près d'une fenêtre
ouverte. A la suite des journées de juin 1848, les effets terribles de l'air confiné se firent sentir sur les prisonniers
entassés dans les souterrains de la terrasse des Tuileries.

C'est à cette viciation de l'air confiné que doivent être
attribués les malaises que l'on éprouve dans les endroits où
l'air ne se renouvelle pas suffisamment.

Indépendamment de l'acide carbonique, l'air confiné
contient encore des matières organiques dites *miasmes,*
qui proviennent de l'expiration des gaz ayant servi à la
respiration et de l'exhalation cutanée. La présence de ces
miasmes se traduit par une odeur forte et repoussante.
MM. Dumas et Péclet ont constaté que l'air qui s'échappe
des cheminées d'appel destinées à opérer la ventilation des
salles où se tiennent des assemblées nombreuses, exhale
souvent une odeur que l'on ne pourrait supporter impuné-

ment. M. Gavarret a prouvé, par ses expériences, que ces miasmes pouvaient produire la mort d'animaux qui les respiraient au milieu d'une atmosphère, où l'on avait pris soin de renouveler l'oxygène et d'absorber l'acide carbonique produit.

On peut facilement constater la présence de ces miasmes dans les endroits où respirent un grand nombre d'individus. Il suffit de suspendre au milieu de l'appartement un ballon rempli de glace (fig. 32); la vapeur d'eau répandue dans l'air se condense sur les parois du ballon, et le liquide recueilli, soumis à une température de 25°, répand bientôt une odeur forte, que produit la décomposition des miasmes entraînés par l'eau qui s'est condensée.

Si l'on ajoute à ces causes de viciation de l'air confiné celle qui provient de la combustion des substances destinées au chauffage et à l'éclairage, on comprendra toute la nécessité de bons systèmes de ventilation appliqués à nos appartements et aux locaux destinés à des réunions nombreuses.

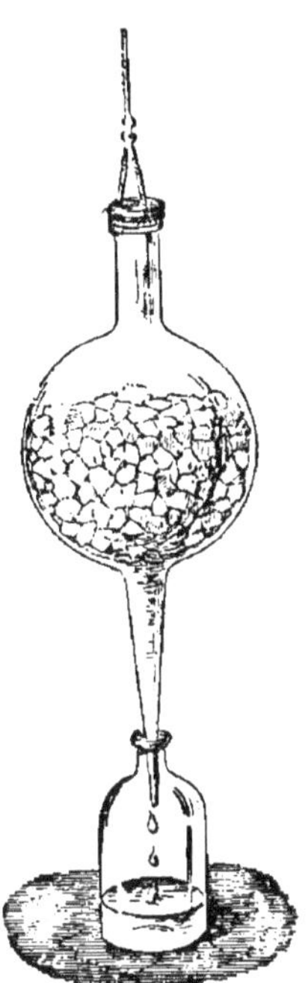
Fig. 33.

64. Ventilation. — En tenant compte des conditions assez complexes de ce problème, on a trouvé qu'il faut, en moyenne, 10 à 12 mètres cubes d'air neuf par heure et par individu. Dans tout système de ventilation sagement conçu, on doit se proposer de fournir *au moins* cette quantité d'air. La plupart de nos salles d'assemblée ne rempliraient pas ces conditions, si elles n'étaient soumises à un système plus ou moins parfait de ventilation.

Beaucoup de chambres à coucher sont très-insalubres, surtout lorsque l'absence de cheminée diminue la ventilation qui s'opère par les joints des portes et des fenêtres.

65. Respiration des végétaux. — La respiration des végétaux se fait dans des conditions inverses de celles où s'exécute la respiration des animaux. Tandis que les animaux prennent l'oxygène à l'air et le transforment en acide carbonique, les végétaux, sous l'influence de la lumière du jour, absorbent par leurs feuilles l'acide carbonique de l'air, s'assimilent le carbone et rejettent l'oxygène au dehors

Cette seule remarque suffit pour faire comprendre que les arbres plantés dans nos promenades et jardins publics sont une cause d'assainissement de l'atmosphère des villes, où respirent, souvent sur un terrain relativement peu étendu, un nombre considérable d'hommes et d'animaux.

Pendant la nuit la respiration des végétaux se fait d'une manière inverse : ils absorbent de l'oxygène et rejettent de l'acide carbonique. Aussi ne doit-on pas laisser pendant la nuit, dans des chambres où l'on couche, de plantes qui, par leur respiration, sont une cause de viciation de l'air atmosphérique.

CHAPITRE III

HYDROGÈNE. — EAU. — EAUX POTABLES.

HYDROGÈNE.

67. Historique. — L'hydrogène connu déjà dans ses propriétés générales, par les chimistes du XVIIe siècle, n'a été bien étudié que vers 1778 par Cavendish[1] qui lui donna le nom de *gaz inflammable*.

67. Propriétés physiques. — L'hydrogène est un gaz incolore, sans odeur ni saveur quand il est pur. Il a été liquéfié par M. Cailletet. M. Pictet l'a même solidifié. Il a opéré à 650 atmosphères et à une température de 140 degrés au-dessous de zéro. L'hydrogène est le seul gaz qui conduise bien la chaleur, et cette conductibilité, qui augmente avec la pression, constitue un carac-

---

[1] Cavendish (Henry), né à Nice en 1731, mort en 1810. Il était fils d'un cadet de la famille des ducs de Devonshire.

tère de ressemblance entre lui et les métaux, dont il se
rapproche d'ailleurs par un certain nombre de ses propriétés chimiques. Il pèse 14 fois 1/2
moins que l'air, sa densité est
0,0692 ; 1 litre d'hydrogène pèse
0gr,089 : c'est le plus léger de
tous les corps connus.

Cette légèreté peut être mise
en évidence par les expériences
suivantes.

1° On adapte l'une contre
l'autre et par leur ouverture
deux éprouvettes de même diamètre (fig. 34) : l'une inférieure H est remplie d'hydrogène, l'autre supérieure A contient de l'air. Au bout de quelques instants l'hydrogène, en
vertu de sa légèreté, a passé

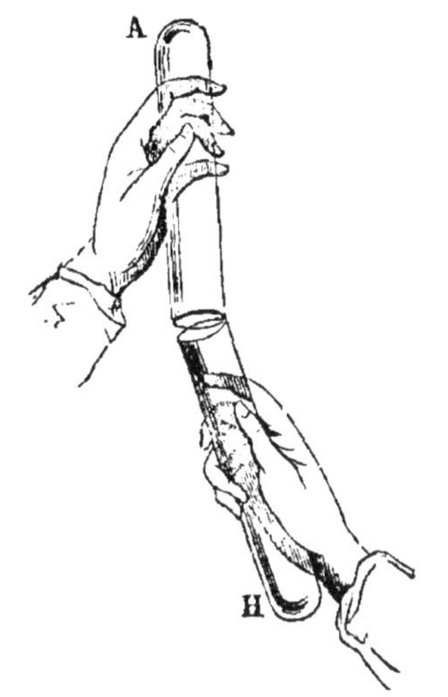

Fig. 34.

tout entier dans l'éprouvette A, ce que l'on constate en
approchant de ses bords une allumette enflammée : le gaz
qu'elle contient s'enflamme aussitôt, propriété qui appartient à l'hydrogène et que l'air ne possède pas.

2° Après avoir exprimé d'une vessie l'air qu'elle contient,
on lui adapte un robinet qui,
par l'intermédiaire d'un tube
en caoutchouc, la met en communication avec un appareil
à hydrogène (fig. 35). Lorsque
la vessie est remplie de gaz, on
ferme le robinet et on adapte
au tube de caoutchouc un tube
de verre effilé, dont on trempe
l'extrémité dans une eau de
savon assez épaisse : lorsqu'on
retire le tube de l'eau, une

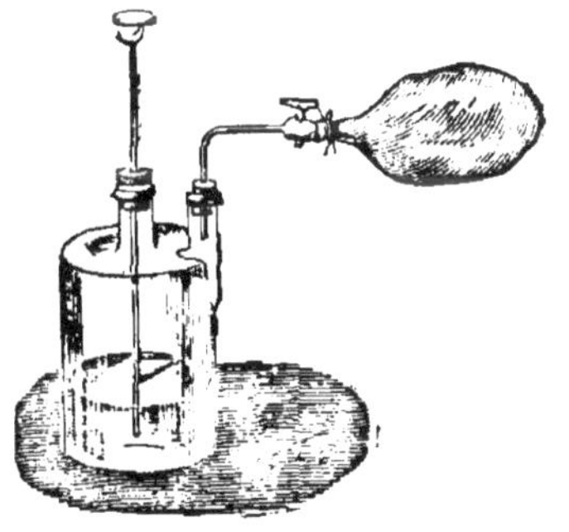

Fig. 35.

goutte de liquide reste suspendue à son extrémité, et, si
l'on ouvre le robinet en pressant légèrement sur la vessie, le

gaz formé en sortant des bulles de savon, qui s'élèvent rapidement dans l'air où elles peuvent être enflammées à l'aide d'une bougie (fig. 36).

Fig. 36.

Charles[1] eut le premier l'idée d'appliquer le gaz hydrogène au gonflement des aérostats et de remplacer par lui l'air dilaté que les frères Montgolfier[2] avaient d'abord employé. On dut ensuite renoncer à l'emploi de ce gaz, à cause de la facilité avec laquelle il traverse les membranes. Cette dernière propriété peut être mise en évidence par l'expérience suivante.

<hr>

[1] Charles (J. Alexandre-César), physicien, né à Nancy, mort à Paris en 1823. Il devint membre de l'Académie des sciences en 1785, et professeur au Conservatoire des arts et métiers.

[2] Montgolfier (Joseph-Michel et Jacques-Étienne), célèbres par l'invention des aérostats. Nés tous deux à Vidalon-lès-Annonay, le premier en 1740, le second en 1745. Étienne mourut dans son pays en 1799; Joseph mourut à Paris en 1810. Il était membre de l'Académie et administrateur du Conservatoire des arts et métiers.

On prend sur la cuve à eau une éprouvette remplie
d'hydrogène, on la ferme avec une feuille de papier bien
adaptée contre ses bords, on la retourne, et une allumette
enflammée présentée au-dessus de la feuille de papier enflamme le gaz hydrogène qui a traversé cette feuille.

On peut aussi montrer cette propriété, dite propriété *en-
dosmotique*, en plaçant un ballon en caoutchouc mince sous
une grande cloche remplie d'hydrogène (fig. 37). On a eu
soin d'entourer ce ballon d'un fil qui s'applique sur lui sans
le serrer. Au bout de quelques heures l'hydrogène a péné-

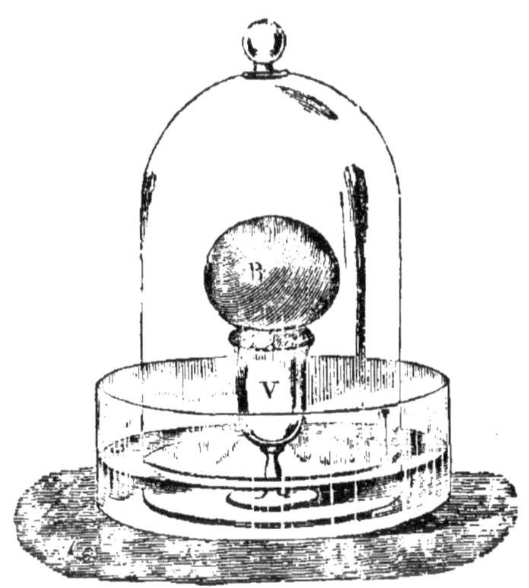

Fig. 37.

tré dans le ballon, l'a gonflé ; le fil serre le ballon qui, au
bout d'un jour, finit le plus souvent par éclater.

L'hydrogène est très-peu soluble dans l'eau : 1 litre d'eau
dissout seulement 17 cent. cubes de ce gaz.

68. **Propriétés chimiques.** — L'hydrogène a une grande
affinité pour l'oxygène : lorsqu'on approche une bougie
allumée (fig. 38) de l'ouverture d'une éprouvette remplie
de ce gaz. il brûle avec une flamme pâle. Il n'entretient
pas la combustion ; car si, comme le représente la figure 39,
on introduit la bougie dans l'éprouvette, elle s'y éteint. On
peut la rallumer en la descendant dans les couches qui brû-

lent à l'ouverture, l'éteindre de nouveau, et ainsi de suite.

Le produit de la combustion de l'hydrogène est de la va-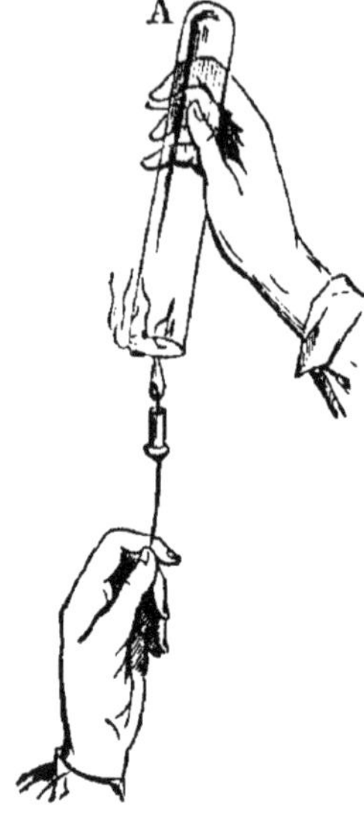peur d'eau ; il suffit pour le prouver d'enflammer sous une cloche C (fig. 40) un jet d'hydrogène, qui, à sa sortie du flacon producteur F, s'est desséché dans un tube T rempli d'une substance avide d'eau

Fig. 38.

Fig. 39.

comme le chlorure de calcium. La vapeur d'eau produite par la combustion du gaz se condense contre les parois froides de la cloche et se résout en gouttelettes liquides qui

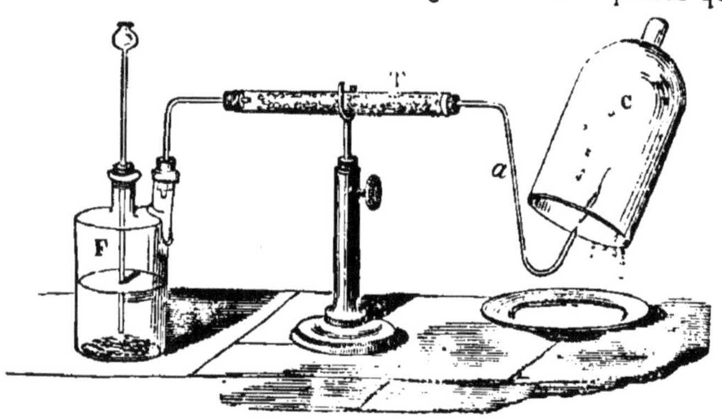

Fig. 40.

tombent dans une assiette placée au-dessous d'elle. Cette expérience est due à Gavendish.

L'inflammabilité de l'hydrogène peut encore être mise en évidence au moyen d'un appareil connu sous le nom de *lampe philosophique*. Il consiste en un flacon à deux tubulures (fig. 41), d'où se dégage par le tube effilé *a* un jet d'hydrogène que l'on enflamme.

Avant d'enflammer le gaz, il est nécessaire d'attendre que l'air intérieur des appareils soit complétement expulsé par l'hydrogène, sans quoi on s'exposerait à des explosions dangereuses, dues à l'inflammation d'un mélange d'air et d'hydrogène.

Si, en effet, on introduit dans un flacon 1 volume d'hydrogène et 2 volumes 1/2 d'air et qu'on enflamme le mélange, il se produit une vive détonation. Voici ce qui s'est passé : l'hydrogène s'est combiné avec l'oxygène et a fourni de la vapeur d'eau qui, portée à une température élevée, s'est subitement dilatée, est sortie du flacon en poussant l'air devant elle ; mais, au contact des parois froides du vase, la vapeur qui y reste se condense, un vide partiel se produit et l'air rentre pour le remplir. Il y a donc un double ébranlement de l'air, et c'est là la cause de la détonation. Cette détonation serait plus violente encore en employant un mélange de 2 volumes d'hydrogène et de 1 volume d'oxygène. Dans les deux cas il faut prendre la précaution d'entourer le flacon avec un linge, qui protégera l'opérateur contre les accidents que peut occasionner la rupture du vase.

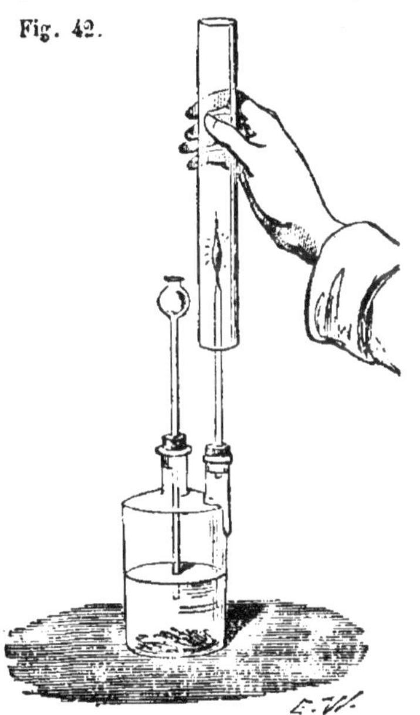

Fig. 41.

Fig. 42.

Orgue philosophique ou harmonica chimique. — Si

4

l'on entoure (fig. 42) avec un tube de verre le jet d'hydrogène enflammé qui s'échappe de la lampe philosophique et
qu'on l'abaisse peu à peu, la flamme se rétrécit et on entend un son dont la nature dépend de la position du tube
de verre. M. Faraday explique le son observé de la manière suivante. Il admet que le courant d'air produit par la
combustion de l'hydrogène entraîne un peu au-dessus de
la flamme une certaine quantité de ce gaz qui constitue
avec l'air un mélange détonant; celui-ci s'enflamme et
le son entendu résulte de ces petites détonations successives. M. Martens a confirmé l'exactitude de cette explication.

69. Préparation de l'hydrogène. — 1° *Par le fer et la
vapeur d'eau*. On place un faisceau de fils de fer dans un
tube en porcelaine O (fig. 43) qui traverse un fourneau
long F; à l'une des extrémités du tube est adaptée une cor-

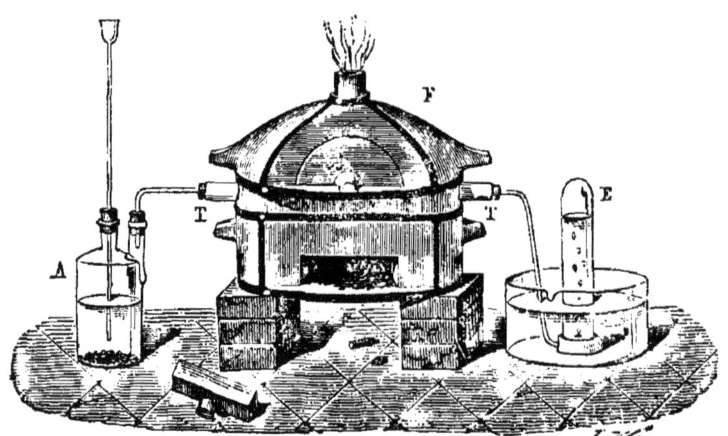

Fig. 43.

nue C contenant de l'eau et placée sur un fourneau. On
fait bouillir l'eau, la vapeur s'engage dans le tube chauffé
au rouge, y rencontre le fer qui la décompose en ses éléments, l'hydrogène et l'oxygène. Le dernier oxyde le fer et
le transforme en oxyde magnétique. Quant à l'hydrogène,
il se dégage par le tube abducteur et on le recueille dans
des éprouvettes.

Voici la légende qui rend compte de cette réaction.

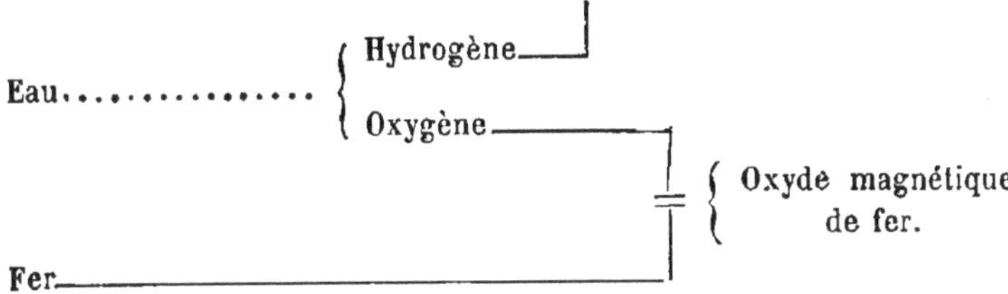

2° *Par le zinc et l'acide sulfurique.* Dans un flacon F (fig. 44) à deux tubulures, on place de la grenaille de zinc et de l'eau ; par le tube à entonnoir *e* on ajoute un peu d'acide sulfurique. Une effervescence se manifeste aussitôt, et l'hydrogène se dégage par le tube *t*. En présence du zinc et

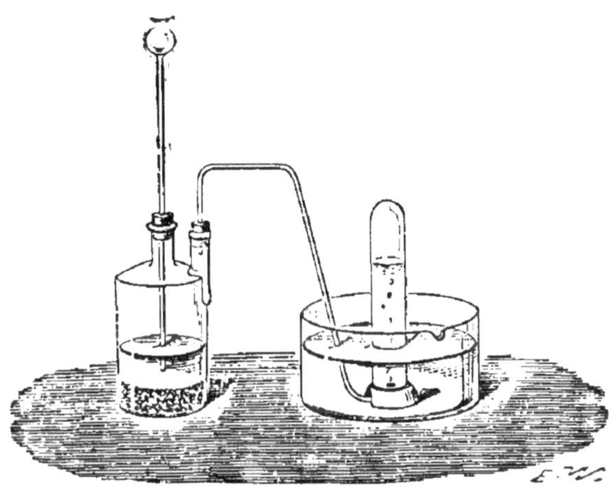

Fig. 44.

de l'acide sulfurique, l'eau s'est décomposée en ses éléments, l'hydrogène et l'oxygène. Le premier s'est dégagé, le second s'est fixé sur le zinc pour former de l'oxyde de zinc qui, se combinant à l'acide sulfurique, a produit du sulfate d'oxyde de zinc. La légende suivante rend compte de la réaction.

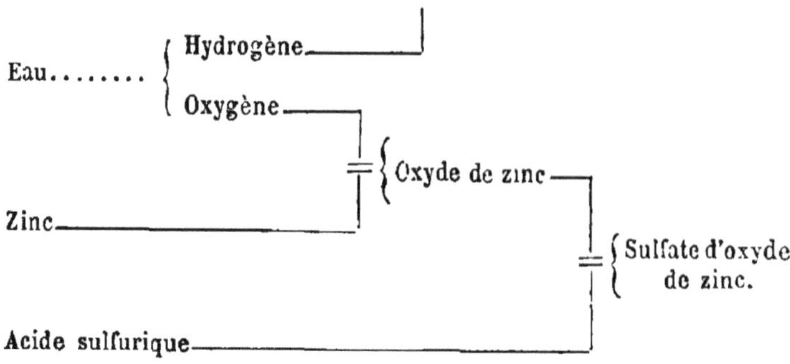

Le gaz préparé par ce procédé n'est jamais parfaitement pur par suite des impuretés que contient le zinc.

DE L'EAU.

70. Composition de l'eau. Historique. — Jusqu'à la fin du siècle dernier, l'eau fut considérée comme un élément. En 1776, Macquer[1] ayant placé une soucoupe de porcelaine blanche sur la flamme de l'hydrogène qui brûlait (fig. 45) à l'orifice d'un flacon, observa qu'il s'y formait des

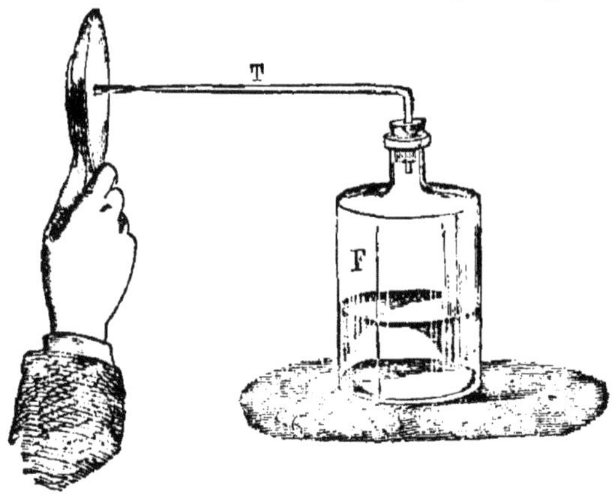

Fig. 45.

gouttelettes d'eau; mais il signala le fait sans s'y arrêter et sans en soupçonner l'importance.

[1] Macquer (Pierre-Joseph), né à Paris en 1718, mort en 1784, était professeur au Jardin des plantes et membre de l'Académie des sciences.

En 1781, Warltire, physicien anglais, fit détoner, par l'étincelle électrique, un mélange d'hydrogène et d'oxygène, et observa qu'il s'était formé de l'eau. En 1783, Priestley [1] remarqua que le poids de l'eau formée était égal à la somme des poids de l'hydrogène et de l'oxygène employés.

James Watt [2] vit dans cette expérience la démonstration de la composition de l'eau et affirma le premier (26 avril 1783) que l'eau est composée des deux gaz oxygène et hydrogène.

Pendant que ces expériences se faisaient en Angleterre, Lavoisier poursuivait en France ses recherches sur le même sujet. Le 24 juin 1783, Lavoisier et Laplace [3] obtenaient $19^{gr},17$ d'eau pure en faisant détoner en vase clos des mélanges d'hydrogène et d'oxygène. Après avoir répété cette expérience synthétique avec Meusnier [4], Lavoisier fit avec lui l'analyse de l'eau en 1784, en décomposant la vapeur par le fer chauffé au rouge. La disposition de leur appareil permettait de mesurer le poids de l'eau décomposée et celui de l'hydrogène produit. L'augmentation de poids subie par le fer transformé en oxyde donnait la quantité d'oxygène. Les nombres ainsi déterminés ne furent point exacts.

71. Analyse de l'eau par la pile. — En 1800, Carlisle [5] et Nicholson [6] décomposèrent l'eau par la pile et prouvèrent qu'elle se compose de deux volumes d'hydrogène combinés à un volume d'oxygène. On se sert, pour faire l'expérience, d'un verre (fig. 46) dont le fond est traversé par deux lames de platine. On remplit le vase avec de l'eau que l'on a légèrement acidulée pour la rendre plus conductrice de l'électricité, et l'on met les deux lames de platine en

[1] Priestley (Jos.), physicien et théologien, né en 1733 à Fieldhead, aux environs de Leeds, mort en 1804.

[2] James Watt, habile mécanicien, né en 1736, à Greenock (Écosse), mort en 1819.

[3] Laplace, célèbre géomètre et membre de l'Institut, né en 1749 à Beaumont-en-Auge (Calvados), mourut à Paris en 1827.

[4] Meusnier (Jean-Baptiste-Marie), général et physicien français, né à Paris en 1754, mort à Mayence en 1793.

[5] Carlisle, savant anglais.

[6] Nicholson (William), savant anglais, né à Londres en 1753, mort en cette ville en 1815.

communication avec les pôles d'une pile C. Dès que le courant est établi, les gaz se dégagent contre les lames, et, si l'on a eu soin de disposer au-dessus d'elles de petites éprouvettes, on recueille dans l'éprouvette H correspondant au

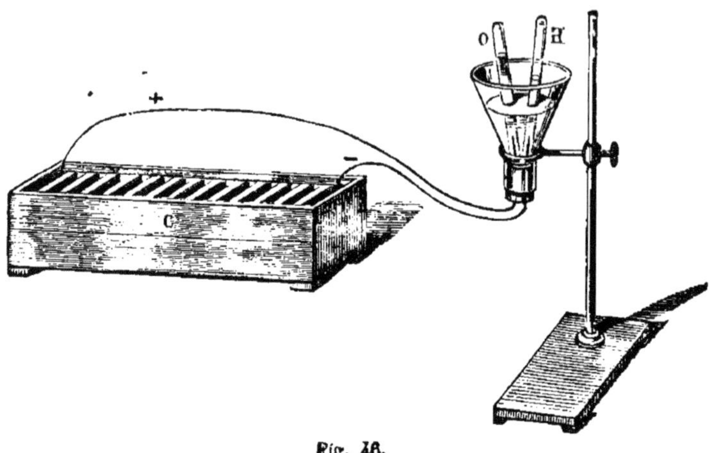

Fig. 46.

pôle négatif un volume d'hydrogène double du volume d'oxygène recueilli dans l'éprouvette O qui correspond au pôle positif.

72. Synthèse de l'eau. — On peut arriver par la synthèse à déterminer la composition de l'eau. Nous exposerons deux méthodes.

1° *Synthèse eudiométrique.* — Gay-Lussac et de Humboldt établirent définitivement, par la synthèse, que l'eau se compose de deux volumes d'hydrogène combinés avec un volume d'oxygène.

Cette vérification peut se faire à l'aide de l'eudiomètre à mercure.

Cet appareil se compose d'un tube en verre O à parois épaisses (fig. 47), dont la partie supérieure porte une monture en fer M se terminant à l'intérieur par une tige en fer *t :* celle-ci vient aboutir à une petite distance d'une autre tige en fer *c* qui traverse horizontalement la paroi et doit communiquer avec le sol par l'intermédiaire d'une chaîne métallique *a*.

Remplissons l'appareil de mercure et faisons-y passer ensuite un mélange de 200 volumes d'hydrogène et de 100 volumes d'oxygène (fig. 48). Approchons de M un corps électrisé, comme le plateau d'un électrophore : une

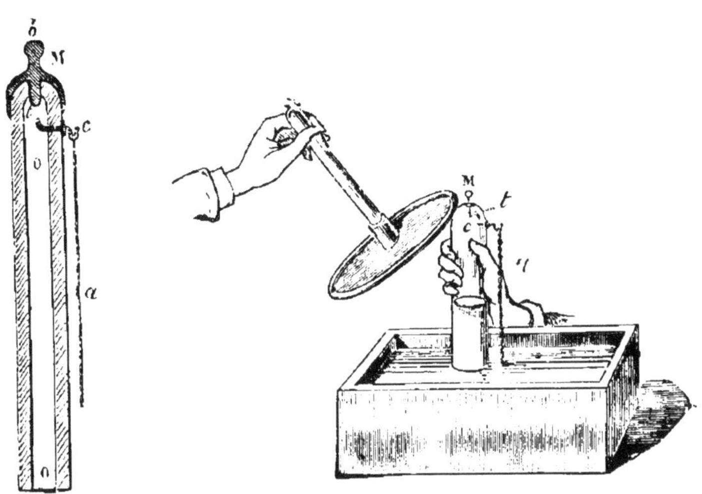

Fig. 47.   Fig. 48.

étincelle jaillit entre lui et la monture, se reproduit à l'intérieur entre *t* et *c* ; un éclair sillonne le mélange, l'hydrogène et l'oxygène se combinent, forment de la vapeur d'eau, et le mercure monte dans le tube pour remplir le vide laissé par la combinaison des gaz et la condensation de la vapeur d'eau produite. On constate qu'il n'y a point de résidu.

Cette dernière expérience prouve que l'eau se compose exactement de 2 volumes d'hydrogène combinés à 1 volume d'oxygène.

2° *Synthèse de l'eau par M. Dumas.* — L'hydrogène a la propriété de *réduire* certains oxydes, l'oxyde de cuivre, par exemple, c'est-à-dire de se combiner avec leur oxygène pour former de l'eau.

M. Dumas s'est servi de cette propriété pour arriver à déterminer synthétiquement la composition de l'eau. Un poids déterminé d'oxyde de cuivre est chauffé et soumis à

l'action réductrice de l'hydrogène ; l'eau qui résulte de la
réaction est recueillie et pesée avec soin. La perte de poids
de l'oxyde de cuivre indique la quantité d'oxygène qui entre dans le poids d'eau formée. La différence entre le poids
de l'eau et celui de l'oxygène donne le poids de l'hydrogène.
Supposons, par exemple, qu'on ait obtenu 100 grammes
d'eau : la diminution de poids de l'oxyde de cuivre sera de
88^{gr},888, la différence entre 100 et 88^{gr},888 donne le poids
11^{gr},112 d'hydrogène contenu dans 100 grammes d'eau. La
figure 49 représente l'appareil employé, que nous décrirons sommairement.

Toute la partie droite de la figure, jusqu'à l'ampoule
chauffée par la lampe à alcool, représente le flacon où se
produit l'hydrogène et une série de tubes contenant des
substances destinées à purifier ce gaz. L'ampoule chauffée
contient l'oxyde de cuivre ; à sa suite se trouve un petit
ballon bitubulé où l'on recueille l'eau produite. A la suite
de ce ballon est disposée une série de tubes destinés à arrêter la vapeur d'eau qui pourrait s'échapper.

Nous admettrons qu'en poids 100 parties d'eau renferment :

$$
\begin{array}{ll}
\text{Hydrogène} \dots\dots\dots\dots\dots & 11,112 \\
\text{Oxygène} \dots\dots\dots\dots\dots & 88,888 \\
\hline
& 100,000
\end{array}
$$

73. Propriétés de l'eau. — L'eau existe dans la nature
sous trois états différents, à l'état liquide, à l'état de glace
et à l'état de vapeur.

Vue en petites masses elle est incolore, sous de grandes
épaisseurs elle paraît verdâtre. Quand elle pure, elle est
sans odeur et sans saveur. Lorsqu'on la refroidit, elle se
contracte jusqu'à ce qu'elle ait atteint la température de
4°, où sa densité est maximum : à partir de cette tempé-
-ture, elle se dilate. Arrivée à 4°, elle se solidifie en augmen-
tant très-sensiblement de volume. 930 cent. cubes à 4° peuvent donner en se congelant 1 litre de glace.

La dilatation de l'eau, au moment de sa congélation, se fait avec une force considérable. Huyghens [1] observa qu'un canon de fer qu'il avait complétement rempli d'eau, qu'il avait ensuite fermé et plongé dans un mélange réfrigérant, se brisait avec bruit au moment de la congélation du liquide intérieur.

Cette expérience explique la rupture, pendant les gelées, des vases remplis d'eau. Les pierres dites *gélives* se fendent, parce que l'eau qu'elles contiennent augmente de volume au moment de la solidification. C'est de là que vient l'expression, *il gèle à pierre fendre*. On conçoit de même les ravages produits par les gelées tardives dans 'es végétaux qu'elles frappent au moment où la séve commence à circuler.

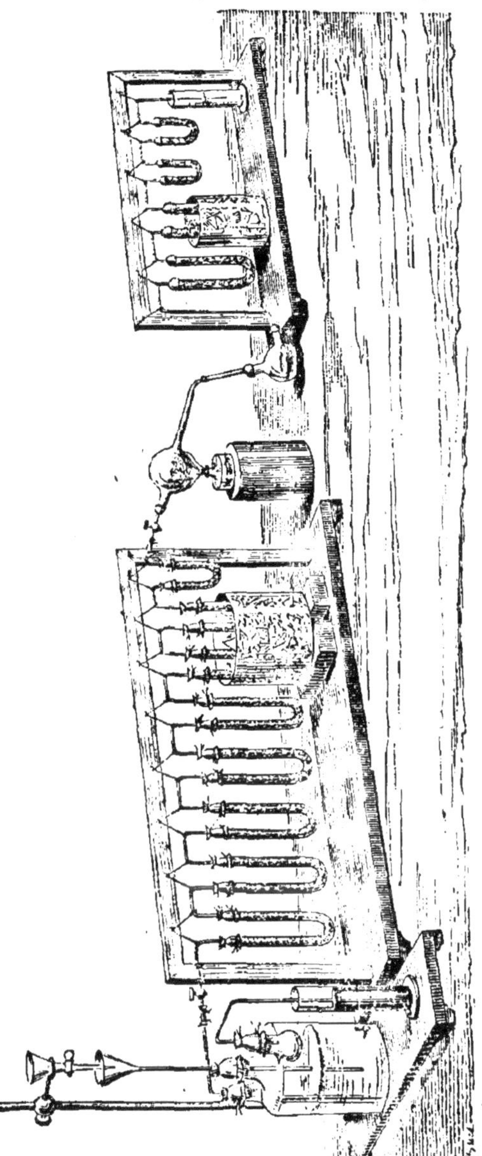

Fig. 48.

____

[1] Huyghens, savant hollandais, né à la Haye en 1629, mort en 1695.

Lorsqu'elle se congèle, l'eau peut prendre des formes cristallines. La figure 50 représente des formes que l'on a trouvées dans les cristaux qui composent les flocons de neige.

Lorsqu'on élève suffisamment la température de l'eau, elle entre en ébullition et se transforme en vapeur. On peut

Fig. 50.

même, en la portant à une température très-élevée, en y projetant du platine fondu, la décomposer en ses éléments : l'hydrogène et l'oxygène. C'est là un phénomène de dissolution dans lequel n'intervient point l'affinité du métal pour l'oxygène, puisque le platine ne s'oxyde pas dans cette expérience.

74. L'eau est capable de dissoudre un grand nombre de substances solides, liquides ou gazeuses. C'est ce qui fait que l'eau ordinaire que nous rencontrons à la surface de la terre n'a jamais la pureté que nous avons supposée jusqu'ici et renferme toujours des substances autres que l'hydrogène et l'oxygène.

L'eau qui tombe sous forme de pluie ou de rosée a dissous dans l'atmosphère de l'oxygène et de l'azote, de l'acide carbonique, quelquefois même une petite quantité d'ammoniaque et d'azotate d'ammoniaque. Ces deux dernières substances existent spécialement dans les pluies d'orage.

L'eau qui coule sur le sol s'infiltre dans la terre et en sort sous forme de sources, après avoir dissous sur son passage des substances solides variables avec la nature des terrains.

75. **Gaz dissous dans l'eau.** — Une eau qui a été exposée au contact de l'air en contient toujours les éléments. Pour prouver la présence de ces gaz et les recueillir, il suffit, comme on l'a vu (51), de chauffer un ballon que l'on a

rempli exactement d'eau ainsi que le tube abducteur qui le fait communiquer avec une éprouvette placée sur la cuve à mercure. Les gaz se dégagent et sont recueillis dans l'éprouvette avec une petite quantité d'eau que l'ébullition y a chassée.

Les volumes d'azote et d'oxygène dissous sont en général dans le rapport de 67 à 33.

76. Matières solides dissoutes dans l'eau. — La nature des substances dissoutes dans les eaux varie suivant la constitution des terrains qu'elles ont traversés, suivant leur température et le temps pendant lequel elles sont restées en contact avec les terres, suivant enfin diverses autres circonstances qu'il serait trop long d'énumérer. Pour prouver la présence de ces substances solides maintenues en dissolution dans l'eau ordinaire, il suffit d'évaporer une certaine quantité de ce liquide dans une capsule : on trouve au fond de la capsule, après l'évaporation, un dépôt solide formé par les substances que l'eau y a abandonnées en se volatilisant.

Ce résidu est le plus souvent composé de carbonates de chaux et de magnésie, de sulfate de chaux et de magnésie, de chlorures de potassium et de sodium, de silice, et quelquefois de matières organiques.

Nous ferons remarquer que les carbonates de chaux et de magnésie, insolubles lorsqu'ils sont à l'état de carbonates neutres, sont maintenus en dissolution à l'aide d'un excès d'acide carbonique qui les a transformés en bicarbonates. Dès qu'on porte à l'ébullition une eau qui en renferme une certaine quantité, elle se trouble et laisse déposer ces carbonates : c'est qu'en effet à cette température les bicarbonates se décomposent, laissent dégager leur acide carbonique, et, transformés ainsi en carbonates neutres, retrouvent leur insolubilité primitive.

Le sulfate de chaux, que nous avons cité plus haut, est assez soluble dans l'eau froide : sa solubilité diminue à mesure que la température s'élève, et à 200° elle est presque nulle. La partie précipitée par le fait seul de l'élévation de la température se réunit à celle qui se dépose par l'évapora-

tion du liquide et donne lieu à la formation de ces croûtes
si solides et si adhérentes qui se forment au fond des
chaudières à vapeur et que l'on désigne sous le nom d'*incrustations*.

Lorsque l'eau qui alimente la chaudière ne contient pas
de sulfate de chaux, mais seulement du carbonate de chaux,
celui-ci se dépose à l'état de poudre fine et non adhérente
que l'on enlève très-facilement. Mais lorsqu'elle contient en
même temps du sulfate de chaux, chaque parcelle de sulfate déposée sur la chaudière devient un centre d'attrac-
tion pour le carbonate qui s'y fixe; ce carbonate se recouvre lui-même de sulfate, et ainsi de suite, de telle sorte
que ce dépôt par couches alternatives devient très-dur,
très-adhérent et ne peut souvent s'enlever qu'à la pioche.

On a proposé bien des substances pour empêcher la formation de ces incrustations qui nuisent beaucoup à la solidité des chaudières; mais il n'en est guère qui soit d'une
efficacité absolue. La fécule de pommes de terre et les
copeaux de bois de campêche donnent cependant de très-
bons résultats.

Ces incrustations se retrouvent aussi dans les chaudières
des fourneaux de cuisine, dans les vases appelés *bouilloires* ou
bouillottes, qui servent exclusivement à faire chauffer l'eau.

77. Eaux potables. — Une eau, pour être potable, doit
être fraîche sans être froide, limpide, sans odeur, avoir peu
de saveur. Elle doit contenir, à l'état de gaz dissous, de
l'oxygène, de l'azote et de l'acide carbonique. On sait en
effet qu'une eau récemment bouillie et privée de gaz donn
des nausées quand on la boit.

Une eau potable ne doit pas contenir de quantités nota
bles de matières organiques, qui, par leur fermentation, en
altèrent bientôt la qualité. Mais elle doit renfermer des sels
en dissolution. La présence du carbonate de chaux, du
phosphate de chaux et du chlorure de sodium est utile à la
nutrition en général, et en particulier au développement de
notre système osseux. Il ne faut pas cependant que les matières solides dissoutes dépassent une certaine limite. Quand
une eau donne à l'évaporation plus de $0^{gr},5$ à $0^{gr},6$ de résidu

solide par litre, elle doit être rejetée comme boisson, car elle serait lourde et indigeste.

Les eaux d'un grand nombre de puits, de la mer, des mares, des étangs, doivent, en général, ne pas être adoptées pour l'alimentation.

Une bonne eau potable ne doit donner, en présence de la teinture alcoolique de campêche, qu'une légère coloration bleue; elle ne doit pas former de grumeaux avec la solution alcoolique de savon.

78. Eaux séléniteuses. — On appelle *eau séléniteuse* une eau qui, comme celles d'un grand nombre de puits, contient une forte proportion de sulfate de chaux. Une pareille eau ne peut servir à la cuisson des légumes, parce qu'un des principes qu'ils contiennent se combine avec le sulfate de chaux et forme une matière dure, qui rend ces aliments coriaces et peu digestibles.

Une eau séléniteuse a de plus l'inconvénient d'être impropre au savonnage, parce que le savon se décompose en présence du sulfate de chaux et que l'un de ses principes actifs se combine à la chaux pour former avec elle un produit insoluble et inerte, qui se présente sous forme de grumeaux. On peut remédier à cet inconvénient en ajoutant à cette eau un peu de carbonate de soude qui précipite la chaux à l'état de carbonate neutre de chaux insoluble. Elle peut alors être employée au savonnage dès qu'elle a laissé déposer son carbonate.

79. De l'eau considérée au point de vue de l'hygiène. — La nécessité, pour les populations, d'avoir des eaux de bonne qualité est universellement reconnue. Le rôle important qu'elle joue dans la préparation des aliments ne permet pas de conserver de doute à ce sujet. Aussi voit-on dans les temps anciens l'édilité des grandes villes construire des aqueducs gigantesques pour y amener les eaux des sources lointaines, lors même que, comme à Rome, elles étaient situées sur le bord d'un fleuve qui fournissait une eau abondante mais de qualité inférieure. Au siècle dernier, l'attention publique fut fortement attirée sur ces questions, et, de nos jours, la plupart des grandes villes de

France ont fait des travaux considérables pour doter leurs habitants d'une eau saine. Si la qualité des eaux est d'une grande importance au point de vue hygiénique, leur abondance n'est pas moins nécessaire. Dans les villes, il est désirable que les ruisseaux et les égouts soient lavés plusieurs fois par jour par un courant d'eau capable d'entraîner avec lui les matières organiques qui, par leur stagnation, ne tarderaient pas à se décomposer et à produire des gaz et des miasmes nuisibles. On estime qu'une ville doit disposer par jour de 50 à 60 litres d'eau par tête d'habitant. Paris dispose actuellement de 160 litres environ.

80. Eau distillée. — Pour avoir l'eau pure et privée de matières étrangères, on la distille au moyen d'un appareil appelé *alambic* (fig. 51). L'eau à distiller est versée dans la chaudière C appelée *cucurbite*. La cucurbite est surmontée

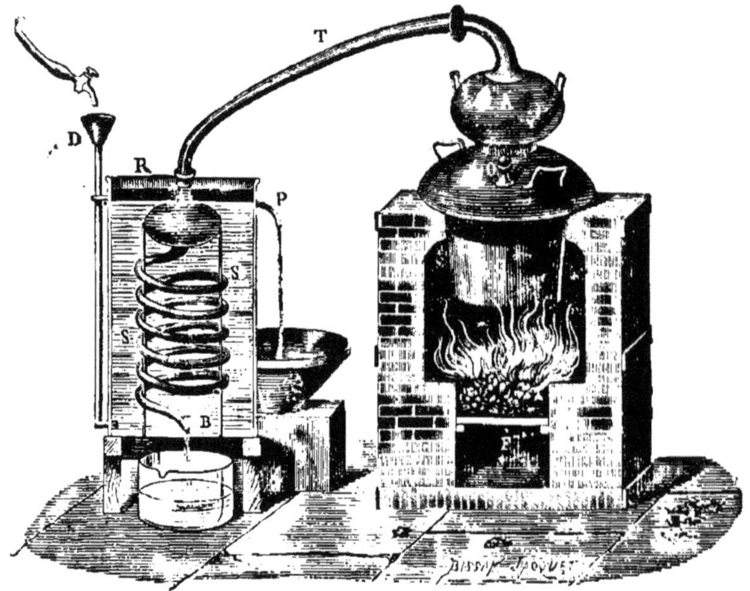

Fig. 51.

d'une partie appelée *chapiteau*, qui communique par un tube T avec un serpentin S plongé dans un réfrigérant R plein d'eau froide. La chaudière et le chapiteau sont en

cuivre; le serpentin doit être en étain pur. La chaudière C
est chauffée par le feu d'un foyer F. L'eau entre en ébullition, sa vapeur s'élève dans le chapiteau, passe dans le
tube T, de là dans le serpentin SS où elle se condense, et
l'eau qui en provient coule par l'extrémité B dans un vase
où on la recueille. Quant aux matières solides qui étaient
en dissolution dans l'eau, elles restent dans la chaudière.

CHAPITRE IV

COMPOSÉS OXYGÉNÉS ET HYDROGÉNÉS DE L'AZOTE. — ACIDE

AZOTIQUE. — OXYDES D'AZOTE. — AMMONIAQUE.

81. L'azote forme avec l'oxygène cinq composés sur lesquels se vérifie, comme nous l'avons fait voir, la loi des proportions multiples (24). Nous dirons quelques mots des plus
importants de ces composés.

ACIDE AZOTIQUE.

82. **Historique**. — L'Arabe Geber, philosophe de la fin
du IX⁰ siècle, est le premier qui ait fait mention de l'acide
azotique sous le nom d'*eau dissolvante*. Plus tard, Albert
le Grand[1] décrivit avec beaucoup d'exactitude la préparation
e cet acide qu'il appela *eau prime*. Raymond Lulle[2], auquel on attribue à tort la découverte de ce corps, l'appela
eau forte. Ce n'est que vers la fin de 1784 que l'on fut fixé
sur sa véritable nature, grâce aux expériences de Cavendish.

[1] Albert le Grand, philosophe et théologien scolastique, naquit à
Lavingen, en Souabe, en 1193, mourut à Cologne en 1280.
[2] Raymond Lulle, alchimiste et philosophe, né en 1235, à Palma,
dans l'île Majorque, mourut lapidé par les habitants de Tunis, en 1315.

Il fut appelé acide nitrique par Lavoisier, et analysé par Davy[1] et Gay-Lussac[2].

83. Préparation. — La nature nous offre toutes formées des combinaisons d'acide azotique et d'oxydes métalliques : les azotates de potasse, de soude, de chaux, de magnésie ou d'ammoniaque. C'est ordinairement de l'un des deux premiers que l'on extrait l'acide azotique.

On soumet pour cela l'*azotate de potasse* ou *nitre*, par exemple, à l'action de l'acide sulfurique aidée par une élévation de température. L'acide sulfurique décompose l'azotate de potasse, chasse l'acide azotique dont il prend la place et forme du sulfate de potasse.

La légende suivante rend compte de la réaction :

Azotate de potasse..... { Acide azotique.

Potasse ———

= Bisulfate de potasse

Acide sulfurique ———

1° Dans les laboratoires, l'opération se fait dans une cornue en verre (fig. 52) mise en communication avec un ballon tubulé plongeant dans l'eau : l'acide azotique produit dans la cornue par l'action de l'acide sulfurique sur l'azotate de potasse se vaporise et va se condenser dans le ballon.

2° Dans l'industrie, on emploie, pour opérer la décomposition de l'azotate, des cylindres C (fig. 55), qui peuvent être chauffés par le combustible d'un fourneau MM, dans lequel ils sont disposés horizontalement par séries de six. On peut les fermer, à leur partie postérieure, à l'aide d'un disque D qu'on fixe au moyen de lut après avoir introduit l'azotate. Un entonnoir E sert à l'entrée de l'acide sulfurique : il est enlevé et remplacé par un bouchon luté après l'introduction

---

[1] Davy (sir Humphry), chimiste anglais, né en 1778, à Pengance, dans le comté de Cornouailles, mort à Genève en 1829.

[2] Gay-Lussac, physicien et chimiste, né à Saint-Léonard (Haute-Vienne), en 1778, mort en 1850, professeur de physique à la Faculté des sciences de Paris et membre de l'Académie des sciences.

de l'acide. Les vapeurs d'acide azotique se dégagent par
le tube T, et vont se condenser dans une série de bonbon-
nes H, H', communiquant entre elles par des tubes T', T''.

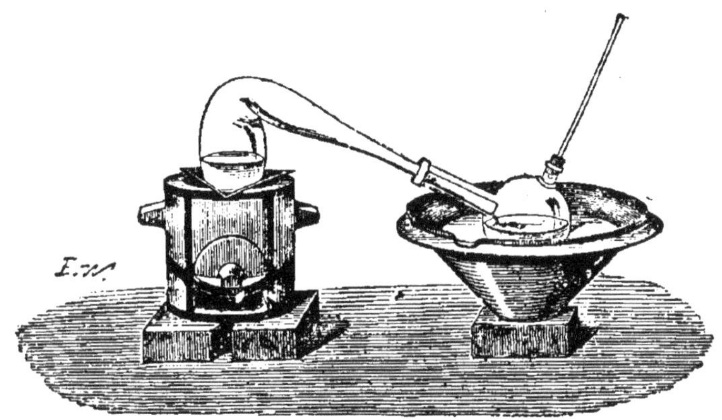

Fig. 52.

Dans l'industrie, on emploie tantôt l'azotate de potasse,
tantôt l'azotate de soude : le fabricant est guidé dans son

Fig. 53.

choix par le prix courant de la matière première (azotate)
et celui du résidu (sulfate). Depuis quelques années, il est
préférable d'employer l'azotate de soude.

84. Propriétés physiques. — L'acide azotique, préparé par les méthodes que nous venons de décrire, est toujours hydraté; à son maximum de concentration, il contient 14 0/0 d'eau. M. H. Sainte-Claire Deville l'a obtenu anhydre par une méthode spéciale, mais cet acide anhydre n'étant susceptible d'aucune application, nous ne nous en occuperons pas.

L'acide azotique pur se présente sous la forme d'un liquide blanc, d'une odeur désagréable, répandant des fumées blanches au contact de l'air. Il est très-sapide, très-corrosif, colore en jaune les matières animales, comme les plumes, la laine, la soie; lorsqu'il est concentré, il constitue un poison violent. La facilité avec laquelle il désorganise les tissus le fait employer pour détruire les petites excroissances de chair, les verrues, etc.

Il existe à deux états d'hydratation : quand il ne renferme que 14 0/0 d'eau, on l'appelle acide monohydraté, et il bout à 86°; quand il contient 40 0/0 d'eau, il est appelé acide quadrhydraté, et bout à 123°.

85. Propriétés chimiques. — C'est un acide très-énergique, mais la chaleur et la lumière le décomposent facilement. Formé d'éléments qui sont unis par une affinité assez faible, l'acide azotique cède facilement son oxygène aux substances avec lesquelles on le met en contact. Aussi est-ce un oxydant énergique en la présence de la plupart des métalloïdes et des métaux.

86. Usages de l'acide azotique. — On consomme annuellement en France près de 5 millions de kilogrammes d'acide azotique. La fabrication de l'acide sulfurique, l'affinage des métaux précieux, le dérochage ou décapage du cuivre et de ses alliages, la préparation de l'acide picrique employé en teinture, de l'acide oxalique, celle des fulminates pour amorces, le sécrétage des poils pour la chapellerie, sont les industries qui en consomment les plus grandes quantités.

BIOXYDE D'AZOTE ET PROTOXYDE D'AZOTE.

87. Historique. — Découvert par Hales [1], le bioxyde d'azote a été principalement étudié par Priestley, Davy et Gay-Lussac.

88. Propriétés. — Le bioxyde d'azote est un gaz incolore qui a été liquéfié par M. Cailletet. Sa densité est 1,039. On ne peut connaître son odeur ni sa saveur, parce que mis en contact avec l'air il lui prend de l'oxygène et se transforme en acide hypoazotique. L'eau n'en dissout que $\frac{1}{20}$ de son volume.

Il n'entretient pas la combustion des bougies; malgré cela, le phosphore enflammé y brûle avec presque autant d'éclat que dans l'oxygène. Il faut, pour le succès de cette expérience, introduire rapidement le phosphore dans le flacon, afin de ne pas y laisser entrer d'air.

89. Historique. — Le protoxyde d'azote, découvert par Priestley en 1772, a été étudié par Berthollet et Davy.

90. Propriétés. — Le protoxyde d'azote est un gaz incolore, sans odeur et d'une saveur sucrée. Sa densité est 1,527. 1 litre de ce gaz pèse $1^{gr},975$. L'eau en dissout un peu plus de son volume à $0°$. Il peut être liquéfié et solidifié.

Il entretient la combustion à laquelle il communique une vive activité. Une bougie ne présentant plus que quelques points en ignition se rallume dans le protoxyde d'azote et y brûle avec éclat. Le phosphore y brûle comme dans l'oxygène.

Le protoxyde d'azote ne peut entretenir la respiration. Davy a constaté que ce gaz produit, après les premières inspirations, une sorte de vertige, puis un frémissement agréable et une espèce d'ivresse accompagnée de propension irrésistible au mouvement. On lui a donné pour cette raison le nom de *gaz hilarant, gaz du paradis*. Davy a démontré aussi qu'il produisait l'insensibilité physique, et en a pro-

[1] Hales (Étienne), physicien et naturaliste, recteur et curé de Theddington, chapelain du prince de Galles, membre de la Société royale de Londres, naquit dans le comté de Kent, en 1677, et mourut en 1761.

posé l'emploi dans les opérations chirurgicales. Cet emploi est maintenant assez souvent pratiqué.

Nous n'insisterons pas davantage sur l'étude de ces deux corps qui n'ont guère d'applications.

AMMONIAQUE.

91. Historique. — Connue des anciens chimistes sous le nom d'*alcali volatil*, d'*alcali fluor*, d'*esprit de sel ammoniac*, l'ammoniaque fut confondue avec le carbonate d'ammoniaque jusqu'à Black [1] ; c'est à Berthollet [2] (1786) que l'on doit la connaissance de sa composition.

92. Propriétés physiques. — L'ammoniaque est un corps gazeux formé d'azote et d'hydrogène. Il est incolore, a une saveur âcre et caustique, une odeur vive et pénétrante qui provoque le larmoiement. Sa densité est représentée par le nombre 0,591. 1 litre d'ammoniaque pèse $0^{gr},768$.

Le gaz ammoniac a été liquéfié et solidifié. Il est très-soluble dans l'eau, qui en absorbe 1000 fois son propre volume à 0°. La solubilité de l'ammoniaque peut être mise en évidence par les expériences suivantes.

A travers le bouchon d'un flacon A (fig. 54) passe un tube de verre *tt'* fermé seulement à sa partie extérieure *t'*. Le flacon est renversé de manière que l'extrémité *t'* du tube plonge dans l'eau d'un vase B. Si, à l'aide d'une pince en métal, on casse la pointe du tube qui plonge dans l'eau, ce liquide se précipite dans le vase A et le remplit bientôt. Ce phénomène s'explique facilement : à mesure que le gaz se dissout, le vide se fait dans A, et l'eau s'y trouve poussée par la pression atmosphérique qui s'exerce sur le niveau du liquide contenu dans le vase B.

[1] Black (Joseph), chimiste écossais, né de parents écossais, à Bordeaux, en 1728, mort en 1799 à Glascow, où il enseigna la chimie et la médecine.

[2] Berthollet, chimiste célèbre, né en 1748, en Savoie, d'une famille française, mourut en 1822, membre de l'Académie des sciences. Il a accompagné Bonaparte en Égypte.

On peut aussi descendre dans une terrine remplie d'eau
(fig. 55) une éprouvette de gaz ammoniac reposant sur du
mercure contenu dans une soucoupe. Si l'on soulève l'é-
prouvette, de manière que son ouverture plongée jusque-

Fig. 54.   Fig. 55.

là dans le mercure se trouve en contact avec l'eau, ce liquide s'y précipite avec violence. S'il n'y a pas la moindre
bulle d'air dans l'éprouvette, il peut arriver qu'elle soit
brisée; aussi doit-on prendre la précaution de la tenir avec
un linge.

93. **Propriétés chimiques**. — Une bougie allumée
plongée dans le gaz ammoniac s'y éteint sans l'enflammer;
il n'entretient pas la respiration. Comme les bases et les
alcalis, il verdit le sirop de violettes et ramène au bleu le
tournesol rougi; ses propriétés basiques lui ont fait donner
le nom d'*alcali volatil*.

5.

La chaleur rouge le décompose en azote et en hydrogène.
Une série d'étincelles électriques produit le même effet.

L'ammoniaque se combine avec tous les acides et forme
avec eux des sels : lorsque l'acide est oxygéné, il faut considérer le sel comme retenant toujours avec lui au moins
un équivalent d'eau.

**94. Circonstances dans lesquelles se produit l'ammo-
niaque.** — L'ammoniaque se produit dans un très-grand
nombre de circonstances, où la décomposition de matières
organiques azotées met en présence, à l'état naissant, l'a-
zote et l'hydrogène. Dans la putréfaction des matières azotées, l'ammoniaque se combine souvent avec l'acide sulfhydrique et avec l'acide carbonique qui se produisent en
même temps qu'elle : il en résulte du carbonate et du sulfhydrate d'ammoniaque.

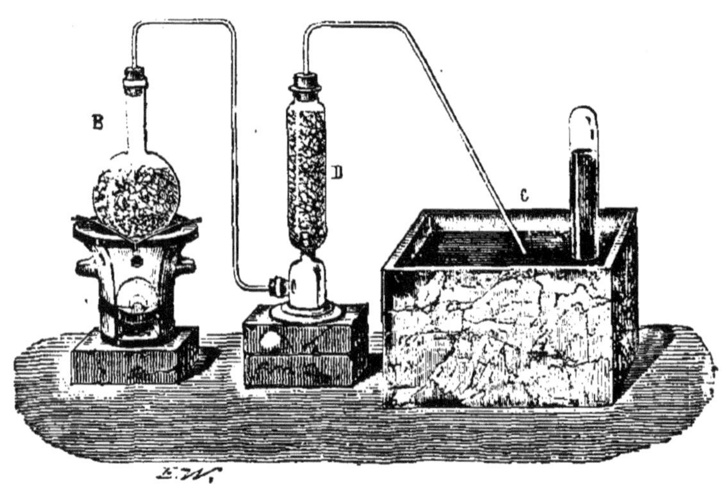

Fig. 56.

95. Préparation. — Le gaz ammoniac se prépare en introduisant dans un ballon B (fig. 56) un mélange formé
de parties égales de chaux vive (oxyde de calcium) et de
chlorhydrate d'ammoniaque en poudre (sel ammoniac) : le
ballon communique avec une éprouvette à pied D contenant de la chaux destinée à dessécher le gaz : le bouchon

qui ferme la partie supérieure de l'éprouvette est traversé
par un tube abducteur qui se rend sous la cuve à mercure
C. On chauffe le ballon, et le gaz se dégage.

Voici comment s'explique la réaction : le chlore contenu
dans l'acide chlorhydrique du chlorhydrate d'ammoniaque
se porte sur le calcium de la chaux, produit du chlorure de
calcium, et l'oxygène de la chaux forme de l'eau avec l'hydrogène de l'acide chlorhydrique. Quant au gaz ammoniac
resté libre, il se dégage.

La légende suivante rend compte de la réaction.

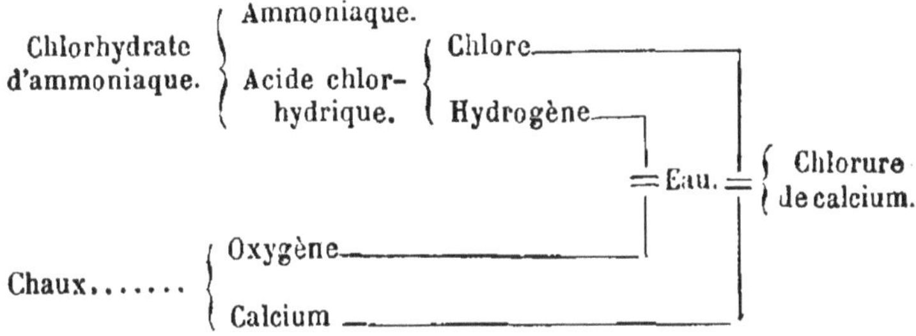

96. Préparation de l'ammoniaque en dissolution. —
Quand on veut avoir l'ammoniaque en dissolution, et c'est

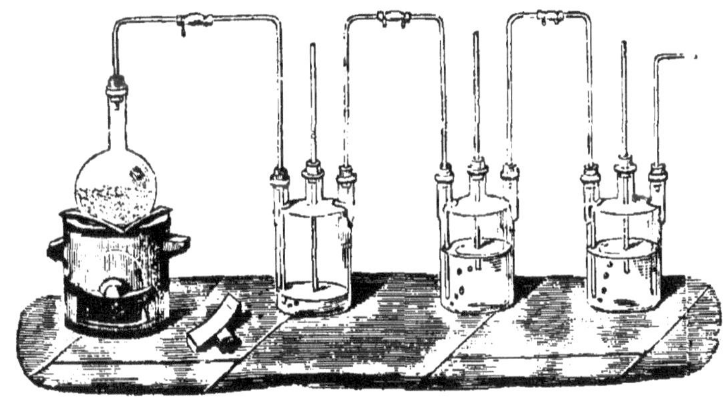
Fig. 57.

ordinairement sous cette forme qu'elle s'emploie dans les
laboratoires et dans l'industrie, on réunit le ballon à une

série de flacons communiquant entre eux et dont l'ensemble constitue ce qu'on appelle un appareil de Woolf. La
figure 57 représente la disposition adoptée.

Le gaz qui ne s'est pas dissous dans le premier flacon
passe dans le second, s'y dissout en partie, et ainsi de suite.

Dans l'industrie on prépare cette dissolution en chauffant,
avec de la chaux, dans des chaudières en fonte, les eaux
ammoniacales qui proviennent de la fabrication du gaz
de l'éclairage.

97. Usages et applications de l'ammoniaque. — L'ammoniaque sert à chaque instant comme réactif dans les laboratoires. Elle est souvent employée aussi dans l'industrie.
On l'utilise pour dissoudre le carmin, faire virer certains
bains de teinture, modifier des teintes telles que les cra-
moisis sur soie, pour dégraisser les étoffes, pour révivifier sur
les tissus les couleurs rongées par les acides, pour la fabrication des fausses perles, etc.

Cette dernière industrie est assez intéressante pour que
nous en disions quelques mots. Lorsqu'on lave dans l'eau
le petit poisson connu sous le nom d'*ablette*, il y laisse des
lamelles brillantes et nacrées. On fait ramollir ces lamelles
dans l'ammoniaque et on délaye dans le liquide un peu de
colle de poisson. On a ainsi une composition que l'on in-
suffle dans des globules en verre creux contre les parois
desquels les lamelles se fixent. Ces globules, remplis ensuite
de cire, ont l'aspect des perles naturelles.

La solution ammoniacale, appliquée sur la peau, y détermine des ampoules et une cautérisation. Aussi les méde-
cins l'emploient-ils soit pour remplacer les vésicatoires, soit
pour cautériser les blessures faites par les animaux veni-
meux, tels que les vipères, les guêpes, les abeilles, les chiens
enragés, etc...

Elle est aussi employée pour ranimer les personnes tom-
bées en syncope. Cinq à six gouttes dans un verre d'eau
suffisent pour faire cesser les effets de l'ivresse.

Elle sert encore à dissiper les météorisations qui se manifestent chez les bestiaux, lorsqu'ils ont mangé des légumineuses fraîches. La météorisation consiste dans un gon-

flement ayant pour cause la production à l'intérieur des
organes digestifs d'une quantité anormale de gaz acides.
Dès qu'on fait prendre à l'animal un peu d'ammoniaque,
ce corps se combine avec les gaz acides, les absorbe et fait
cesser la météorisation. 30 grammes environ dans un véhi-
cule mucilagineux suffisent pour guérir un cheval ou un
bœuf.

CHAPITRE V

SOUFRE. — COMPOSÉS PRINCIPAUX QU'IL FORME
AVEC L'OXYGÈNE ET L'HYDROGÈNE.

SOUFRE.

98. Historique. — Le soufre est connu de toute antiquité; il se trouve dans le voisinage des volcans.

99. Propriétés. — Le soufre est un corps solide à la
température ordinaire; sa densité est 2 environ. Il présente
une belle couleur jaune de citron; il est inodore et
insipide : cependant il acquiert par le frotement une
odeur particulière. Il est mauvais conducteur de la chaleur et de l'électricité. Lorsqu'on tient à la main un
morceau de soufre, on entend bientôt des craque-
ments qui sont suivis ordinairement de la rupture du
morceau. Cela tient à ce que les parties extérieures, rece-
vant de la main la chaleur, qui n'arrive que difficilement
aux parties intérieures, se séparent de ces dernières. Cette
rupture n'a pas pour seule cause la mauvaise conductibilité
du soufre; elle tient aussi à la structure cristalline de ce
corps, dont les cristaux ont très-peu d'adhérence les uns
pour les autres.

Le soufre est insoluble dans l'eau, son véritable dissolvant est le sulfure de carbone.

Soumis à l'action de la chaleur, il fond vers 111° et forme un liquide très-fluide de couleur jaune ; si l'on élève sa température, le liquide s'épaissit vers 160°, prend une couleur brune et, vers 220°, il est tellement épais qu'on peut retourner le vase sans qu'il s'en échappe, ou tout au moins il a la viscosité d'un goudron très-peu fluide. Au delà de 220°, il reprend sa fluidité, sans perdre sa couleur brune, et cela jusqu'à 440°, température à laquelle il entre en ébullition et distille.

Lorsqu'on coule dans l'eau froide du soufre épais, il ne redevient pas solide et jaune : il reste mou pendant un certain temps, peut s'étirer en fils, a une élasticité comparable à celle du caoutchouc et conserve sa couleur brune. Il ne reprend la consistance et la couleur du soufre ordinaire qu'au bout d'un certain temps ; cette variété est désignée sous le nom de *soufre mou*.

Le soufre est inaltérable à l'air, à la température ordinaire, mais chauffé à 250° il brûle, et le produit de cette combustion est de l'acide sulfureux. C'est le gaz qui se forme quand on enflamme des allumettes soufrées.

EXTRACTION DU SOUFRE.

100. Le soufre se trouve en grande abondance dans la nature à l'état natif. On le rencontre en général dans les terrains voisins des volcans. Certains terrains en sont tellement imprégnés qu'on leur a donné le nom de *terres de soufre, solfatares, soufrières :* telles sont les solfatares de Pouzzoles près de Naples, celle de l'île de la Réunion, de la Guadeloupe.

La Sicile, qui nous fournit la plus grande partie du soufre que consomme l'industrie, paraît être un vaste gisement où l'on rencontre le soufre natif, depuis l'Etna jusqu'à Sciacca sur le versant méridional de l'île. La production annuelle des deux cents mines actuellement ouvertes en Sicile pourrait être facilement quintuplée, si l'on perfectionnait les moyens d'extraction. Ses mines sont à la profondeur de 10 à 100 mètres ; on y pénètre par des galeries inclinées, et c'est par cette voie qu'on extrait le minerai *à dos d'enfants.*

101. L'extraction du soufre que contiennent ces minerais se fait, en Sicile, en le séparant par la fusion des matières terreuses qui l'accompagnent. Pour cela, sur le fond incliné d'excavations circulaires pratiquées dans le sol, on construit, avec de gros morceaux de minerai, une espèce de voûte ou canal qui aboutit à un trou de coulée situé à la partie la plus basse; au-dessus de cette voûte, on empile du minerai jusqu'à une certaine hauteur et on met le feu au tas par la partie supérieure. La chaleur se propage peu à peu de haut en bas, une partie du soufre brûle, le reste fond, se sépare des matières terreuses et se rend, par le canal dont nous avons parlé, dans le trou de coulée; on le reçoit dans de grands moules en bois humides où il se solidifie. Le soufre ainsi produit est appelé *soufre brut.* La perte en soufre brûlé pour produire la fusion est de 25 à 40 0/0.

On peut diminuer ces pertes en se servant, pour fondre le soufre, de combustibles autres que le soufre lui-même. Un ingénieur anglais, M. Gill, a imaginé une espèce de four voûté qui contient 200 tonnes de minerai qu'on chauffe avec du coke. Ce four donne des résultats très-avantageux.

102. A la solfatare de Pouzzoles près de Naples, c'est par distillation que l'on sépare le soufre des matières terreuses que renferme le minerai.

La majeure partie du soufre destiné à l'agriculture pour le soufrage de la vigne et celui qu'on consomme dans la fabrication de l'acide sulfurique sont employés à l'état de soufre brut; mais, pour un grand nombre d'industries, il a besoin d'être purifié. On le soumet alors au raffinage.

103. **Raffinage du soufre brut.** — Ce raffinage se fait par distillation dans un appareil qui permet d'avoir le soufre soit à l'état de masses cylindriques solides qu'on appelle *canons,* soit à l'état de soufre pulvérulent dit *soufre en fleurs.* Cet appareil se compose de deux chaudières ou cornues T (fig. 58), chauffées dans un fourneau F et com-

muniquant par un conduit courbe avec une chambre en
maçonnerie. Le soufre brut est fondu dans la chaudière **A**
par la chaleur perdue du foyer; cette chaudière communi-

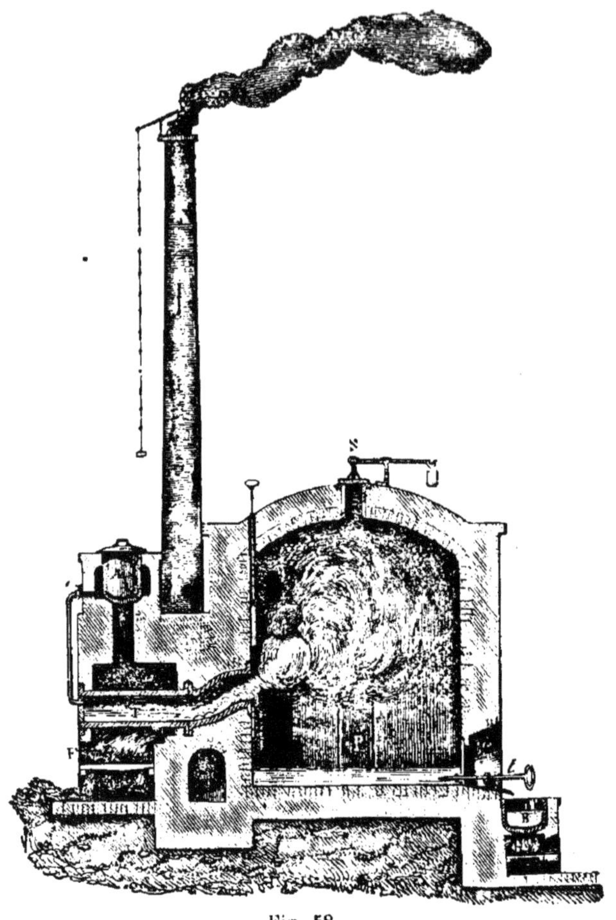

Fig. 58.

que avec les cornues par un tube à robinet *r* qui se voit sur
la gauche de la figure. Il suffit d'ouvrir le robinet pour
faire rendre le soufre liquide dans les cornues. Là il est
vaporisé et la vapeur se rend dans la chambre. Au contact
de ses parois d'abord froides, le soufre passe à l'état de
poussière solide excessivement fine. C'est le soufre **en**

fleurs. Mais peu à peu la chaleur latente, qui se dégage au moment de la solidification, échauffe les murs de la chambre et le soufre peut y rester liquide. Il coule alors sur le sol incliné et, en enlevant une tige *t* qui ferme un trou pratiqué à la partie inférieure de la chambre, on le fait passer dans une chaudière B chauffée à part. On l'y puise avec une cuiller et on le verse dans des moules de bois, légèrement coniques et refroidis dans des baquets d'eau froide.

Quand on ne veut obtenir que de la fleur de soufre, il faut empêcher les parois de la chambre de s'échauffer. Il suffit pour cela d'employer une chambre très-grande, ou de ne faire servir qu'une seule des cornues.

104. Usage du soufre. — Le soufre sert à la fabrication de l'acide sulfurique, entre dans la composition de la poudre à canon et de la plupart des poudres d'artifice. Sa fluidité, lorsqu'il est liquide, et sa facile solidification, le font employer pour prendre des empreintes de médailles. On commence par couler sur la médaille légèrement huilée du plâtre gâché en bouillie claire : on a ainsi un moule creux dans lequel on verse du soufre liquide. Ces médailles sont colorées soit en rouge par du minium, soit en noir par de la plombagine. Il sert aussi à sceller le fer dans la pierre. Mais ce mode de scellement n'est pas sans inconvénient. La fabrication des allumettes et la vulcanisation du caoutchouc en emploient des quantités considérables. En médecine, il sert au traitement des maladies de peau. Depuis quelques années, on en fait un grand usage dans le *soufrage* des vignes pour détruire l'oïdium. La consommation annuelle du soufre en France est d'environ 40 millions de kilogrammes.

ACIDE SULFUREUX.

105. Le soufre forme avec l'oxygène sept composés. Nous ne nous occuperons que de l'acide sulfureux et de l'acide sulfurique, qui sont les seuls susceptibles d'applications.

106. **Historique.** — Connu de toute antiquité, comme le

soufre, il n'a été distingué comme corps particulier que par André Libavius [1] qui l'appela *esprit acide du soufre.* Il fut analysé par Gay-Lussac et Berzelius [2].

107. **Propriétés physiques.** — L'acide sulfureux est un gaz incolore, doué d'une odeur piquante et provoquant la toux : c'est celle du soufre qui brûle. Sa densité est 2,234.

On le liquéfie facilement par le froid.

L'acide sulfureux est très-soluble dans l'eau qui en dissout 50 fois son volume vers 15°.

108. **Propriétés chimiques.** — Le gaz acide sulfureux éteint les corps en combustion ; il n'est pas respirable. Il est indécomposable par la chaleur.

Dès qu'on introduit quelques gouttes d'acide azotique dans une éprouvette remplie d'acide sulfureux, on voit apparaître immédiatement des vapeurs rouges d'acide hypoazotique provenant de la décomposition de l'acide azotique, qui a cédé de l'oxygène à l'acide sulfureux et l'a transformé en acide sulfurique. Cette réaction est utilisée dans la fabrication en grand de ce dernier acide.

109. **Action sur les matières colorantes.** — L'acide sulfureux, en vertu de son affinité pour l'oxygène, altère un grand nombre de matières colorantes dont il prend l'oxygène. Un bouquet de violettes introduit dans une éprouvette remplie d'acide sulfureux est bientôt décoloré. Cette action décolorante est utilisée dans le blanchiment de la laine, de la soie, etc. Dans certains cas, l'acide sulfureux ne semble pas agir par désorganisation de la matière colorante, mais paraît former avec elle un produit incolore.

110. **Préparation.** — Pour préparer l'acide sulfureux, on désoxyde partiellement l'acide sulfurique par le cuivre ou par le mercure. On chauffe, dans un ballon (fig. 59), de l'acide sulfurique et de la tournure de cuivre ; une partie de l'acide sulfurique employé se décompose en acide sulfureux et en oxygène. L'oxygène forme avec le cuivre de l'oxyde de

[1] André Libavius, savant allemand du XVIe siècle, né à Halle, mourut à Cobourg en 1610.

[2] Jacques Berzelius, chimiste célèbre, né en 1779 à Wafnersunda dans la Gothie occidentale, mourut à Stockholm en 1848.

cuivre qui, se combinant avec l'acide sulfurique non décomposé, forme avec lui du sulfate d'oxyde de cuivre.

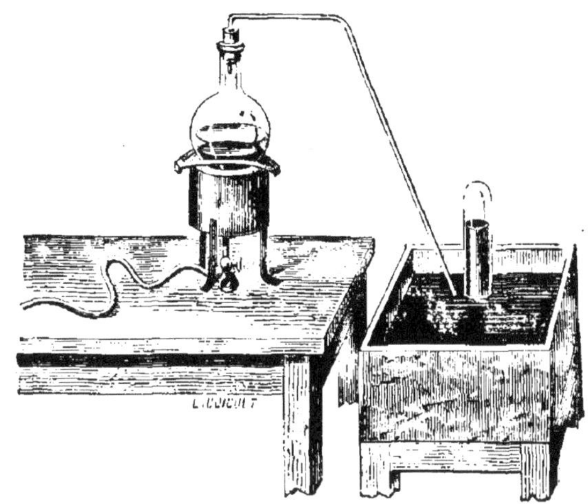

Fig. 59.

On peut aussi désoxyder l'acide sulfurique par le charbon qui se transforme en acide carbonique.

111. Blanchiment de la laine et de la soie. — L'action
de l'acide sulfureux sur les matières colorantes est utilisée
dans le blanchiment de la laine et de la soie.

La laine, préalablement débarrassée de ses matières grasses, est suspendue humide sur des perches disposées dans
une chambre où l'on brûle du soufre. Cette chambre doit
présenter, à sa partie supérieure, une ouverture que l'on
peut fermer avec un registre. Au bas de la porte se trouve
une autre ouverture que peut fermer une petite planche
formant chatière et permettant, lorsqu'elle est soulevée,
la rentrée de l'air extérieur.

On allume du soufre dans une terrine, on ferme la chatière en laissant ouvert le registre pour permettre la dilatation que l'air subit ; lorsque la chambre est remplie d'a-
cide sulfureux, on ferme le registre et on abandonne la laine
pendant douze heures à l'action du gaz ; il se dissout dans
l'eau qui mouille les filaments, agit sur la matière colo-

rante et la blanchit. Au bout de douze heures, on crée un
tirage en ouvrant la chatière et le registre : les vapeurs acides sortent, et on peut alors entrer dans la chambre pour
y prendre la laine que l'on porte au grand air afin de dissiper le reste de l'acide sulfureux.

Après le soufrage, la laine est rude au toucher; on lui
rend sa douceur et sa souplesse par un très-léger bain de
savon.

La soie est blanchie par un procédé tout à fait semblable.
Mais, avant le soufrage, elle doit être privée de la matière
cireuse qu'elle renferme; on la lui enlève soit par des bains
acides, soit par des bains de savon, suivant l'usage auquel
la soie est destinée. A la sortie de ces bains, la matière a
subi déjà un commencement de blanchiment.

112. On emploie aussi l'acide sulfureux, gazeux ou dissous, pour blanchir les plumes, la baudruche, les chapeaux
de paille, etc.

112. Il sert aussi pour assainir les lieux infectés par la
présence de miasmes putrides, pour détruire les insectes
qui attaquent les blés, pour soufrer les tonneaux dans lesquels on doit conserver le vin, la bière, et empêcher ces
liqueurs de s'y aigrir.

114. Son pouvoir décolorant est employé pour enlever les
taches de vin ou de fruits. Il suffit pour cela de faire un
petit cornet de papier troué à son sommet et de brûler à sa
base quelques allumettes soufrées ou un morceau de soufre; l'acide sulfureux, entraîné par le tirage de cette espèce de cheminée, sort par l'ouverture supérieure au-dessus de laquelle on expose la partie tachée que l'on a imbibée
d'eau. On doit ensuite laver le linge, sans quoi la matière
colorante désoxydée s'oxyderait de nouveau, et la tache re-
paraîtrait.

115. Le gaz acide sulfureux sert en fumigations dans le
traitement des maladies de peau.

116. Il est aussi employé pour éteindre les feux de cheminée. Pour faire cela, on jette une grande quantité de
soufre dans le foyer, dont on bouche l'ouverture avec des
draps mouillés. Le soufre brûle aux dépens de l'oxygène

de l'air, et le corps de la cheminée se trouve bientôt rempli de gaz acide sulfureux impropre à entretenir la combustion.

ACIDE SULFURIQUE.

117. Historique. — L'acide sulfurique ne fut pas connu des anciens; il en est question pour la première fois dans les ouvrages d'Abou-bekr Alrhasès, mort en 740. Albert le Grand le désigna sous les noms de *soufre des philosophes*, d'*esprit de vitriol romain*. Basile Valentin [1] exposa imparfaitement ses propriétés. Gérard Dornœus décrivit, le premier, ses caractères distinctifs en 1570.

L'acide sulfurique se présente sous trois états : 1° l'acide anhydre et l'acide sulfurique de Saxe ou de Nordhausen que nous n'étudierons pas, parce qu'ils sont sans applications importantes; 2° l'acide sulfurique monohydraté ou acide normal.

ACIDE SULFURIQUE NORMAL, OU HUILE DE VITRIOL

118. Propriétés physiques. — L'acide sulfurique ordinaire est un liquide incolore et inodore quand il est pur; sa consistance oléagineuse lui a fait donner le nom d'huile de vitriol (huile de vitriol parce qu'on l'a extrait d'abord du sulfate de fer ou vitriol vert). Sa densité est 1,848. Il marque 66° à l'aréomètre de Baumé; il se congèle à 34° au-dessous de zéro, n'émet pas de vapeurs à la température ordinaire, mais entre en ébullition à 325°.

Quand on veut distiller de l'acide sulfurique dans une cornue de verre, il faut prendre quelques précautions; sans quoi son ébullition, à cause de la viscosité du liquide et de son adhérence pour le verre, se fait avec des soubresauts qui peuvent amener la rupture de la cornue.

119. Propriétés chimiques. — L'acide sulfurique est un acide excessivement énergique; il rougit encore le tour-

----

[1] Bazile Valentin, célèbre alchimiste qui vivait au XIVᵉ siècle.

nesol, alors même qu'il est étendu de 1 000 fois son poids d'eau.

En présence du charbon et de certains métaux, comme le cuivre et le mercure, nous avons vu qu'il se désoxydait partiellement et donnait lieu à la production d'acide sulfureux.

L'acide sulfurique a pour l'eau une très-grande affinité. Aussi s'en sert-on pour dessécher les gaz. Exposé à l'air humide, il peut absorber 15 fois son poids d'eau. Lorsqu'on le mélange avec l'eau, il se produit une élévation de température qui peut aller jusqu'à 100°. On doit toujours, lorsqu'on fait ce mélange, verser l'acide sulfurique dans l'eau ; si l'on versait l'eau dans l'acide sulfurique, il pourrait y avoir projection du liquide en dehors du vase.

L'affinité de l'acide sulfurique pour l'eau suffit pour déterminer la fusion de la glace.

120. Préparation de l'acide sulfurique dans les arts. — Nous n'insisterons pas sur la préparation de l'acide sulfurique : nous nous bornerons à dire qu'on le prépare en oxydant l'acide sulfureux à l'aide de l'acide azotique. Cette oxydation se fait dans de grandes chambres dont les parois sont recouvertes de lames de plomb soudées entre elles par la fusion au chalumeau. Le plomb est employé parce que c'est lui qui résiste le mieux aux vapeurs acides de la réaction.

121. Usages de l'acide sulfurique. — Au point de vue de ses applications, l'acide sulfurique est peut-être le plus important des corps que la chimie ait à étudier. Il n'est presque pas d'industrie qui n'en fasse usage. M. Dumas prétend qu'on peut se rendre compte du développement de l'industrie générale d'une nation par la quantité d'acide sulfurique qu'elle consomme.

L'acide sulfurique sert à la fabrication des autres acides, du sulfate de soude, des aluns, des sulfates industriels, des eaux minérales, des bougies stéariques ; il est employé pour l'affinage de l'argent, le décapage du fer et d'autres métaux, pour la fabrication du sucre de fécule et l'épuration des huiles, etc., etc.

122. État naturel. — L'acide sulfurique se trouve très-répandu dans la nature à l'état de sulfate. A l'état libre, on le rencontre dans les sources qui avoisinent les volcans de l'Amérique du Sud.

ACIDE SULFHYDRIQUE OU HYDROGÈNE SULFURÉ.

123. Historique. — L'acide sulfhydrique a été étudié par Rouelle jeune [1], qui l'appela *air puant* à cause de sa mauvaise odeur. Scheele reconnut, en 1777, qu'il était composé de soufre et d'hydrogène.

124. Propriétés physiques. — L'hydrogène sulfuré ou acide sulfhydrique est un gaz incolore, doué d'une odeur fétide ; c'est celle qu'exhalent les œufs pourris. Sa densité est égale à 1,1912. 1 litre de ce gaz pèse $1^{gr},540$.

Il a pu être liquéfié par une pression de 16 atmosphères. L'eau en dissout trois fois son volume.

Ce gaz est très-délétère ; un oiseau périt dans une atmosphère qui en contient $\frac{1}{1500}$. C'est la présence de ce gaz dans les fosses d'aisances qui est la cause des funestes accidents dont sont trop souvent victimes les ouvriers chargés d'en opérer la vidange.

125. Propriétés chimiques. — Il s'enflamme au contact d'une bougie allumée et donne une flamme bleue. Les produits de sa combustion sont l'eau et l'acide sulfureux ; il se dépose un peu de soufre sur les parois de l'éprouvette, parce que la combustion est incomplète.

L'oxygène sec n'a pas d'action sur lui à la température ordinaire ; mais l'oxygène et l'air humides le décomposent ; il se forme de l'eau et un dépôt de soufre.

En présence des corps poreux l'action est plus complète ; le soufre se combine aussi avec l'oxygène et forme de l'acide sulfurique. C'est à la production de cet acide sulfurique qu'est due la destruction rapide des linges qui servent aux baigneurs dans les établissements de bains sulfureux.

---

[1] Rouelle (Hilaire-Marie), savant chimiste, naquit au bourg de Mathieu, près de Caen, en 1718, mourut à Paris en 1779.

Le chlore décompose l'acide sulfhydrique pour former de l'acide chlorhydrique avec l'hydrogène qu'il contient. Cette propriété fait employer le chlore pour combattre les empoisonnements par l'hydrogène sulfuré.

Ce gaz attaque la plupart des métaux à la température ordinaire et les noircit. Cela provient de ce que le soufre qu'il contient se combine avec eux et donne lieu à des sulfures noirs. Les ustensiles d'argent, de cuivre, d'étain sont souvent noircis dans nos demeures par des exhalaisons d'hydrogène sulfuré.

C'est un effet analogue qui se produit sur les peintures blanches au blanc de plomb, sur les visages des personnes qui se servent du blanc de fard. Cette dernière substance renferme de l'oxyde de bismuth, qui se transforme en sulfure noir de bismuth, dès que les moindres émanations sulfureuses arrivent dans les appartements.

126. Préparation. — On peut le préparer en traitant le sulfure d'antimoine par l'acide chlorhydrique; l'hydrogène de l'acide forme de l'hydrogène sulfuré avec le soufre du sulfure, et le chlore forme avec l'antimoine du chlorure d'antimoine.

127. État naturel. — L'acide sulfhydrique est en dissolution dans les eaux minérales *sulfureuses* d'Aix en Savoie, de Baréges, d'Enghien, de Bagnères de Luchon, etc. Ces eaux sont employées dans le traitement des maladies de peau et dans celui des affections du larynx.

Dans les régions volcaniques, notamment près du lac d'Agnano et à la solfatare de Pouzzoles, l'hydrogène sulfuré se dégage du sol et produit des fumées appelées *fumerolles*, résultant de la décomposition de l'hydrogène sulfuré et de la production, au contact de l'air humide, d'eau et de soufre divisé.

L'acide sulfhydrique est un produit de la putréfaction des matières organiques contenant du soufre; de là son dégagement permanent dans les fosses d'aisances.

L'hydrogène sulfuré prend aussi naissance dans les eaux qui sont soustraites au contact de l'air et contiennent du sulfate de chaux et des matières organiques. C'est pour cela que les eaux naturelles se putréfient dans les citernes mal construites.

CHAPITRE VI

CHLORE, SES COMPOSÉS PRINCIPAUX. — APPLICATIONS
BLANCHIMENT DES TISSUS DE LIN ET DE COTON.

CHLORE.

128. Historique. — Le chlore a été découvert en 1774, par Scheele, qui le prit pour un acide auquel il donna le nom d'*acide marin* ou *acide muriatique déphlogistiqué*. Plus tard, Lavoisier et Berthollet, se trompant aussi sur sa nature, l'appelèrent *acide muriatique oxygéné*. Mais, en 1811, Gay-Lussac et Thénard [1], en France, Davy, en Angleterre, démontrèrent que ce corps est un élément; Ampère [2] lui donna le nom de *chlore* qui en grec signifie vert.

129. Préparation. — On met dans un ballon du bioxyde de manganèse et de l'acide chlorhydrique. Le chlore de l'acide chlorhydrique peut être considéré comme divisé en deux parties. La première forme du chlorure de manganèse avec le manganèse du bioxyde, et la seconde se dégage. Quant à l'hydrogène de l'acide chlorhydrique et à l'oxygène du bioxyde, ils se combinent ensemble pour former de l'eau.

130. Propriétés physiques. — Le chlore est un gaz jaune verdâtre; son odeur est très-désagréable, il provoque la

[1] Baron L.-J. Thénard, célèbre chimiste, né à Sens, mort à Paris en 1857. Il était professeur à la Faculté des sciences de Paris et membre de l'Académie des sciences.

[2] Ampère, savant physicien, né en 1775 à Polémieux près Lyon, mort à Paris en 1838. Il était professeur de physique au Collége de France, et membre de l'Académie des sciences.

toux et exerce une action très-irritante sur les organes res-
piratoires. Sa densité est 2,44. 1 litre de ce gaz pèse 3^{gr},15.

Il a pu être liquéfié; il est soluble dans l'eau; le maximum de solubilité a lieu à 8°; à cette température, 1 litre
d'eau dissout 3^l,07 de gaz. La dissolution se prépare à l'aide
d'un appareil de Woolf (fig. 60), qui se termine par une

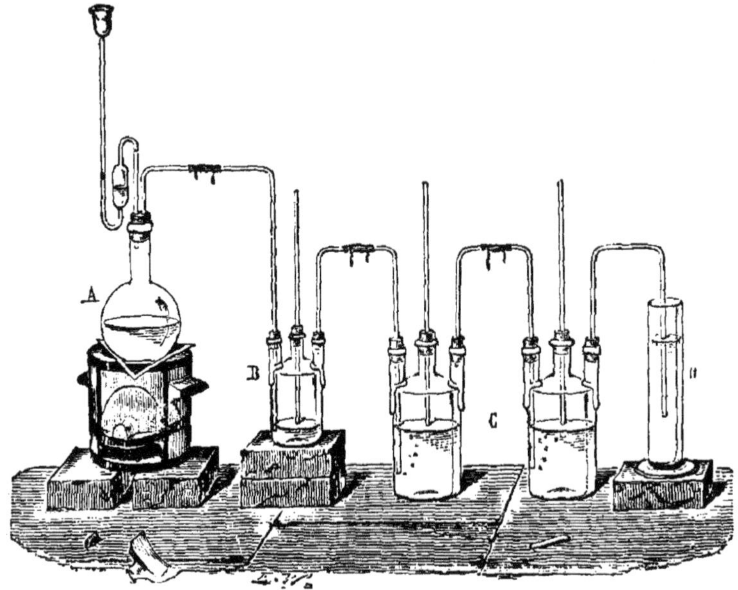

Fig. 60.

éprouvette D remplie d'une dissolution de potasse destinée
à absorber l'excès de gaz non dissous. Le premier flacon
B est un flacon laveur. Le ballon A renferme les substances
qui doivent produire le chlore.

131. Propriétés chimiques. — Le chlore n'entretient
pas la combustion; la flamme d'une bougie que l'on y plonge
s'étale, rougit et s'éteint.

Le chlore a peu d'affinité pour l'oxygène; il peut cependant former avec lui cinq composés peu stables.

Son affinité pour l'hydrogène est très-puissante; il se
combine directement avec lui pour former de l'acide chlorhydrique. A la lumière diffuse, quelques jours suffisent

pour que la combinaison s'effectue. Elle est instantanée à la lumière directe du soleil et se produit avec détonation. L'expérience peut être faite sans danger de la manière suivante : le flacon contenant le mélange de chlore et d'hydrogène étant mis à l'ombre, on se place au soleil à une certaine distance et, à l'aide d'un miroir, on dirige sur lui un faisceau de rayons solaires; la détonation a lieu immédiatement, et le vase est brisé.

Une bougie enflammée, une tige de fer rougie au feu, déterminent aussi la détonation dès qu'on les plonge dans un flacon renfermant le mélange de chlore et d'hydrogène.

Cette affinité du chlore pour l'hydrogène est telle que, pour conserver la dissolution aqueuse, il faut la mettre dans des flacons noirs; quand on néglige cette précaution, l'action de la lumière fait combiner le chlore dissous avec l'hydrogène de l'eau et met l'oxygène en liberté.

Le chlore a des affinités très-énergiques et se combine directement avec le phosphore, le soufre, le fer, le cuivre, l'antimoine, etc.

Un morceau de phosphore, placé dans une petite coupelle de terre et descendu dans le chlore, se combine avec ce gaz, se transforme en chlorure de phosphore, et la réaction est tellement énergique qu'elle se fait avec flamme.

L'antimoine, en poudre très-fine, projeté dans le chlore, se combine avec lui; les grains deviennent incandescents et produisent l'effet d'une pluie de feu.

132. Pouvoir décolorant et désinfectant du chlore. — L'affinité du chlore pour l'hydrogène explique son pouvoir décolorant. Si l'on verse du chlore en dissolution dans une teinture végétale (tournesol, campêche, bois rouge, etc.), elle perd bientôt sa couleur. Les matières végétales se composent essentiellement de trois ou quatre principes : l'oxygène, l'hydrogène, le carbone et l'azote; dès que le chlore vient à enlever l'un d'eux, l'hydrogène, la matière végétale se trouve détruite et perd sa couleur.

Nous verrons plus loin ces propriétés décolorantes appliquées au blanchiment du lin et du coton.

On explique de la même manière le pouvoir désinfectant

du chlore. Ce gaz agit sur les miasmes putrides o'origine organique répandus au milieu de l'air, et les détruit en s'emparant de leur hydrogène.

133. Usages du chlore. — La principale application du chlore consiste dans le blanchiment des tissus de lin et de coton. Encore ce corps est-il remplacé maintenant par le chlorure de chaux que nous étudierons un peu plus loin, en insistant sur les procédés du blanchiment. Il sert au blanchiment du papier ainsi qu'à la fabrication du chlorure de chaux et de l'eau de Javelle.

Il est employé comme désinfectant. Guyon de Morveau a imaginé un appareil portatif pour faire les fumigations de chlore.

Cet appareil se compose d'un flacon de cristal F (fig. 61), qui contient du bioxyde de manganèse et de l'acide chlor-hydrique. Ce flacon est enfermé dans un étui en buis BB, dont le couvercle est traversé par une vis V, qui se termine par une espèce d'étrier, auquel est fixé le bouchon *b* du flacon en verre. Ce bouchon, au lieu de remplir exactement le goulot cylindrique du flacon F, est conique et sa base supérieure a pour diamètre le diamètre du goulot; l'autre base est plus petite, de telle sorte que, lorsqu'il est complétement entré dans le goulot de F, celui-ci est fermé; mais si l'on vient à le soulever en dévissant V, le chlore produit dans F s'échappe par l'espace laissé libre entre lui et le goulot. Des ouvertures *o, o*, pratiquées dans l'étui en buis, laissent sortir le gaz au dehors.

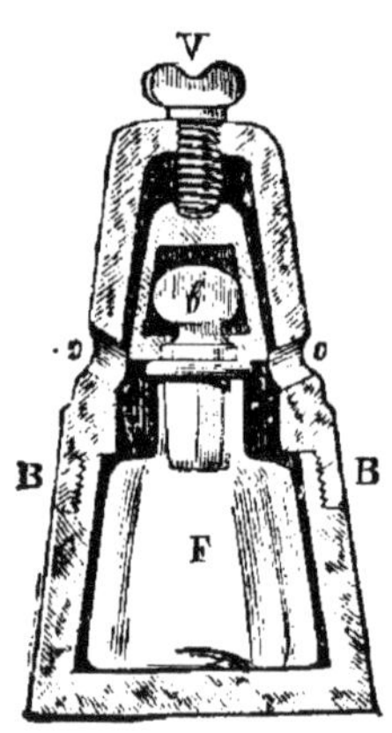

Fig. 61.

Cet appareil n'est utile que lorsqu'il s'agit d'assainir un espace assez restreint, une chambre, par exemple. Pour des locaux plus vastes, on fait la réaction dans des vases ouverts, terrines ou pots de terre, dans lesquels on place le bioxyde de manganèse et l'acide chlorhydrique,

Du reste, ces fumigations sont souvent remplacées par

des aspersions faites avec des dissolutions de chlorure de potasse ou de soude, mais plus ordinairement de chlorure de chaux.

134. On désigne, sous ces dénominations qui ne sont pas conformes aux règles de la nomenclature, des mélanges d'hypochlorite et de chlorure. Le chlorure de chaux est un mélange d'hypochlorite de chaux et de chlorure de calcium; le chlorure de potasse ou *eau de Javelle,* un mélange d'hypochlorite de potasse et de chlorure de potassium; le chlorure de soude ou *liqueur de Labarraque,* un mélange d'hypochlorite de soude et de chlorure de sodium.

Ces composés rendent à l'industrie, à l'hygiène, à l'économie domestique, et même à la médecine, les plus grands services; ils agissent comme agirait le chlore libre pour décolorer et blanchir les tissus, pour désinfecter et détruire les miasmes putrides.

C'est sur cette propriété qu'est fondé l'emploi de l'eau de Javelle qui sert à enlever les taches sur le linge. Il ne faut employer ce corps qu'avec une grande précaution, sous peine d'altérer le linge et même de le trouer. Il faut, dès que la tache semble disparaître, suspendre l'action de l'eau de Javelle en lavant à grande eau, sauf à recommencer l'opération avec les mêmes précautions, si une première opération n'a pas enlevé complétement les taches.

Le chlorure de chaux est employé comme désinfectant. Il suffit de l'exposer dans un vase à large ouverture au milieu de l'espace que l'on veut désinfecter. L'acide carbonique de l'air le décompose et fait dégager le chlore qui doit agir sur les miasmes putrides. Quand on veut activer le dégagement, on l'arrose avec un peu de vinaigre.

Mais l'application la plus importante de ce produit est celle que l'on en fait au blanchiment des tissus de lin, de chanvre et de coton.

BLANCHIMENT DES TISSUS DE LIN, DE CHANVRE ET DE COTON.

135. Le blanchiment a pour but d'enlever aux fibres textiles ou aux tissus les matières agglutinatives qui les colorent

ou peuvent être un obstacle aux opérations de la teinture. Nous avons déjà vu (111) le traitement auquel étaient soumises dans ce but la laine et la soie. Pour les étoffes de lin, de chanvre et de coton, les procédés sont différents.

Le procédé le plus anciennement connu et qui est encore pratiqué dans certain nombre de localités, surtout pour le lin et le chanvre, consiste à exposer les tissus, sur un pré, à l'action de l'air et de la rosée. En alternant ces expositions sur le pré avec des passages dans des lessives étendues et bouillantes de carbonate de soude, en arrosant de temps en temps les pièces pour les maintenir toujours humides, on arrive à les blanchir parfaitement. L'oxygène de l'air, dissous par l'eau qui mouillait les fibres du tissu, s'est combiné lentement, pendant l'exposition sur le pré, au principe colorant et l'a transformé en une substance qui s'est dissoute dans les lessives alcalines.

Ce procédé présente de graves inconvénients ; il exige un temps assez long, ne peut être pratiqué que pendant la belle saison et enlève de vastes prairies à l'agriculture qui pourrait en tirer meilleur parti.

136. Vers 1785, Berthollet proposa un procédé plus rapide et n'ayant pas les inconvénients que nous venons de signaler. Ce procédé substitue à l'oxydation du principe colorant obtenue par l'oxygène de l'air une oxydation beaucoup plus rapide produite sous l'influence du chlore en dissolution. Aujourd'hui on a substitué au chlore dissous le chlorure de chaux en dissolution. Sans entrer dans des détails trop techniques sur ces opérations, nous allons cependant les indiquer rapidement.

137. **Blanchiment des tissus de lin et de chanvre.** — Le lin est une plante annuelle, cultivée principalement dans le nord de la France, en Belgique et en Russie. La tige est creuse, formée de fibres allongées ou de tubes minces, réunis par une matière agglutinative et une résine insoluble dans l'eau. L'écorce porte le nom de *chènevotte*. Pour être propre à la fabrication de fils qui serviront à faire des toiles de batiste, des dentelles, etc., le lin doit subir deux opérations préliminaires : le *rouissage* et le *broyage* ou *teillage*.

Le rouissage a pour but de détruire les matières agglutinatives qui réunissent les fibres. Pour atteindre ce but on
abandonne les bottes dans des pièces d'eau stagnante ou
courante, pendant un temps qui varie de cinq à huit jours.

Il se développe une espèce de fermentation dont l'effet est
de déterminer la dissolution de la matière gommeuse et le
fendillement des chènevottes [1]. Après le rouissage, les bottes de lin doivent être séchées à l'air; puis, à l'aide d'un
appareil appelé *broie*, on sépare les fibres textiles des chènevottes.

Le lin est ensuite filé et tissé. Pour le tissage, on est
obligé de donner aux fils de chaîne une certaine roideur.
On la leur communique en les enduisant de colle ou parement. Ce parement doit être enlevé avec le blanchiment.
Pour cela on fait macérer les tissus dans de vieilles lessives
ou dans de l'eau tiède.

138. Quant au blanchiment, les opérations sont assez

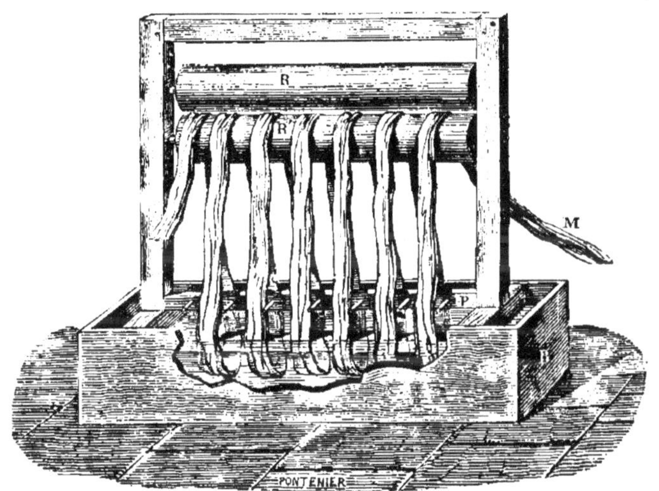

Fig. 62.

multiples et varient avec la nature de l'étoffe. Nous nous
contenterons d'indiquer leur marche générale. On soumet

[1] D'autres procédés de rouissage ont été proposés, mais aucun n'est
encore adopté d'une manière générale.

d'abord les tissus à un bain d'eau de chaux, qui a pour effet
de les gonfler, d'en relever le grain, de tuméfier la matière
colorante et de la préparer à l'oxydation, que l'on commence par des expositions sur le pré alternant avec de
nouveaux bains de chaux. L'étoffe est ensuite passée alter-
nativement dans des bains de chlorure de chaux qui continuent l'oxydation de la matière colorante et dans des bains
de soude qui dissolvent le produit de cette oxydation.

Pour faciliter la décomposition du chlorure de chaux,
on fait sortir l'étoffe du bain et on la passe entre deux rouleaux R et R' (fig. 62) qui tournent en sens inverse et dont
les axes reposent sur un bâti placé au-dessus de la cuve.
Cet appareil est appelé *clapot*. Les rouleaux entraînant l'é-
toffe dans leur mouvement de rotation la font sortir du
bain pour l'y laisser replonger ensuite. Pendant qu'elle est
hors du liquide, l'acide carbonique de l'air décompose la

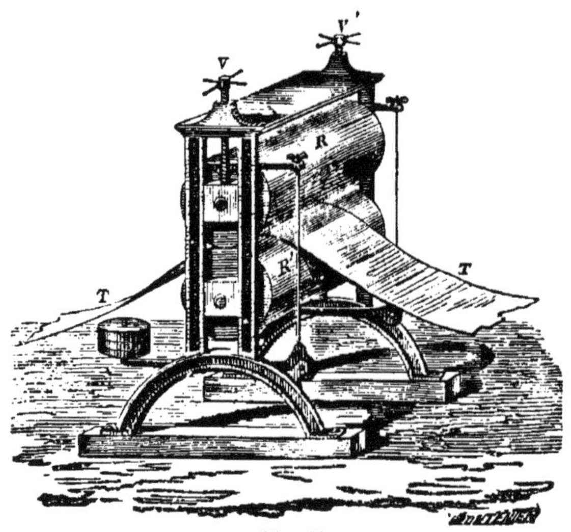

Fig. 63.

dissolution de chlorure de chaux dont elle est imprégnée,
et le chlore, mis à l'état naissant dans les mailles mêmes du
tissu, agit d'une manière très-efficace.

On ne doit pas oublier qu'avant d'entrer dans un bain,
l'étoffe doit être parfaitement débarrassée du liquide qu'elle

a pris au bain précédent. Pour cela on la rince à l'eau et on la fait passer entre des rouleaux compresseurs R, R' (fig. 63) appelés *squeezers*, qui expriment le liquide.

Ce que nous avons dit pour le lin s'applique au chanvre.

139. Blanchiment des tissus de coton. — Le coton est de la cellulose presque pure (voir plus loin les propriétés de la cellulose). On ne lui fait subir aucune préparation avant de le filer et de l'envoyer aux ateliers de tissage. A la sortie de ces ateliers, les étoffes fabriquées doivent être débarrassées non-seulement du parement et des saletés qu'elles ont reçues pendant le travail de l'ouvrier, mais aussi des substances qui préexistaient à la main-d'œuvre. Ces substances sont d'abord une résine soluble dans l'eau bouillante et dans les solutions alcalines ou acides, puis une matière incrustante, colorée et insoluble, mais qui deviendra soluble dans les acides étendus dès qu'elle aura été oxydée.

Toutes ces matières sont emportées par le blanchiment qui doit être précédé, pour certains tissus, d'une opération

Fig 64.

appelée *grillage*, destinée à débarrasser leur surface des filaments et du duvet qui la recouvrent. Cette opération s'exécute en faisant passer les tissus sur un demi-cylindre en cuivre chauffé au rouge (fig. 64).

On peut alors procéder au blanchiment. Les pièces écrues

sont d'abord passées, à l'aide d'un clapot, dans un bain d'acide chlorhydrique marquant 1° 1/2 à l'aréomètre de Baumé ; à ce bain succèdent un rinçage à l'eau et un lessivage à la chaux.

Après le lessivage, les pièces sont lavées au clapot et abandonnent toutes les matières un peu adhérentes rendues solubles par l'action de la chaux. Cette action est complétée par des bains d'acide chlorhydrique et des passages en lessive de soude. A la sortie de ces derniers, les tissus sont prêts à recevoir l'action blanchissante des bains de chlorure de chaux. Quand on est arrivé à la blancheur voulue, on passe en acide chlorhydrique et on rince avec soin.

Les tissus fins, comme la mousseline, ne sont pas rincés au clapot, mais dans une roue à laver qui fatigue moins le

Fig. 65.

tissu. Cette roue (fig. 65) présente quatre ouvertures circulaires par lesquelles on introduit les pièces ; l'eau arrive par le tube T qui traverse l'axe autour duquel tourne la roue.

ACIDE CHLORHYDRIQUE.

140. Historique. — L'acide chlorhydrique fut connu de Basile Valentin, qui le désigna sous le nom d'*esprit de sel*.

Vers la fin du dix-septième siècle, Glauber [1] simplifia le procédé d'extraction suivi jusqu'à lui. C'est Priestley qui le recueillit le premier à l'état de gaz, mais c'est à Gay-Lussac et à Thénard qu'on doit de savoir qu'il est composé de chlore et d'hydrogène.

Il portait autrefois le nom d'acide *muriatique* qui souvent encore lui est donné dans le commerce.

141. Propriétés physiques et chimiques. — L'acide chlorhydrique est un gaz incolore d'une odeur piquante et suffocante; il rougit le tournesol et éteint les corps en combustion. Sa densité est 1,247. 1 litre de ce gaz pèse $1^{gr},612$. L'eau dissout 480 fois son volume. On peut, pour prouver sa grande solubilité, répéter avec lui les expériences que nous avons faites avec le gaz ammoniac. Faraday l'a liquéfié en le soumettant à un froid de 50° au-dessous de zéro. Une pression de 40 atmosphères peut aussi le liquéfier à la température ordinaire.

On s'en sert ordinairement à l'état de dissolution dans l'eau. Cette dissolution se prépare dans un appareil de Woolf.

Le gaz acide chlorhydrique répand à l'air des fumées très-denses; ces fumées sont produites par la combinaison de l'acide et de la vapeur d'eau que contient l'air. Le corps qui résulte de cette combinaison ne peut rester à l'état de vapeur et se condense sous forme de fumées.

Lorsqu'on applique la main sur l'ouverture d'une éprouvette remplie d'acide chlorhydrique, on éprouve, dans la région qui est en contact avec l'acide, une sensation de chaleur occasionnée par la condensation du gaz dans la légère couche d'humidité dont la main est toujours recouverte.

Un grand nombre de métaux, comme le fer, le zinc, l'étain, décomposent l'acide chlorhydrique et se transforment à son contact en chlorures; l'hydrogène se dégage.

On appelle *eau régale* un mélange d'acide chlorhydrique

---

[1] Glauber (Jean-Rodolphe), chimiste et médecin du XVIIe siècle, se fixa en Hollande, après avoir beaucoup voyagé, et mourut à Amsterdam en 1668.

et d'acide azotique, qui a la propriété de dissoudre l'or et le platine, métaux qui sont inattaquables par chacun de ces deux acides employés isolément.

142. **Préparation.** — L'acide chlorhydrique se prépare en introduisant dans un ballon du chlorure de sodium (sel marin, sel gemme) et de l'acide sulfurique. L'eau de l'acide sulfurique se décompose; son oxygène oxyde le sodium et forme avec lui de la soude qui se combine à l'acide sulfurique pour donner du sulfate de soude. L'hydrogène de l'eau forme de l'acide chlorhydrique avec le chlore du chlorure de sodium.

La réaction a lieu à la température ordinaire; on l'active par l'action de la chaleur.

Le gaz doit se recueillir sur le mercure à cause de sa grande solubilité dans l'eau.

143. **Usages.** — L'acide chlorhydrique sert à la fabrication du chlore et des hypochlorites, de l'eau régale, dont nous allons parler un peu plus loin, de l'acide carbonique destiné à la préparation des eaux gazeuses, du sel ammoniac, des chlorures d'étain employés en teinture, des chlorures de zinc; il sert, dans l'extraction de la gélatine des os, à dissoudre la partie minérale du tissu osseux ; etc., etc.

BROME. — IODE.

144. Le brome et l'iode ont, avec le chlore, des analogies frappantes au point de vue de leurs propriétés chimiques. de brome a été découvert, en 1826, par M. Balard, dans les eaux mères des marais salants; l'iode fut trouvé, en 1811, par un salpêtrier nommé Courtois, dans les eaux mères des soudes de varech.

Le brome est un liquide rouge noirâtre, qui bout à 60°. Sa densité est 2,97; il est peu soluble dans l'eau.

L'iode est un corps soluble, gris d'acier, dont la densité est 4,95. Il fond à 107° et bout à 175°, en donnant des vapeurs d'une belle couleur violette; il est peu soluble dans l'eau, mais se dissout bien dans l'alcool. Ils ont tous deux une odeur désagréable qui rappelle celle du chlore.

145. **Usages.** — La photographie emploie ces deux corps,

grâce à la propriété que possèdent le bromure et l'iodure
d'argent d'être décomposés par la lumière solaire. L'iodure
de potassium est employé par la médecine dans un certain
nombre de maladies.

CHAPITRE VII

CARBONE ET SES COMPOSÉS PRINCIPAUX.
BORE. — SILICIUM.

CARBONE.

146. Charbons. — On désigne sous le nom général de
charbons un certain nombre de substances qui renferment
toutes, en quantité considérable, un même corps simple
appelé *carbone*. Dans quelques-unes, comme le diamant et
la plombagine, le carbone est pur; dans d'autres, comme
la houille, il est mélangé à des matières étrangères qui sont
le plus souvent des carbures d'hydrogène.

Nous diviserons les charbons en deux classes : la première comprendra les charbons *naturels*, diamant, graphite
ou plombagine, anthracite, houille, lignites, tourbes; la
seconde comprendra les charbons *artificiels*, coke, charbon
de cornue, charbon de bois, charbon de Paris, noir de fumée et noir animal. Nous allons faire rapidement l'étude
de ces variétés.

CHARBONS NATURELS.

DIAMANT.

147. La véritable nature du diamant est longtemps restée inconnue. Les académiciens d'El Cimento, à Florence,
constatèrent, vers la fin du XVIIe siècle, que le diamant

brûlait au foyer d'un miroir ardent; Lavoisier et Guyton de Morveau remarquèrent que sa combustion donnait lieu à de l'acide carbonique et en conclurent qu'il renfermait du carbone. C'est à sir Humphry Davy que l'on doit d'avoir prouvé que ce corps était du carbone pur; il constata que le diamant, en brûlant dans l'oxygène, se transformait entièrement en acide carbonique. MM. Dumas et Stass ont confirmé ces résultats par leurs expériences. Le diamant est le plus dur de tous les corps; il les raye tous sans être rayé par aucun. Sa densité varie entre 3,5C et 3,55.

Cette substance possède un remarquable éclat que l'on appelle *éclat adamantin*. Elle a pour la lumière un pouvoir réfringent très-considérable, et c'est à cela que sont dus les beaux effets de lumière que produit le diamant taillé.

Le diamant est le plus souvent incolore, mais il est quelquefois légèrement teinté de jaune, de vert et de gris; la teinte bleue est fort rare; il existe des diamants noirs qui semblent plus durs que les autres. On les nomme diamants de nature.

148. Le diamant se trouve au Brésil, aux Indes orientales et en Sibérie. On l'y rencontre au milieu des sables qu'on lave dans un courant d'eau; les particules les plus ténues et les moins denses sont entraînées, et il reste un gravier diamantifère qui est ensuite trié à la main.

Les diamants bruts ainsi obtenus sont ensuite livrés au commerce pour subir l'opération de la taille. Les anciens ne connaissaient pas la manière de tailler cette pierre et l'employaient avec ses facettes naturelles; ce n'est qu'au XVe siècle qu'on commença à savoir tailler les diamants en les usant avec leur propre poussière.

A cet effet, les pierres les plus petites et les plus défectueuses sont réduites en une poudre qu'on nomme *égrisée*. Cette poussière mêlée avec de l'huile sert à enduire une plate-forme d'acier PP' horizontale et mobile autour d'un axe vertical XY (fig. 66). Pendant que la plate-forme tourne rapidement, on appuie contre elle le diamant à tailler, qui est enchâssé dans une masse D d'alliage fusible de plomb et d'étain montée dans un outil AB que représente la

Fig. 66.

figure 67. Quand une facette est formée, on change le diamant de position, et ainsi de suite. La manière dont les fa-

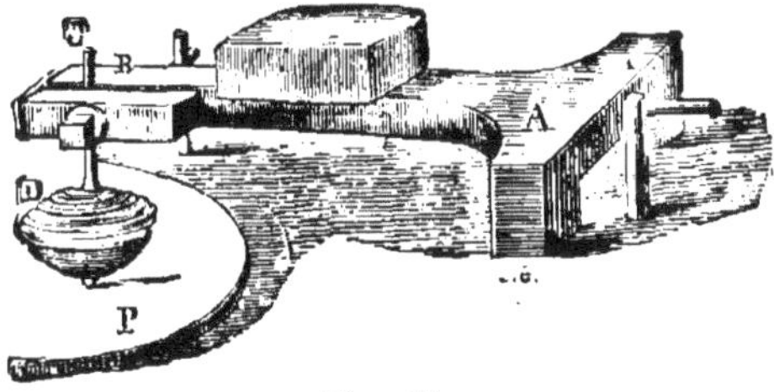

Fig. 67.

cettes sont disposées influe beaucoup sur l'intensité de

l'éclat projeté par la pierre. On taille aujourd'hui le diamant de deux manières : en *rose* pour les pierres de peu d épaisseur, en *brillant* pour les pierres plus grosses.

La rose présente, à son sommet, une pyramide à facettes triangulaires et une base plate qui est cachée dans la monture (fig. 68).

Le brillant (fig. 69) se termine, à sa partie supérieure, par

Fig. 68.

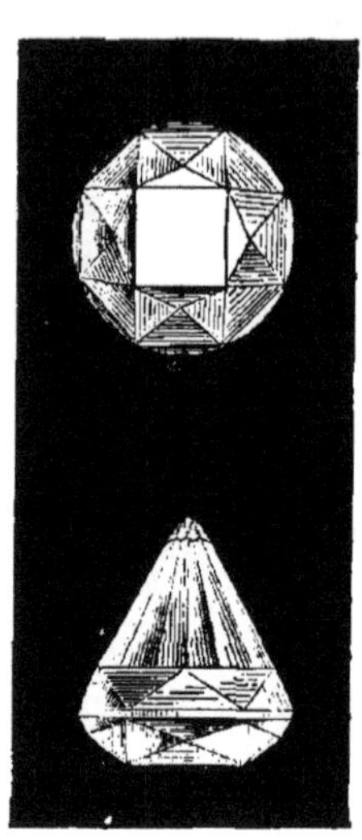

Fig. 69.

une face assez large appelée *table,* entourée de facettes triangulaires qu'on nomme *lentilles* et de facettes en losanges; sa partie inférieure est formée par une pyramide tronquée à facettes.

Les brillants sont toujours montés à jour; les roses sont montées sur une lame métallique. Les brillants ont plus d'éclat que les roses et sont plus recherchés.

Le prix des diamants, surtout lorsqu'ils sont taillés, est en général très-élevé. Bruts, lorsqu'ils sont susceptibles d'être taillés et qu'ils ne dépassent pas en poids un karat (le karat vaut 0^{gr},205), ils se vendent 48 francs le karat environ; taillés, ils valent 125 francs. Mais, pour les brillants, le prix s'élève considérablement avec la grosseur. Le karat coûte généralement de 216 à 240 francs; le prix en est quelquefois plus élevé encore [1].

GRAPHITE OU PLOMBAGINE.

149. Le *graphite*, que l'on désigne sous le nom de *plombagine*, de *mine de plomb*, est une variété de carbone qui se présente sous forme de parcelles brillantes d'un gris d'a-

[1] Les plus beaux diamants sont :

1º Le diamant du radjah de Mattan, à Bornéo, qui pèse plus de 300 karats;

2º Le *Kohi-Noor* ou *Montagne de Lumière*, qui pèse 102 karats 1/2. Il appartient à la compagnie des Indes;

3º L'*Orlow*, diamant de l'empereur de Russie, acheté par l'impératrice Catherine 2 500 000 fr., plus 100 000 fr. de rente viagère;

4º Le *Régent*, diamant de France qui pèse 136 karats, qui a été

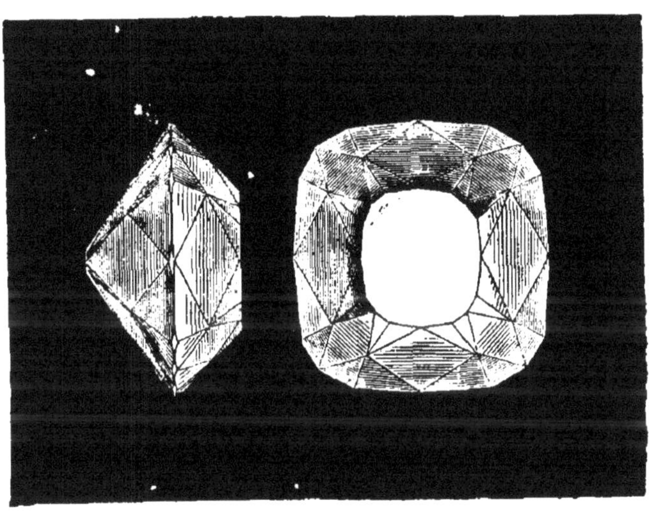

Fig. 70.

estimé, en 1848, à 8 000 000 de francs et que la figure 70 représente en grandeur naturelle;

5º L'*Étoile du Sud*, appartenant à M. Haphen, qui pesait 245 karats avant la taille, mais que cette opération a réduit à 125 karats. Sa forme et sa limpidité sont parfaites;

6º Le diamant de l'empereur d'Autriche, pesant 139 karats 1/2, et évalué à 2 608 335 francs

cier, ou de masses feuilletées, que l'ongle peut rayer et qui laissent des traces noires sur le papier. Sa densité est 2,2. Il conduit bien la chaleur et l'électricité, ne brûle dans l'oxygène qu'à une température élevée. Les mines les plus riches en graphite sont en Angleterre, dans le duché de Cumberland. On le trouve aussi à Passaw, en Bavière, dans le Piémont et dans les Pyrénées.

150. **Usages.** — La plombagine sert à la fabrication des crayons.

Les meilleurs crayons de plombagine anglais se préparent en débitant à la scie des baguettes de graphite pur préalablement chauffé en vase clos à une forte chaleur rouge. Ces crayons sont habituellement enchâssés dans des baguettes en bois de cèdre. On taille aussi de petits cylindres en graphite très-courte, destinés à être fixés dans des porte-crayons métalliques.

En 1795, Conté[1] inventa un procédé très-simple, qui permet de fabriquer des crayons avec un mélange d'argile et de plombagine. Ces deux substances, réduites en poudre fine, servent à faire avec l'eau une pâte que l'on coule dans des rainures parallèles pratiquées dans des planches. Lorsque la pâte est sèche, on introduit les baguettes ainsi formées dans des creusets, où on les chauffe à une température d'autant plus élevée que l'on veut avoir des crayons plus durs. On les enferme ensuite dans des cylindres en bois que l'on a coupés suivant leur longueur en deux parties inégales; dans le milieu de la plus grosse est pratiquée une rainure où on loge la mine de plomb; les deux morceaux sont ensuite recollés ensemble.

La plombagine unie à l'argile réfractaire sert à faire des creusets pour la fusion de l'acier. Délayée dans un peu d'huile, elle est employée pour noircir les tuyaux de poêle, etc.; pétrie avec des matières grasses, elle fournit une substance excellente pour graisser les machines; enfin elle est employée en galvanoplastie pour rendre la surface des moules conductrice de l'électricité.

---

[1] Conté (Jacques), industriel distingué, né en 1755, près de Séez, en Normandie, mort à Paris en 1805.

HOUILLE OU CHARBON DE TERRE.

151. La *houille* ou *charbon de terre* est essentiellement formée de carbone et de bitume unis à une proportion variable de matières terreuses. Lorsqu'on la chauffe à l'abri de l'air, il s'en dégage des combinaisons de carbone et d'hydrogène. Les unes sont liquides à la température ordinaire (naphte, goudron, etc.), les autres sont gazeuses et constituent le gaz d'éclairage. Le résidu de la calcination en vase clos est appelé *coke*.

La houille est un combustible précieux pour l'industrie. A poids égal, elle donne en brûlant plus de chaleur que le bois.

152. Les différentes variétés de houille ne se comportent pas de la même manière pendant leur combustion. Les unes se ramollissent et se fondent; les autres n'éprouvent pas de ramollissement.

La France renferme de nombreux dépôts de houille; le bassin de la Loire, à Saint-Étienne, à Rive-de-Gier, le bassin de l'Allier, ceux de Valenciennes et de l'Auvergne, donnent lieu à d'importantes exploitations. La Belgique et l'Angleterre sont, sous ce rapport, bien plus riches que la France.

La houille se trouve dans la terre à des profondeurs plus ou moins grandes. Elle est due à l'ensevelissement sous les eaux d'anciennes forêts, dont les arbres se sont lentement altérés et décomposés. Des empreintes de tiges, de feuilles, de fruits, que l'on observe sur certains morceaux de houille, prouvent cette origine d'une manière incontestable.

ANTHRACITE.

153. L'anthracite est une substance noire, sèche au toucher.

Elle s'allume assez difficilement; mais, lorsqu'on dispose de moyens énergiques de ventilation, comme dans les établissements métallurgiques, elle devient un combustible très-précieux. Elle donne plus de chaleur que la houille.

On en trouve aux Etats-Unis, en Angleterre, et en France sur les bords de la Loire.

LIGNITES.

154. On désigne sous le nom de *lignite* une substance charbonneuse, d'origine analogue à celle de la houille, mais de formation plus récente. Dans certaines localités, le lignite sert de combustible; il donne en brûlant peu de chaleur, beaucoup de fumée, et produit une odeur désagréable.

Le jais ou jayet, avec lequel on fabrique des bijoux de deuil, est une variété de lignite.

TOURBE.

155. La tourbe provient aussi de l'altération sous l'eau de débris végétaux. C'est une substance qui se forme encore de nos jours dans certaines contrées marécageuses. Elle brûle lentement et produit peu de chaleur. En la desséchant et en la comprimant, on obtient un combustible excellent et d'un prix peu élevé.

Les principaux gisements sont en Hollande, en Wesphalie, dans le Hanovre, en Prusse, en Silésie. La France, quoique moins riche, possède néanmoins quelques grandes tourbières dans les vallées de la Somme et de l'Oise, dans le Pas-de-Calais et près d'Essonne.

CHARBONS ARTIFICIELS

COKE

156. Le coke est le produit de la calcination de la houille à l'abri du contact de l'air. Cette calcination se fait dans des conditions différentes. Tantôt le coke n'est que l'un des résidus de la calcination du gaz de l'éclairage, tantôt il est le produit d'une fabrication spéciale qui se fait soit par la carbonisation en meules, soit par la carbonisation dans des fours.

Le coke provenant de la fabrication du gaz de l'éclairage fournit un bon combustible pour l'économie domestique ou le chauffage des petits foyers; mais sa faible densité et son défaut d'agglomération le rendent peu propre aux usages métallurgiques et au chauffage des locomotives.

Le coke obtenu par les autres méthodes, dit *coke de suffocation*, est d'une densité considérable et se présente sous la forme de morceaux prismatiques allongés.

Le procédé de carbonisation en meules est peu employé maintenant. Il consiste à faire, avec les morceaux de houille, des tertres coniques que l'on recouvre de paille et de terre humectée. On y met le feu par une ouverture ménagée dans ce but. La combustion se fait lentement, d'une manière incomplète, et au bout de quatre jours de feu on obtient en coke 40 0/0 de la houille employée.

157. Le procédé de carbonisation dans les fours prend chaque jour plus d'extension. Il est pratiqué par les établissements métallurgiques et les administrations de chemin de fer. Les fours sont disposés de telle sorte que les gaz provenant de la distillation de la houille sont ramenés sur la sole du four avant de se rendre dans la cheminée de l'usine. Ces gaz y brûlent et la chaleur qu'ils dégagent dans leur combustion produit une économie notable de combustible.

158. On désigne sous le nom de *houilles agglomérées* ou *péras artificiels* des briques destinées au chauffage des locomotives et obtenues par le moulage sous pression d'un mélange de 90 parties de menu de houille et de 10 parties de *brai solide* ou résidu charbonneux provenant de la distillation des goudrons que fournit la fabrication du gaz de l'éclairage.

159. **Charbon de cornue.** — On trouve sur les parois des cornues qui servent dans les usines à gaz à la distillation de la houille, un dépôt très-dur de carbone à peu près pur. Il provient de la décomposition des carbures d'hydrogène qui se dégagent pendant l'opération; il conduit très-bien l'électricité et sert à faire des pôles de piles Bunsen. On

l'emploie aussi dans les appareils d'éclairage électrique pour faire les électrodes entre lesquelles jaillit l'arc lumineux.

CHARBON DE BOIS.

160. Séché à l'air, le bois se compose, sur 100 parties, de

Carbone............................	38,48
Oxygène et hydrogène dans les proportions qui constituent l'eau..................	35,42
Eau libre..........................	25
Cendres	1,10
	100,00

Si l'on calcine du bois à l'abri du contact de l'air, il reste un résidu fixe de carbone qui conserve la forme des végétaux et il se dégage des produits volatils qui renferment une partie du charbon que contient le bois; ces produits sont des goudrons, de l'oxyde de carbone, de l'acide carbonique, des hydrogènes carbonés, du vinaigre de bois, esprit de bois, etc. Le charbon de bois se fabrique par deux méthodes différentes.

161. 1° *Procédé par distillation.* — La calcination peut se faire dans des cornues en fonte qui sont de véritables appareils distillatoires communiquant avec des réfrigérants où l'on recueille les produits volatils et condensables (vinaigre de bois, esprit de bois). On obtient environ 17 0/0 de charbon.

162. 2° *Procédé des meules.* — La fabrication du charbon de bois peut se faire aussi par le procédé des *meules*. Pour cela on dispose en meules, au milieu des forêts, les morceaux de bois que l'on veut carboniser, en ayant soin de ménager des canaux horizontaux aboutissant à une cheminée centrale (fig. 71); on recouvre la meule de feuilles, de mousse, de gazon, et enfin d'une couche de terre qui ne laisse libres que la cheminée et les ouvertures des canaux inférieurs. La cheminée est ensuite remplie de bois enflammé. La combustion se communique de proche en proche, et, lorsque la fumée, d'abord épaisse et noire, est

devenue transparente et d'un bleu clair, on bouche les ouvertures des canaux dits *évents*. Lorsque tous les évents
sont bouchés, la combustion s'arrête peu à peu ; on recou-

Fig. 71.

vre la meule de terre humide et, au bout de 24 heures, la
fabrication est terminée. Les bois employés de préférence
sont le chêne, le châtaignier, le pin, le charme, le hêtre,
l'érable, le bouleau, le tilleul, etc.

Un bon charbon de bois doit être léger, cassant et sonore.

CHARBON ANIMAL, OU NOIR ANIMAL.

163. Le charbon que l'on désigne aussi sous le nom de
charbon animal ou de *noir animal*, est le produit que l'on
obtient en calcinant des os en vase clos. Cette calcination
se fait par deux procédés principaux. Dans le premier, qui
est le plus ancien, on recueille les produits volatils qui se
dégagent dans la calcination des os (goudron, sels ammoniacaux).

Après avoir concassé les os, on en retire la graisse. Pour
cela on les introduit dans un vase en tôle percé de trous,
que l'on descend dans une chaudière remplie d'eau bouillante. La graisse fond et vient à la surface où elle est enlevée à l'aide d'écumoires.

Les os sont séchés à l'air, puis introduits dans des cor-

nues C, C′ (fig. 72), qui communiquent par un tube **T** avec
des appareils B, F, destinés à condenser les produits volatils.
Les os sont chargés en enlevant les couvercles **M, M′**. Après
la calcination, on retire les obturateurs H, H′, et le noir animal fabriqué tombe dans les étouffoirs V et V′.

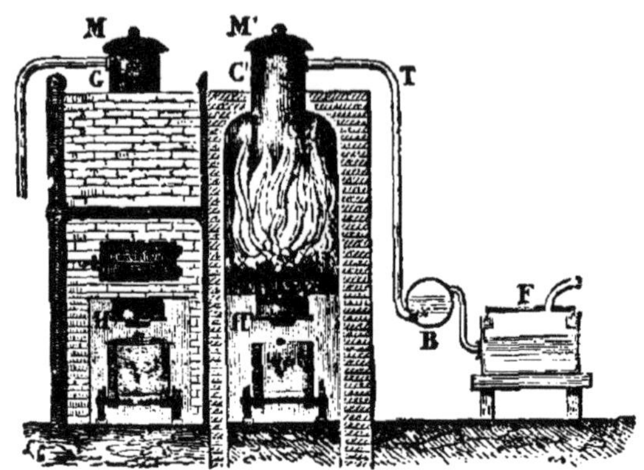

Fig. 72.

Aujourd'hui la plus grande partie du noir animal se fabrique par un procédé qui laisse perdre les produits volatils, l'industrie du gaz et l'exploitation des eaux des fosses
d'aisance fournissant ces produits au commerce en proportion considérable.

Les os sont introduits dans des pots que l'on superpose,
de manière que le fond de l'un serve de couvercle à l'autre.
Ces pots sont chauffés par les produits de la combustion de
la houille qui passent dans le four. A mesure que la température s'élève, les gaz inflammables provenant de la décomposition des matières organiques se dégagent et se condensent dans une cheminée d'appel. Au bout de 7 à 11 heures
la calcination est terminée.

Le charbon, tel qu'il sort des pots, conserve la forme des
os. On le broie dans des moulins en cherchant à éviter autant que possible la production du noir en poudre, qui a
moins de valeur que le noir en grains.

164. Usages. — Le noir animal a un pouvoir décolorant
considérable. On l'emploie à la décoloration des sirops.

Lorsqu'il a servi pendant un certain temps, il se trouve saturé de matières colorantes et, pour pouvoir servir de nouveau, doit subir un traitement de révivification qui lui rend ses propriétés.

NOIR DE FUMÉE.

165. Le noir de fumée provient de la combustion incomplète de certaines matières carbonées, c'est le noir qui s'échappe d'une lampe qui *file*.

Fig. 73.

166. On distingue, dans le commerce, le noir de résine et le noir de houille ou plutôt de goudron de houille.

On le fabrique en faisant brûler, en présence d'une quantité d'air insuffisante pour leur combustion complète, des goudrons, résines ou autres matières placés dans une capsule en fonte O (fig. 72) qui est chauffée par le foyer F. Les fumées qui en résultent se rendent dans une chambre D et se déposent sur ses parois. Le toit de cette chambre est conique et reçoit un cône mobile en tôle C que l'on peut, au moyen de la corde B, faire monter et descendre dans la chambre cylindrique, dont il ramone ainsi les parois contre lesquelles le noir s'est attaché.

167. **Usages.** — Le noir de fumée est employé pour la peinture et la fabrication des encres d'imprimerie.

Mélangé avec 2/3 de son poids d'argile, il sert à faire les crayons noirs des dessinateurs.

Fig. 74.

CHARBON VÉGÉTAL MOULÉ OU CHARBON DE PARIS.

168. Le *charbon moulé* dit *charbon de Paris* s'obtient

en moulant des débris de matières carbonisées, poussier

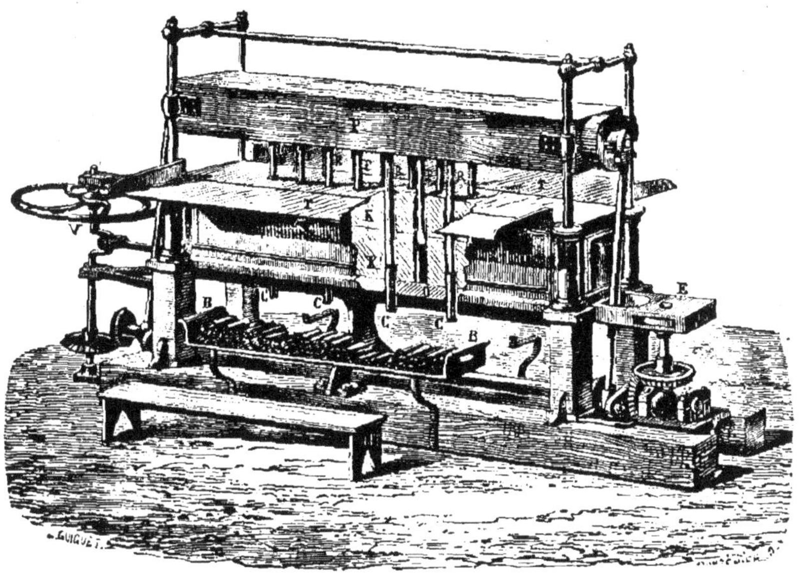

Fig. 75.

de charbon de bois, de tourbe, tan épuisé et carbonisé,

Fig. 76.

brindilles des forêts, des bruyères : ces résidus sont agglomérés avec du goudron, qu'on leur mélange en les écrasant avec des meules que représente la figure 74. On procède ensuite au moulage. A cet effet on verse la pâte préparée sur un tablier T (fig. 75) d'où on la fait pénétrer dans des moules légèrement coniques où elle est refoulée par des tiges P, nommées *fouleurs*, puis chassée des moules par les *débourreurs* R.

Le séchage des cylindres s'opère ensuite à l'air, et la carbonisation du goudron s'effectue dans des fours que représente la figure 76.

C'est un charbon analogue qui est employé dans les chaufferettes Stoker, dont l'usage est si commode.

PROPRIÉTÉS DU CARBONE.

169. Quelle que soit son origine, le carbone est un corps inaltérable par la chaleur, sans odeur ni saveur. Despretz a pu le fondre et le volatiliser sous l'influence d'une pile de 500 éléments. Il est insoluble dans tous les liquides, sauf la fonte de fer en fusion.

Lorsqu'on le chauffe au contact de l'air, il s'unit à l'oxygène et brûle sans résidu solide, en donnant lieu à la formation de produits gazeux.

Lorsque l'oxygène est en excès, le résultat de la combustion est l'acide carbonique. Lorsqu'au contraire c'est le charbon qui est en excès, comme lorsqu'on allume un fourneau rempli de charbon de bois, il se forme en même temps de l'oxyde de carbone qui brûle avec une flamme bleue. La production de ce gaz tient à ce que l'acide carbonique, en présence d'un excès de charbon, est partiellement désoxydé par lui.

Le charbon chauffé au rouge décompose l'eau, met son hydrogène en liberté et forme, avec son oxygène, de l'oxyde de carbone. On le démontre en faisant passer de la vapeur d'eau dans un tube de porcelaine rempli de braises et chauffé au rouge vif.

170. **Pouvoir absorbant du charbon.** — Une des propriétés les plus curieuses du charbon, c'est l'action absor-

bante qu'il exerce sur les gaz. Si l'on introduit dans une éprouvette remplie de gaz ammoniac et reposant sur le mercure un morceau de braise, que l'on a chauffé au rouge pour chasser l'air renfermé dans ses pores, le gaz est absorbé par lui et le mercure monte dans l'éprouvette qu'il remplit bientôt.

L'absorption des gaz par le charbon est d'autant plus grande que la température est plus basse et que le gaz est plus soluble. Le pouvoir absorbant dépend aussi de la nature du charbon et de sa provenance. Le charbon animal d'os est celui qui jouit de cette propriété au plus haut degré; viennent ensuite, rangés par ordre d'absorption décroissante, le charbon de bois, la braise, le noir de fumée calciné, le coke. Ce qui précède explique l'augmentation de poids que subit le charbon exposé à l'air atmosphérique.

Les propriétés absorbantes du charbon le font souvent employer comme désinfectant. Les eaux qui contiennent des matières organiques en putréfaction exhalent une mau-

Fig. 77

vaise odeur due aux gaz qui se forment dans la décomposition de ces matières. Il suffit, pour les désinfecter, de les laisser en contact avec du charbon pulvérisé. Dans les campagnes, où l'on n'a souvent pour boisson que l'eau des mares, toujours odorante et sapide par suite des matières organiques qu'elle renferme, on peut la désinfecter très-facilement par le moyen suivant :

On place à la partie inférieure d'un tonneau, dont le fond est percé de trous, des couches alternatives de sable et de charbon en poussière. On descend ce tonneau dans la mare jusqu'auprès de son ouverture supérieure (fig. 77) et on l'y soutient, soit au moyen de cordes, soit en le faisant reposer sur de grosses pierres; l'eau arrive par les trous dont le fond est percé, filtre à travers les couches de sable sur lesquelles elle laisse les matières en suspension qu'elle renferme, se désinfecte sur les couches de charbon, et l'on peut puiser de l'eau potable à la partie supérieure du vase.

171. On trouve maintenant, dans le commerce, des filtres destinés à l'économie domestique et dans lesquels sont appliquées, d'une manière heureuse, les propriétés désinfectantes du charbon. Ils se composent d'un vase en bois, en grès ou en métal, dont l'intérieur est divisé en trois compartiments (fig. 78) par deux cloisons horizontales. La première porte à son centre une tête d'arrosoir E entourée d'une éponge; la seconde est également percée de trous. Le second compartiment est rempli par des couches alternatives de sable et de charbon. L'eau versée dans la partie supérieure subit une première filtration sur l'éponge, passe dans A où elle est filtrée sur le sable et désinfectée sur le charbon. Elle arrive de là dans la partie B, d'où elle peut sortir par le robinet.

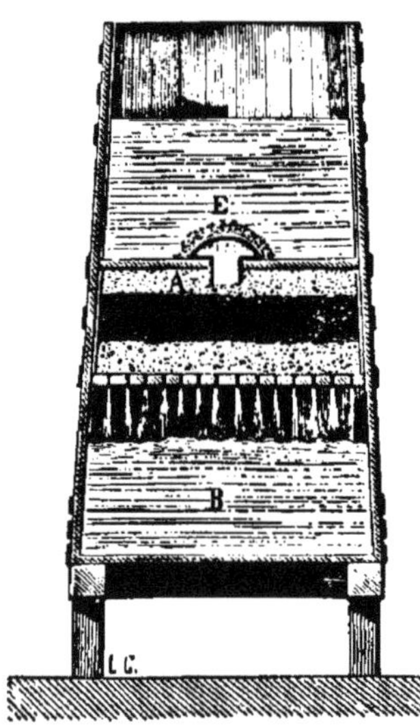

Fig. 78.

172. Le charbon peut aussi être employé pour prévenir la putréfaction des viandes. Il suffit de les enfouir dans du poussier de charbon, qui les garantit d'abord du contact de l'air et qui, en absorbant les gaz putrides à mesure qu'ils se produisent, empêche le développement de la putréfaction. Lorsqu'on sort les viandes du poussier, il suffit de les arroser à l'eau fraîche.

Le charbon sert aussi à désinfecter les fosses d'aisances. On l'emploie pour purifier l'atmosphère de certains puits, de certaines caves remplies de gaz irrespirables. On y descend un chaudron rempli de charbon allumé, qui absorbe les gaz nuisibles.

Le pouvoir absorbant du charbon s'exerce aussi sur les matières colorantes, comme nous l'avons vu à propos du noir animal. Il est appliqué à la décoloration des sirops, du miel, etc. Dans cette absorption, la matière colorante n'est pas détruite, mais seulement condensée dans les pores du charbon.

COMPOSÉS OXYGÉNÉS DU CARBONE.

173. Le carbone forme, avec l'oxygène, trois composés importants : l'acide carbonique, l'oxyde de carbone et l'acide oxalique. Nous n'étudierons, pour le moment, que les deux premiers.

ACIDE CARBONIQUE.

174. **Historique.** — Découvert en 1638, par Van Helmont [1], l'acide carbonique fut étudié successivement par Hales, Black [2] et Priestley. Sa composition fut déterminée par Lavoisier, qui montra qu'il était composé de 6 parties de charbon unies à 16 parties d'oxygène.

175. **Propriétés physiques.** — L'acide carbonique est

---

[1] Van Helmont (François-Mercure), né à Vilvorde, près de Bruxelles, en 1618, mort en 1699.

[2] Black (Joseph), chimiste écossais, né en 1728, à Bordeaux, de parents écossais, mort en 1799; il était professeur de chimie à Glasgow.

un gaz incolore, d'une saveur aigrelette, à peu près sans odeur. Il colore le tournesol en rouge vineux, comme tous les acides faibles. A une forte pression, la coloration du tournesol devient *pelure d'oignon.*

L'acide carbonique se liquéfie par la pression ; à la température de 0°, il suffit de le soumettre à une pression de 36 atmosphères. M. Thilorier est parvenu à le solidifier au moyen de l'énorme froid que l'acide carbonique liquide produit lui-même en s'évaporant. Un mélange d'acide carbonique solide et d'éther peut produire un froid de 110°.

L'acide carbonique est soluble dans l'eau, qui en dissout son volume à la température de 15° et sous la pression ordinaire. Sa densité est 1,519. 1 litre de ce gaz pèse 1ᵉʳ,97.

176. **Propriétés chimiques.** —L'acide carbonique n'en-

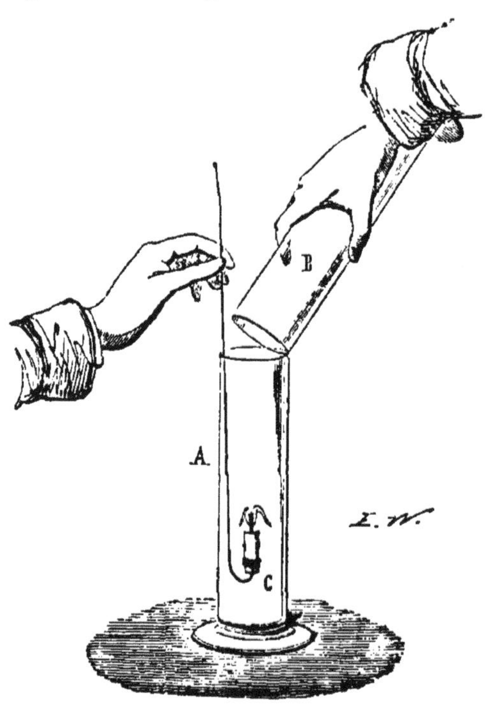

Fig. 79.

tretient ni la combustion, ni la respiration. Une bougie qu'on y plonge s'y éteint; un animal tombe bientôt asphyxié dans une atmosphère de ce gaz. Si l'on place une bougie allumée au fond d'une éprouvette à pied A (fig. 79) et qu'on incline au-dessus d'elle une éprouvette B remplie d'acide carbonique, le gaz tombe au fond de l'éprouvette A et bientôt éteint la bougie.

Il y a, aux environs de Naples, une grotte dite *grotte du Chien*, et dans laquelle un chien de moyenne grandeur meurt asphyxié, s'il y reste un temps suffisant, tandis que l'homme n'y court aucun danger. Cela tient à ce que, par les fissures du sol, se dégage de l'acide carbonique qui, en vertu de sa grande densité, reste à la partie inférieure de la grotte et y forme une couche où les chiens se trouvent plongés, tandis que l'homme la laisse au-dessous de lui.

L'expérience suivante reproduit en petit ce phénomène. On remplit une large éprouvette à pied avec de l'acide carbonique; on y introduit jusqu'à moitié un corps cylindrique qui déplace l'acide carbonique et le chasse en partie de l'éprouvette. On retire le cylindre; l'air rentre pour le

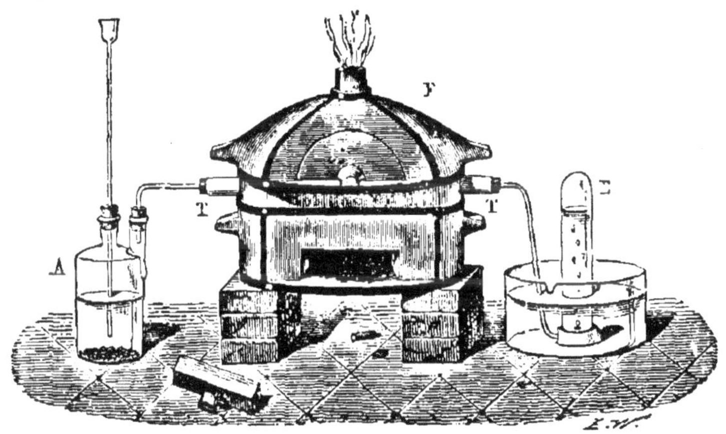

Fig. 80.

remplacer; et si l'on vient à descendre une bougie allumée dans l'éprouvette, on la voit brûler dans la première moitié de cette atmosphère, s'éteindre dans la seconde où est resté l'acide carbonique.

On peut assainir les atmosphères viciées par la présence
de l'acide carbonique en y introduisant une base comme
l'ammoniaque, la potasse ou la chaux. Ces corps forment
avec lui des carbonates. Nous avons déjà vu que ce gaz trouble l'eau de chaux au milieu de laquelle il forme un carbonate de chaux insoluble.

L'acide carbonique est décomposé par le charbon et ra-
mené par lui à l'état d'oxyde de carbone. On le démontre
en faisant passer l'acide carbonique produit dans le flacon
A (fig. 80) dans un tube TT rempli de braises et traversant
un fourneau F où il est porté au rouge. A l'extrémité de
l'appareil on recueille dans une éprouvette E un gaz brûlant avec une flamme bleue, et qui est de l'oxyde de carbone.

177. Préparation. — L'acide carbonique se prépare en
décomposant un carbonate, comme le carbonate de chaux,
par l'acide chlorhydrique. L'acide carbonique se dégage,
le calcium de la chaux forme, avec le chlore de l'acide

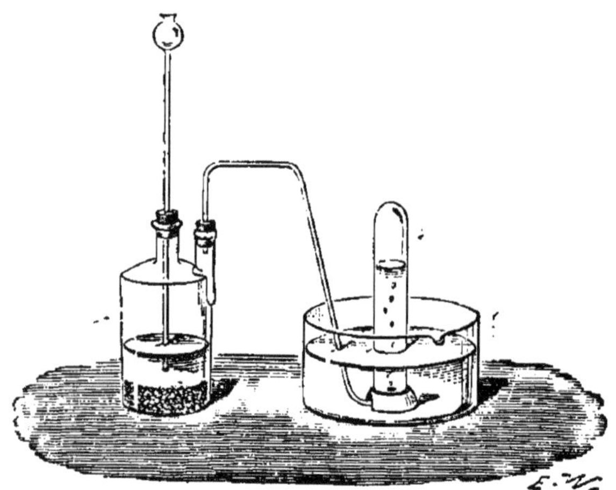

Fig. 81.

chlorhydrique, du chlorure de calcium ; quant à l'oxygène
de la chaux, il reforme de l'eau avec l'hydrogène abandonné par le chlore.

La légende suivante rend compte de la réaction.

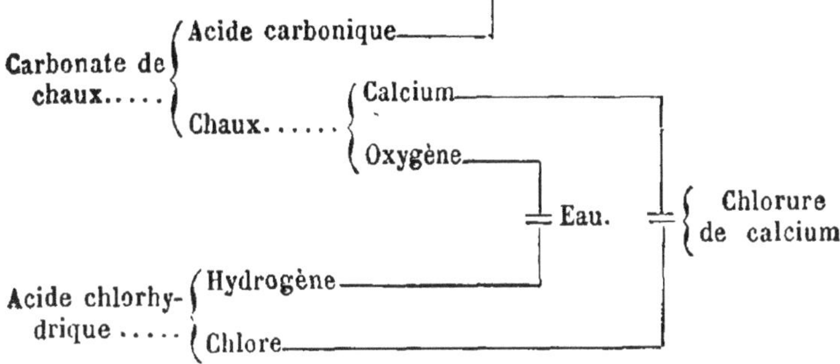

Cette préparation se fait dans un flacon à deux tubulures (fig. 81) où l'on introduit de la craie, de l'eau et de l'acide chlorhydrique.

178. Usages et applications de l'acide carbonique. — La plus importante application de l'acide carbonique est celle que l'on en fait à la fabrication des eaux de Seltz artificielles et des limonades gazeuses. Cette fabrication repose sur la solubilité croissante de l'acide carbonique avec la pression.

Dans l'industrie, les eaux gazeuses sont fabriquées avec des appareils dont la construction est assez variable. Nous décrirons sommairement celui qui est connu sous le nom d'appareil de Bramah perfectionné.

La pompe aspirante et foulante P (fig. 82) aspire le gaz dans le réservoir par le tube A. Le gaz se lave dans le flacon B, qui sert aussi de flacon témoin destiné à montrer la marche de l'opération; l'eau que l'on veut rendre gazeuse est en même temps aspirée par le tube T, qui plonge dans le réservoir V. Le mélange de gaz et d'eau se fait dans la pompe qui le refoule dans la sphère creuse et résistante R. Cette sphère est munie d'un manomètre et d'une soupape de pression.

Lorsqu'elle est remplie d'eau gazeuse, on procède à l'embouteillage, qui se fait ordinairement dans des vases appelés *siphons*. Ces siphons sont en verre épais et résistant et

portent, à leur partie supérieure, une tubulure à laquelle
on adapte un appareil de fermeture permanente en étain.
Cette garniture en étain porte un tube plongeur *t* qui des-

Fig. 82.

cend dans l'eau du siphon, et qui peut être fermée et mise
en communication avec l'extérieur à l'aide d'une soupape
B (fig. 83) que fait jouer le levier A.

Pour procéder à l'embouteillage, on renverse le siphon E
(fig. 82) qui est vide, et l'on introduit le bec *i* dans l'ajutage
qui termine le tuyau T″ communiquant avec le réservoir. Il
est d'ailleurs fixé sur un support et rendu fixe par le jeu
d'une pédale que montre la figure. A l'aide du levier L, on
soulève le levier du siphon, de manière à ouvrir celui-ci.

Puis, se servant d'un robinet à deux voies I, on fait arriver
l'eau gazeuse qui s'élève par le tube de verre que renferme
le siphon. Quand il est
rempli aux trois quarts,
on ouvre dans un autre
sens le robinet I, de ma-
nière à laisser échapper
la plus grande partie du
gaz libre qui se trouve
dans le siphon, puis on
achève le remplissage.

176. Quand on veut ex-
traire l'eau de ce vase,
on appuie (fig. 83 et 84)
sur le levier A du siphon;
la soupape B s'abaisse
et met en communica-
tion l'espace M, où l'eau
est poussée par la pres-
sion intérieure, avec le
conduit C par lequel

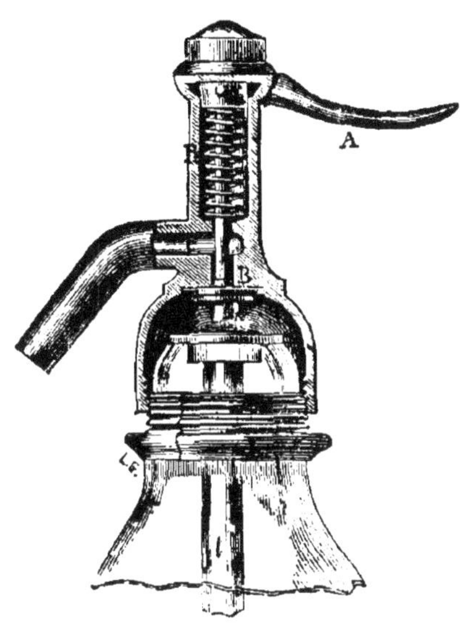

Fig. 83.

elle sort de l'appareil. Dès qu'on cesse d'appuyer sur le levier A, le ressort à boudin que montre la figure 83 ramène
la soupape dans la position primitive et le liquide cesse de
jaillir.

Au moment où le liquide sort, de nombreuses bulles
gazeuses se dégagent au milieu de l'eau et montent à la
partie supérieure. Ce dégagement continue encore quelque temps après qu'on a cessé d'extraire de l'eau du siphon. Cela provient de ce qu'au moment où le niveau du
liquide baisse dans le siphon, le gaz acide carbonique,
qui se trouve au-dessus de lui, se répand dans un plus
grand volume; sa pression diminue et devient insuffisante
pour maintenir dissous tout le gaz que renferme l'eau. Mais
les bulles gazeuses s'accumulant dans la partie supérieure
du siphon, la pression augmente et devient suffisante pour
maintenir dissous le gaz que l'eau renferme encore. Aussi
le dégagement diminue-t-il peu à peu et cesse-t-il même

tout à fait, pour recommencer lorsqu'on ouvrira de nouveau le siphon.

Fig. 84.

179. On emploie, dans les usages domestiques, un appareil qui permet de préparer soi-même les eaux gazeuses. Le plus connu de ces appareils est l'appareil Briet. Il se compose de deux vases A et B (fig. 85) en verre résistant, garnis d'une monture en étain qui permet de les visser l'un sur l'autre. Pour préparer la solution, on met dans le vase A un mélange de poudres qui, à sec, ne réagissent pas l'une sur l'autre, mais qui, en présence de l'eau, donnent un dégagement d'acide carbonique. Puis on adapte le bouchon métallique creux, qui est percé de trous sur sa surface latérale et se termine, à sa partie supérieure, par une plaque d'argent criblée de trous. Ce bouchon laisse d'ailleurs passer un tube T qui s'élève au-dessus de A. Le vase B, renversé sur son pied, est rempli d'eau ; on renverse A sur lui en y introduisant le tube T ; on visse et on remet

l'appareil dans la position de la figure. L'eau du verre B
s'écoule par le tube dans A, jusqu'à ce que l'ouverture supérieure du tube T soit hors du li-
quide. Cette petite quantité d'eau,
arrivant sur le mélange des poudres, produit le dégagement d'acide
carbonique. Le gaz monte dans la
partie supérieure B et s'y dissout.
Le liquide est extrait par le robinet R, qui communique avec le
vase B seulement.

Cet appareil est ordinairement
entouré d'un treillage en jonc qui,
en cas de rupture, s'opposerait à la
projection des fragments de verre.

Les poudres employées pendant
longtemps ont été l'acide tartrique
et le bicarbonate de soude : on vend
depuis quelques années une poudre
unique appelé *carbogène*, qui est d'un prix moins élevé
et produit une eau de Seltz aussi bonne que l'acide tartrique et le bicarbonate de soude.

180. **État naturel.** — L'acide carbonique est très-abondant dans la nature. Il en existe des masses considérables
sous forme de carbonates. L'air en contient de 4 à 6 dix-
millièmes. Nous avons vu qu'il est le produit constant de
la respiration des animaux et que les parties vertes des
plantes, sous l'influence de la lumière, l'absorbent, s'assimilent son carbone et rejettent son oxygène.

Il se dégage des parois de certaines grottes, de certaines
cavités souterraines, puits ou caves. Lorsqu'on prévoit
qu'une cavité, où l'on a besoin de pénétrer, peut être remplie d'acide carbonique, on a l'habitude d'y introduire des
bougies et de voir si elles brûlent. Ce mode d'essai n'est
pas suffisant, car l'air peut contenir assez d'acide carbonique pour être dangereux à respirer, et cependant entretenir encore la combustion. Il est préférable de descendre
dans la cavité une cloche pleine d'eau, dont l'orifice plonge

dans un seau contenant aussi de l'eau : le bouton de la cloche est fixé à une corde que l'on peut tirer du dehors. Lorsque le tout est arrivé dans l'atmosphère que l'on veut essayer, on soulève la cloche hors de l'eau en tirant la corde ; l'air y entre, et après avoir remonté le seau et la cloche, on essaye l'air que celle-ci contient en y mettant un oiseau.

L'acide carbonique se produit aussi en quantité considérable pendant la fermentation des liqueurs alcooliques. C'est lui qui rend mousseux le champagne, la bière, le cidre, etc.

OXYDE DE CARBONE.

181. Historique. — L'oxyde de carbone a été découvert par Priestley. Ses propriétés principales et sa composition ont été déterminées en 1802, de Cruikshank [1].

182. Propriétés. — L'oxyde de carbone est un gaz incolore, inodore et insipide. Il a été liquéfié par M. Cailletet. Sa densité est 0,967. 1 litre de gaz pèse $1^{gr},250$. Il est très peu soluble dans l'eau. 1 litre d'eau en dissout 33^{cc} à $0°$ et 25 à $15°$.

C'est un corps neutre, brûlant avec une flamme bleue et se transformant, par sa combustion, en acide carbonique. C'est un réducteur puissant dont on fait souvent usage en métallurgie.

L'oxyde de carbone est un poison violent. Pendant longtemps, on a attribué à l'acide carbonique le rôle principal dans les asphyxies produites par le charbon brûlant au milieu d'une atmosphère limitée. M. Leblanc a fait voir que, dans la plupart des cas, c'est à l'action toxique de l'oxyde de carbone qu'il faut attribuer la mort des victimes. Un centième ou un demi-centième d'oxyde de carbone rend l'air mortel. Ses effets sont d'autant plus à craindre qu'étant inodore il ne manifeste sa présence que par ses terribles effets sur l'économie. L'empoisonnement par l'oxyde de carbone est ordinairement précédé de violents

[1] Cruikshank, physicien, né à Édimbourg en 1746, mort à Londres en 1802.

maux de tête, de vertige et de vomissements. Lorsque ces symptômes se manifestent, il suffit alors d'ouvrir les portes et les fenêtres et de respirer un air pur pour arrêter les effets du poison.

183. Préparation. — 1° On peut préparer l'oxyde de carbone en réduisant, comme nous l'avons vu (176), l'acide carbonique par le charbon.

2° On peut aussi décomposer, par l'acide sulfurique, l'acide oxalique, qui peut être considéré comme formé d'acide carbonique et d'oxyde de carbone.

HYDROGÈNES CARBONÉS.

184. Le carbone forme, avec l'hydrogène, un grand nombre de composés (huile de pétrole, benzine, essence de térébenthine, etc.).

Nous dirons quelques mots seulement de deux carbures gazeux, l'hydrogène protocarboné et l'hydrogène bicarboné.

HYDROGÈNE PROTOCARBONÉ OU GAZ DES MARAIS.

185. **Historique.** — Volta[1] fit, en 1788, les premières observations sur ce gaz.

186. **Propriétés physiques et chimiques.** — L'hydrogène protocarboné est un gaz incolore, sans odeur ni saveur. Sa densité est 0,559, ce qui donne $0^{gr},727$ pour le poids d'un litre. Il est très peu soluble dans l'eau et a été liquéfié par M. Cailletet.

Il brûle avec une flamme jaunâtre, bordée de bleu; les produits de sa combustion sont la vapeur d'eau et l'acide carbonique.

Il constitue, avec l'oxygène, un mélange explosif. Un mélange de 4 volumes de ce gaz et de 8 volumes d'oxygène détone avec une violence extrême à l'approche d'une bougie allumée.

---

[1] Volta (Alexandre), physicien célèbre, professeur de physique à Pavie, né à Côme en 1745, mort en 1826.

Dans les houillères il se dégage par moments des parois mêmes de la mine, et prend alors le nom de *feu grisou*. Il forme avec l'air un mélange explosif, et, lorsque la ventilation n'est pas bien faite dans les galeries de la mine, ce mélange peut s'enflammer à l'approche de la lanterne dont les mineurs sont munis, et son explosion coûte souvent la vie à un nombre considérable d'ouvriers.

187. Lampe de sûreté de Davy. — Pour éviter ces affreux accidents, Davy a inventé la lampe de sûreté qui porte son nom. Elle consiste en une lampe entourée (fig. 86) d'un cylindre en toile métallique. Lorsque l'inflammation du mélange aura lieu, ce sera au contact de la flamme, à l'intérieur de la lampe; mais la propriété qu'ont les toiles métalliques de couper les flammes empêchera l'explosion de se propager au dehors.

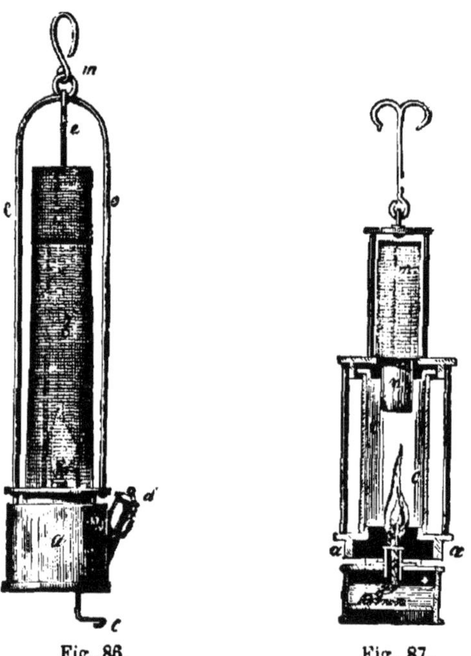

Fig. 86.   Fig. 87.

La lampe de Davy a l'inconvénient de donner peu de lumière, sa flamme étant enveloppée d'un cylindre en toile métallique. On a proposé différentes modifications. M. Combes, ingénieur des mines, donne à la lampe la disposition que représente la figure 87.

La flamme est entourée d'un cylindre en cristal *c* surmonté par une cheminée cylindrique en toile métallique. Celle-ci enveloppe un tube concentrique en cuivre qui est destiné à activer le tirage. A la partie inférieure se trouvent deux ouvertures qui sont aussi munies de toiles métalliques et qui permettent à l'air de pénétrer dans la lampe. Enfin, une spirale de platine est ordinairement suspendue au-dessus de la mèche; elle s'échauffe, devient rouge et augmente l'éclat de la flamme.

188. État naturel. — Ce gaz se dégage de la vase des marais et c'est pour cela qu'il a été appelé *gaz des marais.*

HYDROGÈNE BICARBONÉ.

189. Historique. — L'hydrogène bicarboné a été découvert en 1796, par plusieurs chimistes hollandais.

190. Propriétés physiques et chimiques. — C'est un gaz incolore, insipide, doué d'une odeur légèrement empyreumatique. Sa densité est 0,97. 1 litre pèse $1^{gr},254$. L'eau en dissout un sixième de son volume à la température ordinaire. M. Faraday a pu le liquéfier sous l'influence simultanée d'une forte pression et d'un mélange d'acide carbonique et d'éther.

La chaleur le décompose au rouge vif en carbone et en hydrogène.

Il est inflammable et brûle avec une flamme brillante en produisant de l'acide carbonique et de la vapeur d'eau. Lorsque le gaz est enflammé dans une éprouvette étroite, la combustion est incomplète, par suite d'insuffisance d'air, et on constate un dépôt de charbon.

Mélangé avec trois fois son volume d'oxygène, il détone violemment lorsqu'on approche une bougie enflammée de l'ouverture du flacon qui le renferme.

GAZ DE L'ÉCLAIRAGE.

191. Historique. — C'est à la fin du siècle dernier que remonte l'invention de l'éclairage au gaz. Les premiers essais furent faits par Lebon, ingénieur français, né vers 1765, qui, dans un appareil appelé *thermolampe*, distillait du bois et de la houille et produisait, en même temps que le gaz destiné à éclairer les appartements, la chaleur propre à les chauffer. L'opinion publique accueillit avec indifférence les essais de Lebon, qui furent repris en Angleterre, par Murdoch. En 1798, Murdoch établit un appareil d'éclairage au gaz dans les manufactures de James Watt, près de Birmingham. En 1805, ce genre d'éclairage était définitivement adopté en Angleterre. En 1812, Winsor fonda une compagnie pour l'éclairage de Londres; il vint à Paris, en 1816 et en 1817, y éclaira le passage des Panoramas, le Palais-Royal, le Luxembourg et le pourtour de l'Odéon. Depuis cette époque, l'éclairage au gaz s'est développé et d'importantes compagnies se sont fondées pour exploiter cette industrie.

192. Matières premières employées pour la fabrication du gaz. — Les substances organiques qui peuvent, par leur distillation, fournir un gaz propre à l'éclairage, sont assez nombreuses, mais la houille est certainement la plus avantageuse; car elle donne non-seulement du gaz, mais encore du coke, dont la valeur est à peu près égale à la moitié de la sienne, du goudron et des sels ammoniacaux que l'industrie utilise.

Distillée en vase clos, la houille donne un volume considérable de gaz hydrogènes carbonés, hydrogène, azote, oxyde de carbone, acide sulfhydrique, du sulfure de carbone, du sulfhydrate d'ammoniaque, etc. On s'expliquera la production de ces divers corps en remarquant que la houille contient, outre son carbone, de l'oxygène, de l'hydrogène, une faible portion d'azote et du soufre provenant des pyrites qu'elle contient.

Les houilles à longue flamme sont celles qui sont les plus

propres à la fabrication du gaz d'éclairage. 100 kilogr. de houille peuvent donner 23 mètres cubes de gaz ; les houilles anglaises peuvent en fournir 27 mètres.

193. Fabrication du gaz de l'éclairage. — Cette fabrication comprend trois phases distinctes : 1° la distillation de la houille ; 2° l'épuration physique du gaz ; 3° l'épuration chimique.

194. Distillation de la houille. — La houille est chargée dans des cornues en fonte ou en terre C (fig. 88) que l'on dispose par batteries dans des fours adossés deux à deux. Elles peuvent être fermées à l'aide d'un obturateur et de leur tête part un tube abducteur. Ces cornues sont portées au rouge vif au moment où l'ouvrier les emplit ; les pre-

Fig. 88.

mières portions de charbon qu'on y projette distillent immédiatement et le remplissent de gaz, de sorte que, lorsque l'ouvrier pose l'obturateur, l'air est chassé. Au sortir des cornues, tous les produits de la distillation se rendent par les tubes abducteurs T, dans un cylindre B, appelé *barillet*, qui court le long des fours et qui est à moitié rempli d'eau. Chaque tube T plonge dans l'eau, de sorte que chaque cornue est séparée par cette eau du reste de l'appareil ; et, si l'une d'elles venait à se briser, le gaz contenu au delà du barillet ne pourrait ni s'enflammer, ni se mélanger à l'air. Le barillet a de plus l'avantage de condenser déjà une certaine quantité d'eau, de goudron, etc.

195. Épuration physique. — A la sortie du barillet, le gaz se rend dans un appareil réfrigérant composé d'une série de tubes en U renversés D (fig. 89), qui viennent aboutir sur une caisse V que le gaz traverse pour se rendre de l'un à l'autre. C'est dans ces tubes que le gaz dépose son eau, ses goudrons, ses sels ammoniacaux, qui tombent de là dans l'eau de la caisse V. L'épuration physique s'achève dans une colonne E remplie de coke et divisée en deux compartiments. Le gaz traverse le premier compartiment de haut en bas et le second de bas en haut.

196. Épuration chimique. — Le gaz, dépouillé d'eau et de goudron, contient encore de l'acide sulfhydrique, du carbonate d'ammoniaque et du sulfhydrate d'ammoniaque. L'épuration chimique le débarrasse de ces corps. Pour cela on lui fait traverser des caisses F, F' garnies de claies superposées, sur lesquelles on a étendu un mélange de sesquioxyde de fer et de sulfate de chaux divisé par de la sciure de bois. Pour obtenir ce mélange, on le précipite, au moyen de la chaux éteinte, d'une dissolution concentrée de sulfate de fer; il se forme du sulfate de chaux et du protoxyde de fer insolubles. L'exposition à l'air pendant un certain temps fait passer le protoxyde à l'état de sesquioxyde.

Au contact de ce mélange, le sulfhydrate d'ammoniaque se change en sulfate d'ammoniaque et en acide sulfhydrique. Ce dernier est retenu par le peroxyde de fer, qui se transforme en sulfure. Le carbonate d'ammoniaque et le sulfate de chaux produisent du carbonate de chaux et du sulfate d'ammoniaque.

De temps en temps on lessive ces matières épurantes pour dissoudre le sulfate d'ammoniaque, et on les expose ensuite au contact de l'air en y ajoutant un peu de chaux. L'action combinée de l'air et de la chaux révivifie le mélange qui peut servir de nouveau.

A la sortie des caisses d'épuration, le gaz arrive par le

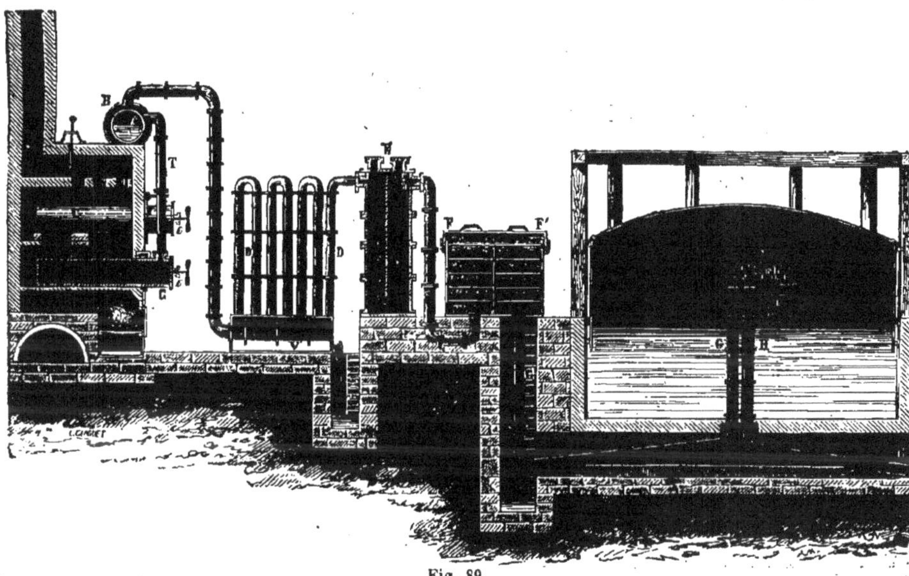

Fig. 89.

tube GG dans une grande cloche renversée sur l'eau et appelée *gazomètre*. Cette cloche est soutenue par des chaînes passant sur des poulies et soutenant ces contre-poids. Elle se soulève à mesure que le gaz arrive. Quand on veut lancer celui-ci par le tuyau HH dans les conduites de distribution, on retire une partie des contre-poids, la cloche descend par l'effet de son poids et chasse le gaz.

197. Becs. — Le gaz est brûlé dans des becs de systèmes différents.

1° Le bec bougie s'emploie dans l'éclairage d'ornement, dans les lustres ou candélabres ; le gaz en sort par un trou circulaire unique. La combustion est incomplète et ce bec est fort peu économique.

2° Le bec *papillon éventail* ou bec *chauve-souris,* dans lequel la combustion se fait déjà dans de meilleures conditions, grâce à la forme aplatie de la flamme, offre une plus grande surface de contact avec l'air. L'orifice de sortie du gaz est une fente pratiquée dans la tête du bec (fig. 90). Ce bec est employé pour l'éclairage public, pour l'extérieur des habitations.

3° Le bec *Manchester* doit être préféré au précédent à

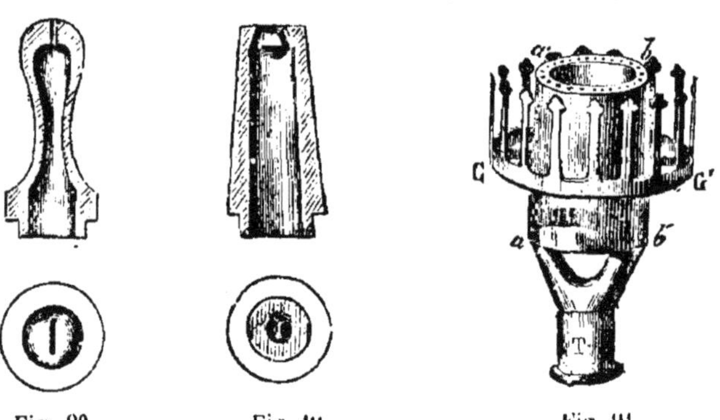

Fig. 90.   Fig. 91.   Fig. 91.

cause de l'éclat de la flamme qu'il fournit et de l'économie qu'il procure. Il a la forme d'un cône tronqué ; le gaz arrive dans un conduit central (fig 91.) jusqu'à une petite distance du sommet ; là il se divise pour suivre deux trous qui se recourbent l'un vers l'autre, de telle sorte que les deux jets

se rencontrent à la sortie. De ce choc résulte un aplatisse-
ment de la flamme, qui s'étale dans un plan perpendicu-
laire à l'orifice de sortie, et un ralentissement dans l'écoulement du gaz.

4° Les becs à double courant d'air dits *becs d'Argand* sont
circulaires. L'extrémité du tube conducteur T (fig. 92) se
bifurque et amène le gaz dans une
enveloppe annulaire *aa' bb'*, dont la
base supérieure forme une cou-
ronne percée de trous circulaires
en nombre variable. C'est par ces
trous que le gaz sort. L'air a de
nombreux points de contact avec
la flamme, puisqu'il arrive à l'extérieur et à l'intérieur de l'enveloppe
métallique. Ce bec porte ordinairement une galerie GG', sur laquelle
on pose une cheminée en verre
destinée à activer le tirage et à
rendre la flamme moins vacillante.

On a imaginé aussi, pour donner
à la flamme plus de fixité, d'entourer (fig. 93) la partie inférieure des becs d'une enveloppe E
en toile métallique ou en porcelaine percée de trous.

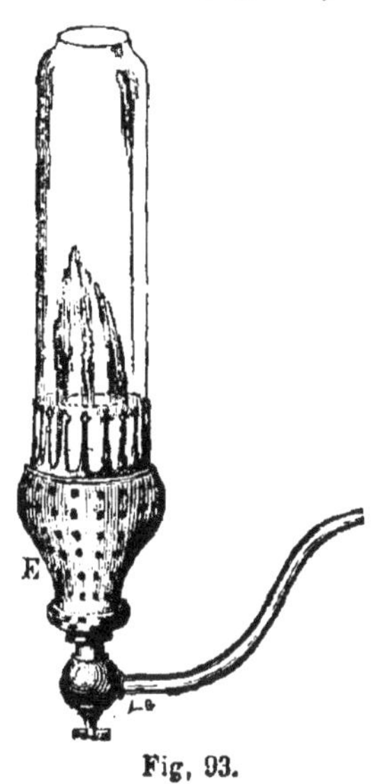

Fig. 93.

BORE ET SILICIUM.

198. Le bore et le silicium présentent les plus grandes
analogies avec le charbon. Tous deux peuvent être obtenus
à l'état cristallisé et fournissent alors une substance analogue au diamant. A l'état amorphe, le bore est vert, le silicium est brun. Tous deux peuvent s'obtenir sous une forme
analogue à celle du graphite.

Ils forment, avec l'oxygène, deux acides solides. L'un,
l'acide borique, entre dans la composition du borax ou bo-
rate de soude qui, lorsqu'il est fondu, a la propriété de dissoudre les oxydes métalliques et sert, par suite, au décapage

des métaux avant leur soudure; l'autre, l'acide silicique, entre dans la composition des poteries, des porcelaines, des verres, etc. Ce dernier corps est très-abondant dans la nature, où, à l'état de pureté, il constitue le cristal de roche ou quartz. L'agate, l'améthyste, la cornaline, sont du quartz coloré par des oxydes métalliques. Les pierres meulières, les cailloux ou silex, les grès, les sables, sont de la silice mêlée d'alumine et d'oxyde de fer.

CHAPITRE VIII

PHOSPHORE ET SES COMPOSÉS PRINCIPAUX.

PHOSPHORE.

199. Historique. — Le phosphore a été découvert, en 1669, par un marchand de Hambourg, nommé Brandt, qui tint son procédé secret. On sut seulement qu'il le retirait de l'urine. Kunckel [1], après avoir fait de vains efforts pour connaître le mode de préparation, parvint aussi à retirer le phosphore de l'urine. Plus tard, Gahn, chimiste suédois, découvrit du phosphore dans les os, et Schéele [2], son ami, trouva bientôt un moyen de l'extraire des cendres d'os. Le procédé qu'il indiqua est encore suivi de nos jours.

200. Préparation du phosphore. — Les os des animaux sont composés de matière organique, la gélatine, et de sels minéraux, le phosphate et le carbonate de chaux. Lorsqu'on les calcine, la matière organique brûle et on a un résidu formé des sels que nous venons de citer. C'est le phosphate que contient ce mélange qui va nous fournir le phosphore; mais il est irréductible par le charbon et doit

---

[1] Jean Kunckel, chimiste, né en 1630, dans le duché de Sleswig, mort à Stockholm en 1720.

[2] Schéele (Guillaume-Charles), célèbre chimiste, né à Stralsund en 1742, mort en 1786 : il était membre de l'Académie royale de Stockholm.

d'abord être transformé en phosphate *réductible*. Pour cela, on fait agir sur la cendre d'os l'acide sulfurique, qui transforme le carbonate de chaux en sulfate et qui, enlevant au phosphate les deux tiers de la chaux pour former avec elle du sulfate de chaux, le transforme en phosphate réductible et soluble.

On traite par l'eau le mélange de sulfate et de phosphate soluble, ce dernier seul se dissout. On évapore sa dissolution jusqu'à consistance sirupeuse, on y incorpore une certaine quantité de charbon et on chauffe au rouge sombre pour chasser l'acide sulfurique, qui, décomposé par le charbon, se dégage à l'état d'acide sulfurique.

La masse sèche et concassée est placée dans des cornues de grès C (fig. 94), dont le col vient entrer dans le bec *a* du récipient en cuivre R, qui contient de l'eau jusqu'au tropplein *b*. Le récipient R est luimême plongé dans une bassine B contenant de l'eau froide. On chauffe au rouge vif, le phosphate perd une partie de son acide phosphorique qui est désoxydé par le charbon. Le phosphore provenant de cette réduction distille et se condense en R; son oxygène forme avec le charbon de l'oxyde de carbone. La portion d'acide phosphorique non décomposée donne, avec la chaux, du phosphate insoluble qui reste comme résidu dans le fond des cornues.

Fig. 94.

Le phosphore, à la sortie des cornues, est très-impur. Pour le débarrasser des matières étrangères qu'il contient, on le fond sous l'eau et on le fait passer à travers une peau de chamois; on le coule ensuite dans des tubes de verre où il se fige.

201. Propriétés physiques et chimiques. — Le phosphore est solide à la température ordinaire; récemment fondu, il est flexible et peut être rayé par l'ongle. Il est incolore ou légèrement jaune. Son odeur rappelle celle de l'ail, sa densité est 1,83. Il fond à 44° et bout à 290°. Insoluble dans l'eau, il est soluble dans le sulfure de carbone et dans la benzine, où l'on peut le faire cristalliser. Il a la propriété de luire dans l'obscurité.

Le phosphore peut subir des modifications moléculaires assez curieuses.

Distillé plusieurs fois, puis chauffé à 70° et refroidi brusquement dans l'eau à 0°, il devient noir. Le phosphore noir, chauffé de nouveau, reprend son état primitif.

202. L'action prolongée de la lumière solaire ou de la chaleur transforme le phosphore ordinaire en phosphore rouge, qui est doué de propriétés particulières. Sa densité est 1,96. Il ne peut cristalliser, est insoluble dans le sulfure de carbone, n'est pas phosphorescent et s'enflamme à 260°, tandis que le phosphore ordinaire s'enflamme à l'air à 60°; il n'a pas les propriétés vénéneuses du phosphore ordinaire.

On le prépare en maintenant du phosphore, dans un vase fermé, à 170° pendant dix à douze jours.

Le phosphore rouge est employé, comme nous le verrons, dans la préparation des allumettes dites *allumettes au phosphore amorphe.*

203. Le phosphore ordinaire a une très-grande affinité pour l'oxygène. Exposé humide à l'action de l'air, il y répand des fumées blanches et se transforme en acide phosphoreux. Il s'enflamme à 60°, en donnant lieu à de l'acide phosphorique. Sa facile inflammation en rend le maniement dangereux. Sa combustion vive, au milieu de l'oxygène, donne lieu à de l'acide phosphorique. Il se combine directement au chlore en s'enflammant spontanément.

204. Le phosphore forme trois composés avec l'hydrogène : le phosphure solide, qui est un corps jaune ; le phosphure liquide, qui s'enflamme au contact de l'air, et le phosphure gazeux.

On prépare un hydrogène phosphoré spontanément inflammable, en chauffant dans un ballon de la potasse en dissolution et du phosphore, ou bien encore en chauffant

(fig. 95) dans un ballon des boulettes faites avec de la chaux
délayée dans l'eau, et au centre desquelles on a introduit
un petit morceau de phosphore.

Fig. 95.

Le gaz qui se dégage s'enflamme spontanement à l'air et
y produit des couronnes blanches, dont le diamètre s'a-
grandit à mesure qu'elles s'élèvent dans l'air. Il doit son
inflammabilité à la présence d'hydrogène phosphoré liquide en vapeur.

On peut aussi produire ce gaz en jetant dans de l'eau du
phosphure de calcium.

Il se forme spontanément, dans les lieux où sont enfouies
des matières organiques en décomposition, dans les marais, dans les cimetières humides. Le phosphore que contiennent ces substances s'unit à l'hydrogène naissant que
produit la putréfaction; l'hydrogène phosphoré formé s'é-
chappe par les fissures du sol, s'enflamme à l'air, et donne
lieu à ce que l'on désigne sous le nom de *feux follets, feux
ardents, flambards.*

205. **Usages.** — Le phosphore est employé à la fabrication des *allumettes chimiques.* Cette fabrication consomme

annuellement 3 600 kilogr. de phosphore ordinaire et 2 000 kilogr. de phosphore amorphe.

Les propriétés toxiques du phosphore le font employer dans la composition d'une pâte destinée à empoisonner les rats.

Les allumettes chimiques ordinaires se fabriquent de la manière suivante.

206. Fabrication des allumettes. — Les allumettes ordinaires sont généralement faites en bois de tremble ou de peuplier blanc de Hollande, les allumettes rondes en bois de pin.

On coupe le bois en bûches et on le fait sécher au four. On le débite en bûchettes cylindriques de $0^m,5$ à $0^m,10$ de hauteur, qu'on refend à leur tour à l'aide d'un outil spécial. Les allumettes rondes sont préparées au moyen d'un rabot mécanique qui débite le bois en longues baguettes. Cette opération se fait principalement en Autriche et dans le Wurtemberg, où nos marchands achètent les tiges entières pour les couper ensuite à la scie circulaire.

Ainsi débitées, les allumettes sont plongées, par paquets, jusqu'à une hauteur de $0^m,005$ à $0^m,006$, dans un bain de soufre fondu. On les sèche ensuite à l'étuve et on garnit l'extrémité soufrée d'une pâte inflammable; il suffit, pour cela, de les poser sur une table de marbre maintenue tiède et recouverte de la pâte inflammable sur une épaisseur de $0^m, 003$.

La composition de la pâte peut varier. Voici deux recettes qui sont employées :

<table>
<tr><td colspan="2">Pâte à la colle.</td><td colspan="2">Pâte à la gomme.</td></tr>
<tr><td>Phosphore.........</td><td>2,5</td><td>Phosphore.........</td><td>2,5</td></tr>
<tr><td>Colle forte.........</td><td>2,0</td><td>Gomme...........</td><td>2,5</td></tr>
<tr><td>Eau..............</td><td>4,5</td><td>Eau..............</td><td>3,0</td></tr>
<tr><td>Sable fin..........</td><td>2,0</td><td>Sable fin..........</td><td>2,0</td></tr>
<tr><td>Ocre rouge........</td><td>0,5</td><td>Ocre rouge........</td><td>0,5</td></tr>
<tr><td>Vermillon ....</td><td>0,1</td><td>Vermillon ....</td><td>0,1</td></tr>
</table>

Les allumettes sont ensuite séchées à l'étuve.

Quand on veut les enflammer, il suffit de frotter l'extrémité garnie de pâte contre un autre corps. Le frottement dégage assez de chaleur pour enflammer le phosphore ; sa combustion enflamme le soufre qui, en brûlant lui-même, détermine l'inflammation de l'allumette.

L'odeur désagréable d'acide sulfureux que produit le soufre en brûlant peut être évitée en remplaçant ce corps par l'acide stéarique. Mais, comme celui-ci est moins facilement inflammable que le soufre, on introduit dans la pâte un peu de chlorate de potasse destiné à activer la combustion.

Allumettes bougies. — On trouve, dans le commerce, des allumettes-bougies, qui ont l'avantage de brûler pendant un temps plus long que les allumettes en bois. Elles se fabriquent de la manière suivante. Cent ou deux cents mèches, composées de brins de coton non tordus, se déroulent d'un cylindre et sont maintenues écartées par les dents d'un peigne. Elles passent dans un bain de cire fondue et dans une filière qui régularise la couche de cire. Un couteau mécanique coupe toutes ces bougies à la longueur voulue. On les garnit ensuite de pâte inflammable, dans laquelle doit entrer du chlorate de potasse destiné à activer la combustion de la cire.

Allumettes au phosphore amorphe. — La facilité avec laquelle les allumettes s'enflamment, les propriétés toxiques du phosphore qu'elles renferment, constituent un double danger qui peut être évité par l'emploi des allumettes au phosphore rouge ou phosphore amorphe.

L'allumette est garnie d'une pâte composée de six parties de chlorate de potasse, trois parties de sulfure d'antimoine et une partie de colle forte. Pour être enflammée, l'allumette doit être frottée sur un carton recouvert de la composition suivante :

Phosphore amorphe en poudre......... 10
Sulfure d'antimoine.................. 8
Colle 3

L'allumette ne peut s'enflammer d'elle-même, puisqu'elle ne contient pas de phosphore. Lorsqu'on la frotte sur le

carton, elle en détache des particules de phosphore qui suffisent à l'enflammer.

L'emploi du phosphore rouge conjure le danger d'empoisonnement.

ARSENIC.

207. Propriétés physiques et chimiques. — L'arsenic
est un corps solide, gris d'acier, cristallisant assez facilement. Sa densité est 5,63. Il se volatilise au rouge sombre
sans se fondre. Projeté sur des charbons ardents, il se vaporise en répandant une odeur d'ail caractéristique.

En brûlant, il produit de l'acide arsénieux, corps blanc,
vulgairement appelé *arsenic* ou *mort aux rats*. C'est un poison violent, que l'on doit combattre en provoquant des vomissements qui expulsent l'acide que contient encore l'estomac. On fait ensuite avaler au malade de la magnésie ou
de l'hydrate de sesquioxyde de fer, qui forment avec l'acide
arsénieux des composés insolubles.

L'arsénite vert d'oxyde de cuivre est employé, en peinture, sous le nom de *vert de Scheele*.

L'arsenic forme, avec l'oxygène, un acide plus oxygéné
que le précédent et qu'on appelle acide arsénique.

Avec l'hydrogène, il forme un composé gazeux qu'on
appelle arséniure d'hydrogène et qui est un poison violent.

LIVRE II

MÉTAUX

CHAPITRE I

PROPRIÉTÉS GÉNÉRALES.

208. Nous avons vu que les métaux sont des corps possédant, quand ils sont en masse suffisante, un éclat particulier appelé *éclat métallique*, qu'ils conduisent bien la chaleur et l'électricité, et ont pour caractère essentiel de former, avec l'oxygène, au moins une base.

209. **Opacité et couleur des métaux.** — Les métaux présentent, en général, une opacité très-grande, car ils ne laissent point passer de lumière, même lorsqu'ils sont réduits en feuilles d'une épaisseur extrêmement petite. Cependant l'or, à l'état de feuilles très-minces, telles que celles dont se servent les doreurs, laisse passer une quantité notable de lumière d'une belle couleur verte.

La plupart des métaux ont une couleur grise, plus ou moins foncée lorsqu'ils sont pulvérulents; quand ils sont agrégés et polis, ils deviennent plus blancs. Quelques métaux ont une couleur prononcée; ainsi, le cuivre est rouge, l'or est jaune.

210. **Malléabilité des métaux.** — Lorsqu'on soumet les métaux au choc du marteau, on reconnaît que les uns s'aplatissent en lames, que les autres se brisent; les premiers sont appelés *métaux malléables,* les seconds *métaux cassants.*

9.

On réduit les métaux en lames, soit par le battage au marteau, soit en les faisant passer au *laminoir*.

Le laminoir se compose de deux cylindres d'acier ou de fonte de fer (fig. 96), dont la surface, unie et polie, est très-dure. Ils sont placés horizontalement l'un au-dessus de l'autre et marchent en sens contraire, par suite du mouve-

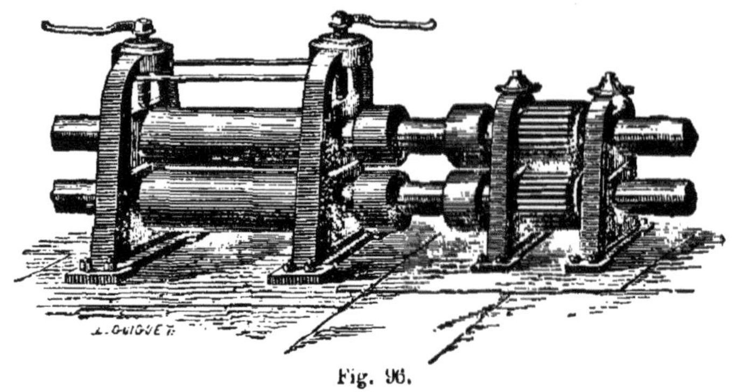

Fig. 96.

ment de roues d'engrenage, dont l'une est soumise à l'action d'un moteur. Les cylindres peuvent être placés à des distances différentes l'un de l'autre par l'action des vis que représente la figure, que l'on peut faire monter ou descendre à l'aide des clefs dont elles sont armées. On leur donne un écartement moindre que l'épaisseur de la lame métallique que l'on veut étirer. On amincit celle-ci sur l'un de ses bords, de manière qu'on puisse l'introduire d'une petite quantité entre les deux cylindres. Lorsqu'elle est ainsi engagée dans l'intervalle qui les sépare, elle est obligée de les suivre dans leur mouvement et de s'étendre de manière à ne conserver que l'épaisseur égale à leur écartement. On peut ensuite la faire passer de nouveau entre les cylindres que l'on a rapprochés davantage en serrant les vis, et on obtient ainsi des feuilles de plus en plus minces.

Quelques métaux peuvent être laminés à froid; d'autres ont besoin d'être portés à une température plus ou moins élevée.

Pendant son passage au laminoir, le métal éprouve souvent, dans sa structure moléculaire, un changement qui

en altère la malléabilité et le rend cassant ; et, si l'on vou-
lait continuer le laminage, les feuilles se gerceraient et se
déchireraient. On dit alors que le métal s'est *écroui.* On lui
rend ses propriétés primitives en le *recuisant,* c'est-à-dire
en le chauffant au rouge et en le laissant ensuite refroidir
lentement.

Les métaux usuels peuvent être rangés, au point de vue
de leur malléabilité, dans l'ordre suivant :

Or,	Platine,
Argent,	Plomb,
Aluminium,	Zinc,
Cuivre,	Fer,
Etain,	Nickel.

211. Ductilité des métaux. — La ductilité est la faculté
qu'ont les métaux de pouvoir s'étirer en fils plus ou moins
fins. Il n'y a de *ductiles* que les métaux malléables ; mais il
faut, de plus, qu'ils soient capables de ne pas se rompre
sous l'effort de la traction qu'il faut exercer sur eux pour
les étirer en fils.

On se sert, pour fabriquer les fils métalliques, d'une machine appelée *banc à tirer.* Elle se compose d'un banc en

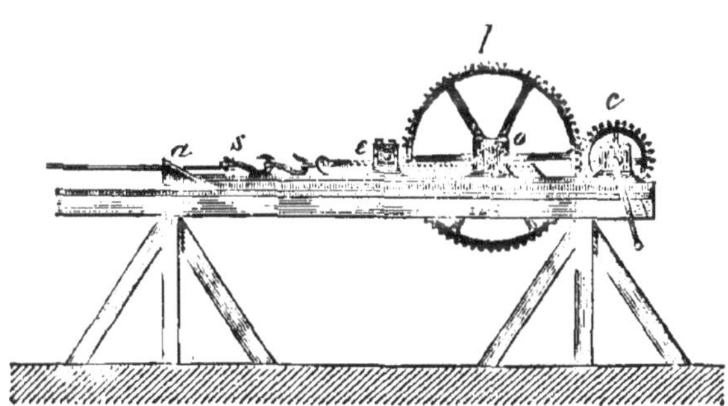

Fig. 97.

bois, formé de madriers assemblés et solidement fixés au
sol. A l'un des bouts du banc se trouve une forte pièce de
fonte *a* (fig. 97), sur laquelle on ajuste une plaque d'acier

trempé, appelée *filière*, dans laquelle sont pratiquées des ouvertures de diamètres différents.

Les bords de ces ouvertures sont aiguisés. A l'autre bout se trouve un système d'engrenage *c*, *l*, mû à la main ou à la vapeur, et engrenant avec une crémaillère *e* ou une chaîne de fer articulée. La tige métallique est effilée, à l'une de ses extrémités, de manière à passer, par exemple, dans le trou n° 1 de la filière. On saisit cette extrémité avec une pince S, fixée à la chaîne ou à la crémaillère, et on fait tourner lentement l'engrenage, de manière à exercer sur le fil une traction qui le force à passer à travers le trou. A mesure qu'il passe à travers le trou 1 il en prend la forme et le diamètre. Pour avoir des fils de plus en plus fins, il faut faire passer le métal à travers les trous n°ˢ 2, 3, 4, qui ont des diamètres de plus en plus petits.

Les métaux s'écrouissent pendant cette opération, comme pendant le laminage, et, de temps en temps, on est obligé de les recuire pour leur rendre leur ductilité primitive.

Au point de vue de la ductilité, les métaux usuels peuvent être rangés dans l'ordre suivant :

Or,	Cuivre,
Argent,	Zinc,
Platine,	Etain,
Aluminium,	Plomb.
Fer,	

212. Ténacité des métaux. — La ténacité des métaux est la propriété qu'ils possèdent de résister à des efforts assez considérables sans se rompre. On peut représenter la ténacité du métal par le nombre de kilogrammes dont il faut charger un fil de 1 millim. carré de section pour en déterminer la rupture. On a trouvé les nombres suivants :

Nickel,	80 kilogr.	Or,	16,5.
Fer,	62,3.	Zinc,	12,4.
Cuivre,	34,4.	Etain,	3,9.
Platine,	31,2.	Plomb,	2,4.
Argent,	21,1.		

213. Dureté des métaux. — Les métaux peuvent être considérés au point de vue de leur dureté ou de la facilité avec laquelle ils rayent certains corps ou sont rayés par eux.

Le chrôme raye et coupe le verre.

Le fer, le nickel et le zinc sont rayés par le verre, mais rayent le spath d'Islande ou carbonate de chaux.

Le platine, le cuivre, l'or, l'argent, l'étain, sont rayés par le carbonate de chaux.

Le plomb est rayé par l'ongle.

Le potassium et le sodium peuvent être pétris entre les doigts.

Le mercure est liquide à la température ordinaire.

214. Fusibilité des métaux. — Tous les métaux, à l'exception de l'osmium, ont été fondus.

Le tableau suivant indique leur point de fusion.

TEMPÉRATURE DE FUSION.

Mercure............	— 39°	Aluminium, tempér. rouge.
Potassium...	+ 55°	Argent.. 1000° (rouge vif).
Sodium	90°	Cuivre .... 1100°
Étain............ ..	228°	Or................ 1250°
Plomb.............	335°	Fer forgé........ 1500°
Zinc	410°	Platine........... 2000°

215. Volatilité. — Il n'est aucun métal qui soit absolument fixe. Tous ont pu être volatilisés; le platine lui-même l'a été par M. Henri Sainte-Claire Deville.

CLASSIFICATION DES MÉTAUX

302. — Les métaux ont été groupés en six classes par Thénard, qui a fondé sa classification sur l'affinité de ces corps pour l'oxygène.

Cette affinité peut être appréciée par trois caractères :

1° Par la manière dont les métaux se comportent aux différentes températures, en présence de l'oxygène et de l'air. Le potassium et le sodium s'oxydent rapidement en présence de l'air sec. L'or, le platine et l'argent résistent à l'oxydation à toutes les températures. Les autres métaux s'oxydent, soit lentement à l'air humide, soit rapidement aux températures élevées;

2° Par la facilité plus ou moins grande avec laquelle la chaleur décompose les oxydes métalliques;

3° Par l'action que les métaux exercent aux diverses températures sur l'eau, soit en présence des acides, soit en présence des bases.

Depuis Thénard, les propriétés des différents métaux ont été mieux étudiées et on a dû modifier la classification des métaux. Nous adopterons celle que M. Debray a donnée dans son Traité de chimie et nous la résumerons dans le tableau suivant, où les noms des métaux les plus importants sont imprimés en caractères plus gros.

PREMIÈRE FAMILLE — METAUX COMMUNS.					DEUXIÈME FAMILLE. MÉTAUX INTERMÉDIAIRES.	TROISIÈME FAMILLE. MÉTAUX PRÉCIEUX	
Ils s'oxydent à une température plus ou moins élevée. Leurs oxydes sont irréductibles (du moins complétement) par la chaleur seule.					Ils ne s'oxydent pas sensiblement à l'air; leurs oxydes sont irréductibles par la chaleur et même par le charbon et l'hydrogène seuls.	Leurs oxydes se décomposent facilement par la chaleur, et le métal est régénéré.	
1re SECTION.	2e SECTION.	3e SECTION.	4e SECTION.	5e SECTION.	6e SECTION.	7e SECTION.	8e SECTION.
Ils décomposent l'eau à la température ordinaire.	Ils décomposent l'eau vers 100°.	Ils décomposent l'eau vers le rouge et à froid en présence des acides énergiques.	Ils décomposent l'eau au-dessus du rouge, mais pas à froid en présence des acides énergiques. Leur tendance à former des oxydes acides fait qu'ils décomposent l'eau en présence des bases énergiques.	Ils ne décomposent l'eau qu'à une température très-élevée et encore très-faiblement. Ils ne la décomposent ni en présence des bases, ni en présence des acides énergiques.	»	Ils s'oxydent à une température peu élevée; mais une température plus élevée réduit l'oxyde formé.	Ils sont inaltérables à toutes les températures.
POTASSIUM. SODIUM. LITHIUM. Cœsium. Rubidium. } Métaux alcalins. BARYUM. STRONTIUM. CALCIUM. } Métaux alcalino-terreux.	MAGNÉSIUM. MANGANÈSE.	FER. NICKEL. Cobalt. CHRÔME. ZINC. Cadmium. Vanadium. Uranium. Thallium. Gallium.	Tungstène. Molybdène. Osmium. Tantale. Titane. ETAIN. ANTIMOINE. Niobium.	CUIVRE. PLOMB. Bismuth.	ALUMINIUM. Glucinium.	MERCURE. Palladium. Rhodium. Ruthenium.	ARGENT. PLATINE. OR. Iridium.

CHAPITRE II

517. Utilité des alliages. — Les alliages métalliques sont des composés qu'il faut placer parmi les corps les plus utiles que nous connaissions. La plupart des métaux ne pouvant être employés à l'état isolé, parce que chacun d'eux ne possède que rarement toutes les propriétés exigées par telle ou telle application industrielle, on modifie leurs propriétés en les alliant ensemble suivant des proportions différentes.

L'or et l'argent, par exemple, sont trop mous pour pouvoir être employés aux différents usages auxquels on les destine (fabrication des monnaies, des bijoux, etc.), on leur donne la dureté nécessaire en les unissant à une petite quantité de cuivre.

Pour la construction des canons, on a besoin d'un métal qui soit dur sans être cassant, qui puisse être moulé et travaillé au tour. Le cuivre pur réunit une partie de ces qualités, mais il est trop mou; on corrige ce défaut en l'alliant à l'étain dans la proportion de 90 parties de cuivre pour 10 d'étain. On obtient alors le *bronze*, qui est aussi employé pour la fabrication d'objets d'art, statues, candélabres, etc.

Pour les caractères d'imprimerie, il faut un métal facilement fusible, prenant exactement l'empreinte du moule, jouissant d'une certaine dureté sans être cassant. Aucun métal ne présente toutes ces qualités réunies, tandis qu'on les rencontre dans un alliage de 80 parties de plomb et de 20 d'antimoine.

218. Préparation. — Les alliages métalliques se préparent en fondant ensemble les métaux que l'on veut allier. Si l'un des métaux est très-oxydable, il convient de recouvrir le bain avec de la poudre de charbon, qui le préserve du contact de l'air.

219. Propriétés. — Ce sont, en général, de véritables combinaisons chimiques, ordinairement dissoutes dans un excès de l'un des métaux constituants. Souvent un même alliage est formé de plusieurs de ces combinaisons.

Les alliages ont les plus grands rapports avec les métaux qui les constituent. Ils sont toujours plus fusibles que le moins fusible de ceux qui entrent dans leur composition; ils sont, en général, plus durs que les métaux constituants, mais souvent moins tenaces, moins malléables et moins ductiles.

Les alliages sont, en général, moins oxydables que les métaux qu'ils renferment; cependant, si l'un des métaux, en s'oxydant, peut passer à l'état d'acide et l'autre à l'état de base, l'oxydation de l'alliage est plus rapide que celle des métaux isolés.

COMPOSITION DES PRINCIPAUX ALLIAGES EMPLOYÉS DANS L'INDUSTRIE.

Monnaies	Or	900
	Cuivre	100
Bijouterie d'or	Or	750
	Cuivre	250
Monnaies d'argent (pièces de 5 fr., 2 fr., 1 fr.)	Argent	900
	Cuivre	100
Monnaies d'argent (pièces de 50 c. et 20 c.)	Argent	835
	Cuivre	165
Vaisselle et médaille d'argent	Argent	950
	Cuivre	50
Bijouterie d'argent	Argent	800
	Cuivre	200
Bronze des monnaies et des médailles	Cuivre	95
	Étain	4
	Zinc	1
Bronze des canons	Cuivre	90
	Étain	10
Bronze des cloches	Cuivre	78
	Étain	22

Bronze des tamtams et des cymbales.....	Cuivre	80
	Étain.......	20
Chrysocale	Cuivre......	90
	Zinc	10
Laiton ou cuivre jaune.................	Cuivre	65
	Zinc.......	35
Maillechort.,....................	Cuivre	50
	Zinc.......	25
	Nickel......	25
Métal anglais.....................	Étain	100
	Antimoine..	8
	Bismuth....	1
	Cuivre......	4
Poterie d'étain (vaisselle et robinets).....	Étain	92
	Plomb......	8
Caractères d'imprimerie...............	Plomb	80
	Antimoine..	20
Mesures d'étain (litre, décilitre)..........	Étain	82
	Plomb	18
Soudure des plombiers................	Étain	67
	Plomb	33

CHAPITRE III

ACTION DE L'OXYGÈNE, DU SOUFRE ET DU CHLORE SUR LES MÉTAUX.

220. Action de l'oxygène et de l'air sec. — L'oxygène sec n'a d'action *à froid* que sur le potassium; tous les autres métaux résistent à son action comme à celle de l'air. Mais, à une température élevée, tous les métaux s'oxydent, en présence de l'oxygène sec ou de l'air sec, à l'exception toutefois de l'or, de l'argent et du platine.

En général, l'absorption de l'oxygène est accompagnée d'un dégagement de chaleur plus ou moins considérable, qui se manifeste quelquefois par une vive incandescence; tel est le cas du zinc, qui, chauffé dans un creuset ouvert, brûle avec flamme; de l'antimoine, qui, coulé dans l'air, rejaillit sur le sol en gouttelettes incandescentes, brûlant avec éclat et produisant des fumées d'oxyde d'antimoine.

Pour que la combustion soit complète, il faut qu'il y ait toujours contact entre l'oxygène et le métal, ce qui arrive lorsque celui-ci est volatil, comme le zinc, ou lorsque son oxyde facilement fusible se détache de lui et met constamment sa surface à nu. Ce dernier cas se présente dans la combustion vive du fer au milieu de l'oxygène.

221. Action de l'oxygène humide. — L'oxygène humide n'exerce d'action, à la température ordinaire, que sur les métaux de la première section, qui ont la propriété de décomposer l'eau à froid pour se combiner avec son oxygène. Il n'a d'action sur les autres métaux que lorsqu'il renferme des acides; la présence des plus faibles et des plus dilués suffit pour déterminer l'oxydation. Dans ce cas, le métal s'oxyde d'autant plus facilement que l'oxyde qui tend à se former a plus d'affinité pour l'acide.

222. Action de l'air humide. — A l'exception de l'or, de l'argent et du platine, tous les métaux s'oxydent à l'air humide.

L'acide carbonique que renferme l'air est la cause déterminante de l'oxydation. Le fer, par exemple, qui s'oxyde si facilement dans l'air humide, ne s'oxyde pas dans l'eau privée d'acide carbonique. Il ne s'altère même pas dans l'eau ordinaire, lorsqu'elle contient une matière capable de fixer cet acide. On sait que, dans les savonneries, les instruments en fer restent parfaitement brillants, parce qu'ils sont ordinairement plongés dans les liquides contenant en dissolution des alcalis qui se combinent à l'acide carbonique.

Les fabricants de glaces, lorsqu'ils ne travaillent pas, préservent les plaques de fonte dont ils se servent dans l'étamage, en les recouvrant d'une bouillie de chaux capable d'absorber l'acide carbonique et de détourner son action.

Pour certains métaux, l'oxydation n'est jamais profonde; tels sont, par exemple, le zinc, le plomb, le cuivre, qui se recouvrent, à l'air humide, d'une couche adhérente de carbonate hydraté de zinc, de cuivre ou de plomb. Cette couche agit alors comme un vernis protecteur et les préserve d'une oxydation plus profonde.

Pour le fer, au contraire, non-seulement l'oxyde formé est perméable, non adhérent et ne protége pas le métal, mais il se crée une action secondaire qui fait que l'oxydation, d'abord lente à se produire, se propage avec rapidité dès qu'elle est commencée. L'oxygène de l'air, en présence de l'acide carbonique, oxyde le fer qui tend à se transformer en carbonate de protoxyde. Mais ce carbonate se transforme bientôt lui-même en sesquioxyde de fer, ou rouille, qui forme, avec le fer encore métallique, un couple voltaïque dans lequel le métal joue le rôle de pôle négatif. Ce couple décompose l'eau, dont l'oxygène s'unit au fer. Quant à l'hydrogène naissant, il se dégage ou se combine avec l'azote pour former de l'ammoniaque. C'est ce qui explique la présence de ce dernier corps dans la rouille qui recouvre le fer.

223. Moyens de préserver les métaux de l'oxydation. — L'importance et le grand nombre des applications industrielles des métaux et surtout du fer ont fait rechercher les moyens de les préserver de l'oxydation.

On recouvre le fer et le cuivre d'une couche d'étain, métal moins oxydable et moins attaquable par les acides. Le fer recouvert d'étain est appelé *fer-blanc* ou *fer étamé*. Souvent aussi le fer est, dans ce but, recouvert de zinc. On l'appelle alors *fer galvanisé*. Ce dernier est supérieur au fer-blanc, parce que, dans le fer-blanc, le fer et l'étain forment un couple voltaïque dans lequel le fer est l'élément oxydable. Aussi, lorsqu'en coupant une lame de fer-blanc, on a mis quelques points du fer en contact avec l'air, on voit ce métal s'altérer rapidement. Le fer galvanisé résiste mieux, parce que, dans le couple voltaïque formé par le fer et le zinc, c'est ce dernier qui est l'élément oxydable.

C'est aussi dans le but de les garantir de l'oxydation que l'on recouvre d'émail certains ustensiles de ménage en fer ou en fonte

224. Action du soufre sur les métaux. — Le soufre sec

n'agit pas sur les métaux à la température ordinaire; mais, chauffé, il se combine avec eux, et souvent même il y a dégagement de chaleur, comme nous l'avons vu à propos du cuivre.

En présence de l'eau, la combinaison du soufre et du métal se fait à la température ordinaire. Ainsi, deux parties de limaille de fer et une partie de fleur de soufre, mélangées avec un peu d'eau tiède, se combinent bientôt avec dégagement de chaleur et vaporisation de l'eau introduite dans la pâte.

225. Action du chlore sur les métaux. — Le chlore peut se combiner directement avec tous les métaux.

Si l'on descend dans un flacon de chlore des fils de cuivre légèrement chauffés, ils se combinent avec le chlore, et la chaleur dégagée par la combinaison suffit pour faire rougir le cuivre et faire fondre le chlorure formé.

CHAPITRE IV

SELS.

326. Définition des sels. — On appelle *sel* le résultat de la combinaison d'un acide et d'une base.

Lorsqu'on combine un acide et une base, on peut employer des quantités de ces deux corps telles qu'après la combinaison les propriétés de l'un soient masquées, neutralisées par les propriétés de l'autre, et réciproquement, c'est-à-dire que le sel résultant n'ait plus la propriété que possédait l'acide de rougir la teinture bleue de tournesol, ni celle que possédait la base de bleuir cette même teinture rougie par un acide. On dit alors que le sel est *neutre;* quoique cette définition du sel neutre ne soit pas générale, nous l'admettrons.

227. Sel acide. — En partant de la définition du sel neutre, on appellera *sel acide* tout sel dans lequel la pro-

portion d'acide combiné sera plus grande que dans le sel
neutre du même genre. Le bisulfate de potasse, qui contient deux fois plus d'acide que le sulfate neutre, sera dit
un sel acide.

228. Sel basique. — On appellera au contraire *sel basique*,
tout sel dans lequel la proportion de base combinée sera
plus grande que dans le sel neutre du même genre. Ainsi,
en faisant digérer de l'oxyde de plomb avec de l'acétate
neutre de plomb, on obtient un acétate tribasique de plomb
contenant trois fois plus d'oxyde de plomb que l'acétate
neutre.

PROPRIÉTÉS GÉNÉRALES DES SELS.

229. Tous les sels sont solides, d'une densité plus grande
que celle de l'eau; tous sont susceptibles de cristalliser en
passant peu à peu de l'état liquide à l'état solide.

Ils se présentent à nous sous différentes couleurs et avec
les saveurs qui varient suivant leur nature.

230. Action de l'eau sur les sels. — L'eau dissout un
grand nombre de sels, mais il en est qui sont complétement
insolubles dans ce liquide. En général, la solubilité d'un
sel augmente avec la température; quelques-uns cependant
se comportent d'une manière différente. Le sulfate de chaux
ou plâtre est moins soluble à 100° qu'à la température
ordinaire; il présente un maximum de solubilité vers 35°;
le sulfate de soude présente un maximum à 33°.

Lorsqu'un sel cristallise dans l'eau, il entraîne toujours
avec lui une certaine quantité du liquide. Lorsque l'eau est
seulement interposée entre les différentes couches de molécules dont l'ensemble forme le cristal, on l'appelle *eau
d'interposition;* c'est elle qui, en se vaporisant, fait décré-
piter certains sels quand on les chauffe.

Un grand nombre de sels contiennent l'eau à un autre
état qu'à l'état d'eau d'interposition; ils sont combinés avec
elle et sont de véritables hydrates. Cette eau est appelée *eau
d'hydratation.*

L'eau d'interposition et l'eau d'hydratation peuvent, à

l'aide de la chaleur, être enlevées à un sel, sans que ses propriétés chimiques soient modifiées; si on le dissout de nouveau dans l'eau et qu'on le fasse cristalliser, il reprendra, en cristallisant, la quantité d'eau qui lui avait été enlevée.

Mais il peut arriver que l'eau joue un rôle plus essentiel dans la composition des sels, et que, si l'on vient alors à la leur enlever, leurs propriétés soient radicalement modifiées. Elle est dite alors *eau de constitution*.

231. Sels efflorescents. Sels déliquescents. — Certains sels exposés à l'air peuvent, comme le carbonate de soude, céder à l'atmosphère une partie de l'eau qu'ils contiennent, perdre leur transparence et se transformer même en poussière. Ils sont dits alors *sels efflorescents*. D'autres, au contraire, comme le carbonate de potasse, absorbent l'humidité de l'air et s'y dissolvent peu à peu; ils sont *déliquescents*.

232. Action de la chaleur sur les sels. — La chaleur décompose un grand nombre de sels; mais, avant de se décomposer, ils éprouvent une véritable fusion. Il y a lieu de distinguer deux phases dans cette fusion. Lorsque le sel est hydraté, l'action de la chaleur commence par séparer de lui l'eau d'hydratation dans laquelle il se dissout. On dit alors qu'il subit la *fusion aqueuse*. — L'action de la chaleur continuant, l'eau s'évapore, le sel devenu anhydre fond de nouveau et subit ce qu'on appelle la *fusion ignée*.

233. Action de l'électricité sur les sels. Décomposition des sels. — Lorsqu'on soumet à l'action d'un courant électrique la dissolution d'un sel dont le métal ne décompose pas l'eau à la température ordinaire, on constate sur l'électrode négative le dépôt du métal du sel, sur l'électrode positive un dégagement d'oxygène et la présence de l'acide du sel. C'est sur ce principe qu'est fondée la galvanoplastie[1].

234. Action de la lumière. — La lumière agit sur certains sels, spécialement sur les sels d'argent, pour les décomposer. Cette propriété fait la base des procédés photographiques[2].

---

[1] Voir nos *Leçons de physique*.
[2] *Ibid.*

235. Action des métaux. — Les dissolutions salines peuvent être décomposées par des métaux. En général, *un métal oxydable déplace toujours un métal moins oxydable.* C'est ainsi qu'une lame de zinc, plongée dans une dissolution de cuivre, précipitera le cuivre à l'état métallique et se transformera en sulfate de zinc.

236. Action des acides, des bases, sur les sels, et des sels entre eux. — Berthollet a établi la loi suivante, qui est d'une très-grande importance : *Chaque fois que du mélange d'un acide et d'un sel, ou d'une base et d'un sel, ou de deux sels entre eux pourra résulter un composé moins soluble ou plus volatil que ceux que l'on emploie, ce composé se formera.* Ainsi, par exemple, versons de l'acide sulfurique dans de l'azotate de baryte en dissolution ; l'acide sulfurique pouvant former avec la baryte un corps insoluble, le sulfate de baryte, la décomposition a lieu, le sulfate de baryte se précipite, et l'acide azotique reste dans la dissolution.

Ces phénomènes s'interprètent aujourd'hui par des considérations autres que celles auxquelles Berthollet les rapportait. On fait intervenir les quantités de chaleur dégagées dans les réactions.

M. Berthelot a posé le principe suivant : Tout changement chimique accompli sans l'intervention d'une énergie étrangère (chaleur, lumière, électricité) tend vers la production du corps ou du système de corps qui dégage le plus de chaleur.

L'acide sulfurique décompose, par exemple, l'azotate de baryte, parce que le sulfate de baryte donne lieu, par sa formation, à un dégagement de chaleur plus grand que l'azotate de baryte.

Le zinc décompose une dissolution de sulfate de cuivre, précipite le cuivre et forme du sulfate de zinc, parce que la formation du sulfate de zinc dégage plus de chaleur que la formation du sulfate de cuivre.

LIVRE III

237. Après avoir exposé les propriétés générales des métaux et de leurs composés usuels, nous allons étudier ces corps au point de vue de leurs applications dans l'industrie et dans l'économie domestique; nous laisserons de côté tous ceux qui sont sans application et n'offrent qu'un intérêt purement scientifique.

CHAPITRE PREMIER

POTASSES ET SOUDES. LEUR APPLICATION AU BLANCHISSAGE. SEL GEMME. SEL MARIN. — SALPÊTRE. POUDRE A CANON.

238. On désigne sous le nom de potasse caustique, de soude caustique, des bases ou alcalis excessivement énergiques, qui sont la première un protoxyde de potassium, la seconde un protoxyde de sodium. (Le potassium et le sodium sont deux métaux qui ont la propriété de décomposer l'eau à la température ordinaire pour se combiner à l'oxygène qu'elle contient.)

POTASSES DU COMMERCE.

239. Lorsqu'on fait brûler à l'air des végétaux, on obtient pour résidu une poudre grisâtre qu'on appelle *cendre*. Ce

résidu se compose de toutes les substances minérales fixes que les végétaux avaient prises au sol. La composition de ce résidu varie suivant la nature du terrain dans lequel les plantes ont poussé ; celles qui croissent dans l'intérieur des terres donnent un résidu riche surtout en sels de potasse ; les plantes marines fournissent des cendres plus riches en sels de soude.

240. Dans le commerce on désigne sous le nom de *potasse* le carbonate de potasse plus ou moins pur que fournissent les cendres des plantes, qui ont végété dans l'intérieur des terres.

L'incinération est pratiquée dans les pays riches en bois, comme la Russie, l'Amérique, la Toscane, et même dans certaines localités de la France. Elle donne un résidu blanc grisâtre, composé de différents sels ; parmi eux, les uns sont solubles comme le carbonate de potasse, les autres insolubles comme le carbonate de chaux. Ces cendres sont lessivées à l'eau, le carbonate de potasse se dissout et les lessives évaporées donnent ce sel pour résidu.

Lorsque dans les ménages on *coule la lessive* pour le blanchissage du linge, on ne fait rien autre chose que de faire passer de l'eau sur des cendres de bois, afin de dissoudre le carbonate de potasse qu'elles contiennent.

241. **Usages.** — Les potasses du commerce servent dans la fabrication des verres de Bohême, dans la cristallerie, dans la confection des savons mous, dans le chamoisage des peaux, etc.

SOUDES DU COMMERCE.

242. Dans le commerce on désigne sous le nom de *soudes* des carbonates de soude plus ou moins impurs, que l'on divise en *soudes naturelles* et en *soudes artificielles*.

243. **Soudes naturelles.** — Dans les contrées méridionales, on rencontre, sur les bords de la mer, certaines plantes qui, comme les *barilles*, les *salicors*, absorbent par leurs racines le chlorure de sodium dont le sol est imprégné, élaborent ce composé pendant leur végétation et le transfor-

ment partiellement en sels organiques à base de soude. Lorsqu'on fait brûler ces plantes, elles laissent un résidu composé de chlorure de sodium et de carbonate de soude, ce dernier provenant de la calcination des sels organiques à base de soude. La combustion se fait dans des fosses à moitié remplies; les cendres subissent une demi-fusion, et le produit de l'opération est livré au commerce sous le nom de *soudes naturelles*. Il constitue une masse brune. L'usage des soudes naturelles, dont les plus estimées sont celles d'Alicante et de Malaga, qui contiennent 20 à 25 0/0 de carbonate de soude sec, est maintenant remplacé par celui des *soudes artificielles*.

244. Soudes artificielles. — On doit à Leblanc, chimiste français, un procédé de fabrication de soude artificielle, qu'il inventa en 1791, à l'époque où la guerre continentale empêchait l'importation en France des soudes espagnoles.

Nous ne décrirons pas ce procédé.

245. Usages des sels de soude. — Les emplois du carbonate de soude sont très-importants et très-nombreux. Il sert à l'état brut, aux savonniers, aux fabriques de verre à bouteilles. Raffiné, il est employé dans la fabrication des glaces de la verrerie fine, des savons de toilette. La teinture, le blanchissage, l'impression des tissus, en font aussi un usage considérable, etc.

BLANCHISSAGE DU LINGE.

246. Nous allons étudier comme application des propriétés des potasses et des soudes les procédés employés pour le blanchissage du linge.

Lorsqu'on met la potasse ou la soude en présence d'une matière grasse, il y a combinaison entre la base et un principe acide que fournit le corps gras. Cette combinaison est ce que l'on appelle un savon. L'acide gras, étant peu énergique, est suffisant pour neutraliser la potasse ou la soude, de sorte que le savon formé conserve une réaction basique et possède la propriété de dissoudre les matières grasses à peu près comme la base; c'est ce qui fait qu'on emploie le savon pour dégraisser les étoffes, le savon dissolvant les corps gras qui sont à leur surface. Tels sont les principes sur lesquels repose le blanchissage. Il comprend plusieurs opérations successives :

1° *Le triage; 2° le trempage; 3° l'essangeage; 4° le coulage; 5° le lavage* ou *savonnage; 6° le rinçage et l'azurage; 7° le séchage; 8° le repassage.*

1° **Triage.** — Le triage a pour but de séparer le linge à blanchir en plusieurs catégories, suivant son degré de finesse et son degré de malpropreté.

2° **Trempage.** — Le trempage ou imbibition à l'eau froide se fait ordinairement dans des baquets et a pour but de débarrasser le linge des matières solubles dans l'eau qui peuvent l'imprégner.

3° **Essangeage.** — L'essangeage est destiné à enlever tout ce que l'eau de savon aidée de frictions peut dissoudre ou détacher. — On s'aide souvent de battoirs dans cette opération, mais l'usage des battoirs nuit à la solidité du linge.

4° **Lessivage ou coulage.** — Le lessivage ou coulage consiste à faire passer à travers le linge une dissolution alcaline, obtenue à l'aide de la soude, de la potasse ou de la cendre. Cette opération a pour but de saponifier les corps gras qui salissent le linge, c'est-à-dire de les combiner avec l'alcali et par suite de les dissoudre, cette combinaison étant soluble dans l'eau.

Le procédé suivant, quoique très-défectueux, est encore le plus communément employé dans les maisons particulières. On dispose le linge dans un grand cuvier muni d'un robinet à sa partie inférieure et d'un double fond grillagé. On le recouvre ensuite d'une grosse toile appelée *charier*, sur laquelle on place les cendres qui doivent fournir le carbonate de potasse. On verse de l'eau chaude sur la cendre, celle-ci dissout le carbonate de potasse des cendres, traverse peu à peu le linge et descend dans le double fond, d'où on l'extrait à l'aide d'un robinet pour la faire chauffer de nouveau et la reverser sur le charier. On doit arriver progressivement seulement à faire passer sur le linge de l'eau bouillante, car, si l'on employait au début de l'eau trop chaude, cette élévation brusque de température aurait pour effet de crisper le tissu et de coaguler à sa surface les matières animales et albumineuses que l'on n'enlèverait plus ensuite qu'avec difficulté. C'est ce qu'expriment les ménagères en disant que l'emploi d'eau trop chaude *cuit la saleté à la surface du linge.*

Ce procédé présente de nombreux inconvénients ; il exige un temps très-long, quinze à vingt heures ; le transvasement fréquent des lessives occasionne une perte considérable de chaleur, un dégagement de vapeurs qui fatigue la poitrine et les yeux des laveuses ; de plus, par le contact fréquent avec la lessive chaude, leurs mains sont attendries et rendues très-sensibles : enfin la lessive refroidie par le linge n'est jamais à 100° dans les parties moyenne et inférieure du cuvier, par suite la saponification des matières grasses reste incomplète ; il en résulte que beau-

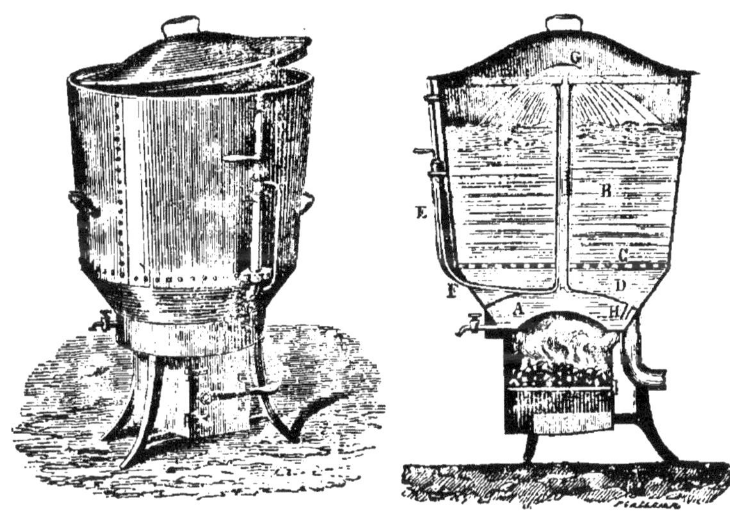

Fig. 98.

coup de taches subsistent et exigent dans le lavage l'emploi d'un excès de savon qui augmente la dépense.

Pour remédier à tant d'inconvénients, on a construit différents appareils dont les plus parfaits sont ceux que construi-

sent MM. Bouillon et Muller. Les uns sont des appareils
fixes destinés aux blanchisseurs, les autres sont mobiles et
destinés à être employés dans les maisons particulières.
Nous ne décrirons que ces derniers, les autres varient suivant les dispositions locales, mais le principe en est le même.

Une chaudière A (fig. 98) en tôle ou en fonte est
montée sur un fourneau en fonte; elle est surmontée d'un
cuvier B en tôle galvanisée ou en bois, dont le fond est une
grille en bois C; ce cuvier est fermé par le haut avec un couvercle. La chaudière est divisée en deux compartiments par
une cloison courbe D placée vers le milieu de sa hauteur;
cette cloison porte en son milieu un tube qui s'élève dans
le cuvier et va déboucher en haut de l'appareil : ce tube est
enveloppé d'un autre tube : enfin un troisième tube H part
de la cloison et plonge au fond de la chaudière.

Voici maintenant comment fonctionne cet appareil. Le
linge est placé dans le cuvier sur le fond grillagé. La
chaudière est emplie soit d'une lessive de cendres,
soit d'une dissolution de sel de soude contenant 20 kilogrammes de sel de soude pour 100 kilogrammes de linge.
(La lessive ne doit jamais marquer plus de 3° à l'aréomètre de Baumé.) Quand le cuvier et la chaudière sont
pleins, on commence à chauffer, et de quart d'heure en
quart d'heure on fait jouer une pompe E disposée laté-
ralement; cette pompe puise le liquide dans la chaudière, et le refoule dans l'espace annulaire compris entre
les deux tubes centraux. La lessive retombe sur le linge,
l'arrose à des températures croissantes, et retourne dans la
chaudière par les ouvertures du grillage C. Au bout d'un
certain temps les bulles de vapeur commencent à prendre
naissance, et, après avoir suivi la concavité du disque, s'élèvent dans le tube central dont elles projettent le liquide à la
surface du linge. Ces affusions par entraînement, d'abord
rares, deviennent de plus en plus fréquentes à mesure que
la température s'élève : lorsqu'elle a atteint 100°, elles se
font d'une manière continue. Nous ferons remarquer aussi
que la vapeur qui s'élève au milieu du linge entretient la
température à 100°.

Cet appareil fonctionne bien, il permet de supprimer l'essangeage et de le remplacer par un simple trempage à l'eau froide. Il consomme 90 kilogrammes de houille et 20 kilog. de sel de soude par 100 kilogrammes de linge.

5° **Lavage ou savonnage.** — Il est destiné à enlever à l'aide du savon les dernières taches qui ont résisté au coulage.

6° **Rinçage et azurage.** — Le linge est ensuite rincé à l'eau froide afin de débarrasser le tissu de l'eau de savon qui l'imprègne. Il est ensuite azuré par un passage au bleu, afin de faire disparaître la teinte jaune qu'il présente et de la remplacer par une teinte agréable à l'œil.

7° **Séchage.** — Le séchage a pour but d'amener l'évaporation de l'eau qui mouille encore le linge.

Il est ordinairement précédé du *tordage*, qui doit être pratiqué avec grande précaution si l'on ne veut nuire à la solidité du linge. Pour éviter cette altération qui se produit toujours, quels que soient les soins employés, on se sert dans les blanchisseries d'appareils appelés *essoreuses*. Ils se composent d'un tambour (fig. 99) dont la surface est percée

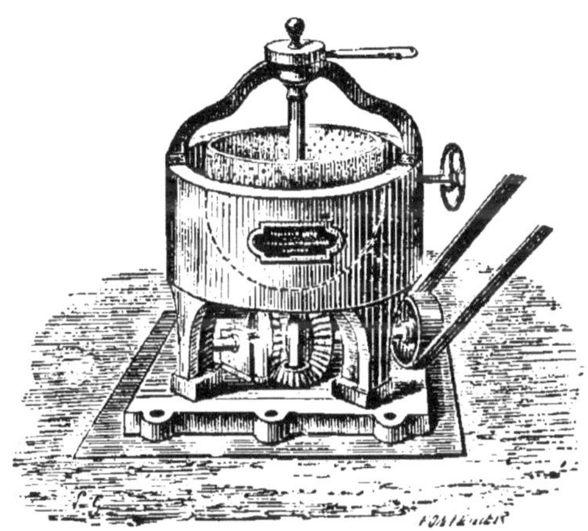

Fig. 99.

de trous et qui peut être animé d'un mouvement rapide de rotation autour de son axe. Le linge mouillé est placé dans ce tambour; pendant la rotation, une force, dite *force centri-*

fuge, se développe et tend à écarter les corps du centre de rotation. Le linge ne peut aller plus loin que la paroi du tambour, mais l'eau s'échappe à travers les orifices dont celui-ci est percé.

Le linge peut être ensuite plus rapidement séché soit à l'air froid, soit dans des séchoirs à air chaud.

8° Enfin le *repassage*, précédé souvent de l'amidonnage pour les linges fins, sert à faire disparaître tous les plis et toutes les rugosités du tissu.

CHLORURE DE SODIUM.

247. Sous les noms de *sel commun*, de *sel de cuisine*, on désigne un composé de chlore et de sodium, que la nomenclature chimique appelle *chlorure de sodium* et auquel on donne les noms de *sel marin*, de *sel gemme*, pour rappeler sa présence soit dans les eaux de la mer, soit dans certaines mines, où on le rencontre cristallisé comme une pierre précieuse.

Ce corps, que l'économie domestique et l'industrie emploient en quantité considérable, provient de trois sources principales : 1° mines de sel gemme; 2° sources salées; 3° eaux de la mer.

248. 1° **Mines de sel gemme.** — On rencontre, dans certains pays, de véritables mines de sel; il est alors désigné sous le nom de sel gemme. **Les plus importantes sont celles de Wieliczka et de Bochnia, en Pologne, de Cordoue, en Espagne.** Il en existe aussi dans l'Allemagne méridionale et dans quelques localités de la France (Vic, Dieuse, etc.). Le sel est extrait à la pioche.

Les mines de Cordoue sont exploitées à ciel ouvert, celles de Wieliczka sont souterraines.

Quand le sel est mélangé à des matières étrangères, comme en Souabe, en Bavière et en Wurtemberg, on pratique dans la mine un trou de sonde dans lequel on place un tube percé d'ouvertures à sa partie inférieure. Entre ce tube et les parois du trou de sonde, on fait arriver de l'eau qui dissout le sel. La solution descend au fond du trou en vertu de sa densité plus grande et pénètre dans le tube par les ouvertures inférieures. Des pompes vont l'y puiser, et elle est ensuite évaporée dans des chaudières où elle laisse déposer le sel très-pur.

249. 2° Sources salées. Bâtiments de graduation. — Les sources salées proviennent d'eaux d'infiltration qui, dans leur course, ont rencontré du sel gemme. Elles ne sont pas, en général, assez riches en sel pour qu'on les évapore immédiatement par l'action de la chaleur. Les frais de combustible seraient trop considérables. On commence par concentrer les eaux à l'air libre. Pour cela on les amène, à l'aide de pompes, dans une rigole située à la partie supérieure de hangars dits *bâtiments de graduation*. Elle sont dé-

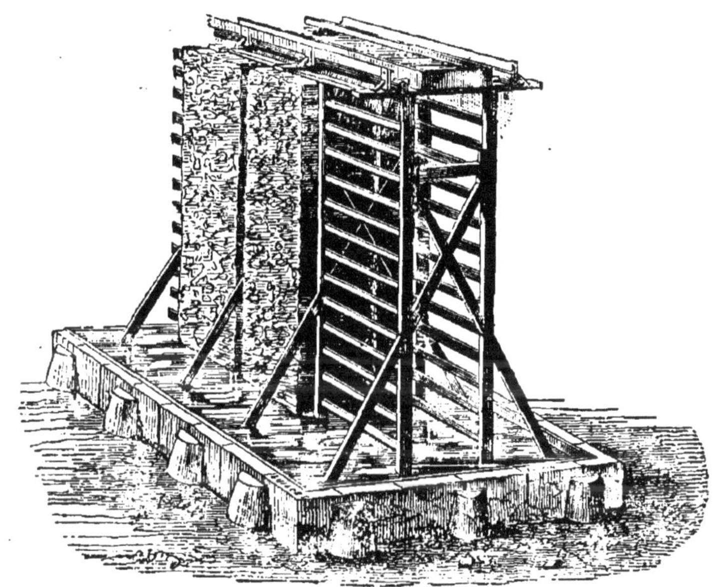

Fig. 100.

versées de là sur des masses de fagots (fig. 100), orientées de telle manière qu'elles soient exposées à l'action des vents régnant le plus fréquemment dans la localité. En coulant le long de ces fagots, où elles se divisent sur une large surface, les eaux s'évaporent et se concentrent; elles sont recueil-

lies dans des bassins d'où elles sont lancées de nouveau à la
partie supérieure des *bâtiments*.

Lorsqu'elles ont été amenées par ce traitement à un degré de concentration suffisante, on les évapore dans des
chaudières. On les porte d'abord à l'ébullition qui détermine
la séparation du *schlot* (sulfate double de chaux et de soude);
puis, lorsque le chlorure de sodium commence à se déposer, on laisse la température s'abaisser, pour éviter le dépôt
de sulfate de magnésie, qui donnerait de l'amertume au sel.

Cette industrie devient de jour en jour moins importante.

250. 3° **Extraction du sel des eaux de la mer.** — Le sel
s'extrait des eaux de la mer par évaporation spontanée à
l'air libre, dans des bassins imperméables, peu profonds,
dits *marais salants*. Le sol choisi pour l'évaporation doit être,
en général, argileux et peu perméable.

Dans le midi de la France, les eaux déposent, dans un
premier bassin, les matières qu'elles tiennent en suspension; elles passent de là dans une suite de bassins rectangulaires où elles laissent déposer du carbonate de chaux et
du sesquioxyde de fer.

Des machines hydrauliques les élèvent et les déversent
ensuite dans de nouveaux bassins d'évaporation plus nombreux où se dépose le sulfate de chaux. De là les eaux
passent successivement dans des bassins plus petits et plus
profonds, dans lesquels se forme le dépôt de sel et qu'on
appelle *tables salantes*. Ce dépôt est annoncé par l'ap-
parition d'une teinte rouge, due à l'existence de myria-
des d'êtres microscopiques, qui trouvent les conditions
de leur existence dans les eaux arrivées à un certain degré de concentration. Quand la couche de sel a atteint
une épaisseur de 4 à 6 centimètres, on l'enlève au moyen
de pelles plates, munies d'un manche faisant avec elles un
angle de 45°, et on l'amasse en tas appelés *gerbes*. Cette opération est appelée *levage*. Le sel s'égoutte et le chlorure de
magnésium déliquescent s'infiltre peu à peu dans le sol. Le
sel obtenu est très-pur.

Les eaux qui ont laissé déposer le chlorure de sodium,
dites *eaux mères*, étaient autrefois rejetées à la mer. M. Ba-

lard a indiqué les moyens de les utiliser et d'en extraire du sulfate de soude et des sels de potasse.

Dans l'ouest de la France, le procédé d'évaporation des eaux de la mer est un peu différent; il donne un sel coloré par un peu d'argile et appelé *sel gris*.

251. Propriétés et usages du chlorure de sodium. — Le chlorure de sodium cristallise en cristaux cubiques qui décrépitent sur le feu; il est blanc, soluble dans l'eau. Lorsqu'il est pur, il n'est pas déliquescent, mais il le devient dans un air très-humide.

Il est employé dans l'économie domestique pour assaisonner les aliments et conserver les viandes. La fabrication de l'acide chlorhydrique, du sulfate de soude et des chlorures, en emploie des quantités considérables.

AZOTATE DE POTASSE OU SALPÊTRE.

252. L'azote de potasse, appelé aussi *salpêtre, nitre, sel de nitre, nitrate de potasse*, est très-répandu aux Indes, en Égypte, à l'île Ceylan, en Espagne et dans quelques localités de l'Italie et de la France méridionale. Dans l'Inde, il vient affleurer à la surface du sol où on le recueille avec de longs balais en houssine, d'où le nom de *salpêtre de houssage.*

La plus grande partie du salpêtre que consomme l'Europe est obtenue au moyen de l'azotate de soude que produit le Pérou : on le transforme en azotate de potasse en le dissolvant dans l'eau et en versant dans la dissolution du chlorure de potassium.

Le salpêtre se trouve aussi en grande quantité dans les plâtras provenant des démolitions des parties inférieures des vieux bâtiments.

Le salpêtre est blanc, il est soluble dans l'eau : il fond à la température rouge et se décompose en donnant lieu à un dégagement d'oxygène; c'est ce qui fait que ce corps active au rouge la combustion du charbon, du soufre, et son emploi dans la fabrication de la poudre à canon est fondé sur cette propriété.

Poudre à canon. — La poudre à canon est un mélange de salpêtre, de soufre et de charbon. Lorsqu'on enflamme ce mélange, l'oxygène renfermé dans l'azotate de potasse oxyde le charbon et le transforme en acide carbonique ; le soufre forme avec le potassium du sulfure de potassium. L'acide carbonique porté à une haute température dans un espace relativement restreint, l'âme d'un fusil ou d'un canon, par exemple, y prend une force élastique considérable qui lance en avant le projectile que renferme l'arme. Quoique les phénomènes de la combustion de la poudre soient un peu plus complexes, nous nous bornerons à la réaction précédente qui est la principale. Ajoutons que le soufre introduit dans le mélange sert à lui donner l'inflammabilité qui lui est nécessaire ; le charbon lui donne la force de projection.

CHAPITRE II

CHAUX-MORTIERS. CARBONATE DE CHAUX ET SULFATE DE CHAUX. — ALUMINIUM ET SES COMPOSÉS USUELS.

CHAUX.

253. Le calcium, qui est un métal décomposant l'eau à la température ordinaire, forme, avec l'oxygène, un protoxyde appelé chaux, qui est d'une grande importance. C'est une matière blanche, amorphe, très-caustique, infusible, d'une densité égale à 2,3.

Elle a une grande affinité pour l'eau ; lorsqu'on verse ce liquide sur la chaux vive pure, elle l'absorbe en s'échauffant assez pour faire monter le thermomètre à 300°. On la voit se gonfler, se fendiller, et se réduire en poussière ; on dit alors que la chaux est *éteinte*. Elle est peu soluble dans l'eau ; lorsqu'on en délaye une assez grande quantité dans

ce liquide, on obtient une bouillie blanche ordinairement
appelée *lait de chaux*.

Fig. 101

Exposée à l'air, elle s'hydrate, se carbonate et tombe en

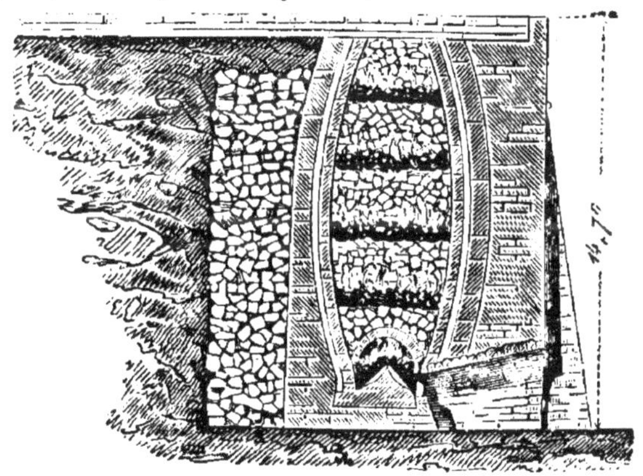

Fig. 102.

poussière. On dit alors qu'elle se *délite*. Aussi doit-elle être
conservée en vase clos.

La principale application que l'on en fait est la fabrication des *mortiers*, dont nous parlerons plus loin.

On prépare la chaux vive en décomposant, par la chaleur, du carbonate de chaux ou pierre à chaux. L'acide carbonique se dégage et la chaux reste.

Cette opération se fait dans les fours dits *fours à chaux*.

Dans les uns on chauffe le carbonate de chaux par du combustible allumé à la partie inférieure (fig. 101). A chaque cuisson on décharge le four. Dans les autres on charge le combustible et le carbonate de chaux par couches alter-

Fig. 103.

natives et on décharge par le bas au fur et à mesure de la cuisson : ces fours, dans lesquels la fabrication n'est pas intermittente comme dans les précédents, sont appelés fours coulants (fig. 102 et 103).

254. Chaux grasses. — Chaux maigres. — Chaux hydrauliques. — Sous le rapport de leurs propriétés, les chaux se divisent en *chaux aériennes*, qui comprennent les *chaux grasses* et les *chaux maigres*, et en *chaux hydrauliques*.

La *chaux grasse* foisonne beaucoup par l'extinction; elle est ordinairement très-blanche, d'une pureté assez grande. Elle forme avec l'eau une bouillie très-liante et très-forte. Lorsqu'on fait une boule avec de la chaux grasse en pâte et qu'on l'expose à l'air libre ou mieux à un courant d'acide carbonique, elle se carbonate et reprend tous les caractères de la pierre calcaire. La chaux grasse provient de la calcination complète de la craie, du marbre, enfin des pierres à chaux les plus pures.

255. On donne le nom de *chaux maigres* à celles qui proviennent de pierres calcaires renfermant des proportions assez fortes de carbonates de magnésie et de fer. Elles foisonnent peu, sont grises ou fauves, ne s'échauffent guère et donnent, avec l'eau, une pâte courte et peu liante.

On appelle *chaux hydrauliques* celles qui se solidifient promptement sous l'eau et peuvent y acquérir une grande dureté.

Vicat, ingénieur des ponts et chaussées, a prouvé que la chaux hydraulique est un mélange de silicate de chaux, de silicate d'alumine et d'un grand excès de chaux vive. Mis en présence de l'eau, les trois corps s'hydratent et constituent une substance insoluble et excessivement dure.

Vicat a montré qu'on peut faire artificiellement de la chaux hydraulique en calcinant un mélange de craie et d'argile, composé de quatre parties de craie de Meudon, et d'une partie d'argile de Vanves.

256. **Ciments.** — On appelle *ciments* des chaux tellement hydrauliques qu'elles n'ont besoin que d'être gâchées avec une quantité d'eau convenable pour se solidifier presque immédiatement. Tels sont les ciments romains de Vassy, de Boulogne, de Portland. On peut obtenir des ciments artificiels par la cuisson d'un mélange de carbonate de chaux et de 40 p. 100 d'argile.

357. **Mortiers.** — On appelle *mortiers* des mélanges de chaux éteinte et de sable destinés à unir les matériaux des constructions.

Les mortiers ordinaires sont faits avec des chaux aériennes. Ils acquièrent peu à peu de la dureté, parce que la chaux, en se carbonatant à l'air, prend une grande adhérence pour les grains de sable dont le rôle est purement physique et a pour effet d'atténuer le retrait considérable · que subit la chaux en se solidifiant. Les mortiers ordinaires ne résistent pas à l'action de l'eau, qui les désagrége.

Les mortiers hydrauliques destinés à la construction des canaux, des ponts, des citernes, etc., résultent du mélange de chaux hydraulique et de sable, ou du mélange de chaux grasse et de matières argileuses cuites comme les tuiles, les poteries, les briques pilées, des pouzzolanes, etc. Leur solidification s'explique facilement d'après ce que nous avons dit sur les chaux hydrauliques. Ils résistent à l'action de l'eau.

CARBONATE DE CHAUX.

258. Le carbonate de chaux est très-abondant dans la nature. On l'y rencontre cristallisé en rhomboèdres, et sous la forme de cristaux qui appartiennent au système du prisme droit à base rectangle; dans le premier cas, il est désigné sous le nom de *spath d'Islande*, dans le second, sous celui d'*arragonite*. Ce sont les deux variétés les plus pures du carbonate de chaux.

259. Les marbres sont des variétés de carbonate de chaux à texture cristalline. Le marbre blanc est du carbonate de chaux presque pur. Les marbres colorés doivent leur coloration à des oxydes métalliques disséminés dans leur masse. Les marbres noirs sont colorés par des matières organiques carbonées, bitumes, goudrons, etc.

260. L'albâtre calcaire est une variété translucide de carbonate de chaux.

261. Le calcaire grossier ou pierre à bâtir des environs de Paris et le calcaire jurassique, qui est aussi une excellente pierre de construction, sont encore des variétés de carbonate de chaux.

262. La craie ou carbonate de chaux à tissu lâche, à cassure terreuse, est friable, très-tendre et presque blanche.

C'est avec elle qu'on prépare le *blanc d'Espagne*, le *blanc de Meudon*, le *blanc de Bougival*.

263. La *pierre lithographique* est un carbonate de chaux susceptible d'un beau poli.

L'art de la lithographie, qui fut inventé, en 1799, par Senefelder, chanteur du théâtre de Munich, consiste à tracer, avec un crayon gras, sur la pierre polie le dessin que l'on veut reproduire. Les traits sont fixés par un lavage à l'eau de gomme acidulée par l'acide azotique. L'acide agit à la fois sur le dessin et sur la pierre, décompose les caractères tracés au crayon, augmente leur adhésion sur la pierre et détermine en même temps la décomposition de cette dernière en donnant naissance à un composé particulier d'où résulte la solidité du dessin. L'acide a aussi pour effet de mettre le dessin un peu en relief, de changer la surface non recouverte par lui en azotate de chaux et de la rendre imperméable aux corps gras.

Sur cette surface ainsi préparée et que l'on maintient humide en y passant une éponge mouillée, on étend, avec un rouleau, de l'encre d'imprimerie, corps gras qui ne se fixe pas sur la partie humide, mais seulement sur les traits du dessin. Il suffit alors d'appliquer sur la pierre une feuille de papier humide pour que ceux-ci se reproduisent à la surface.

264. **Propriétés.** — Le carbonate de chaux est insoluble dans l'eau, mais l'eau chargée d'acide carbonique en dissout une proportion notable. Certaines sources, comme celles de Saint-Allyre, près de Clermont-Ferrand, de Saint-Martin, dans le Puy-de-Dôme, en contiennent une quantité assez considérable. Aussi, lorsqu'on fait couler ces sources sur des objets solides comme des morceaux de bois, des grappes de raisins, des nids d'oiseaux, etc., elles les recouvrent d'une couche de calcaire qui leur donne l'aspect de la pierre.

Lorsque des eaux ainsi chargées de bicarbonate de chaux s'infiltrent à travers le sol et viennent suinter à la voûte de cavités souterraines, elles laissent, par leur évaporation, les molécules de calcaire à sec. Celles-ci se recouvrent de nouvelles molécules, et de cette superposition continuelle résultent des tubes cylindro-coniques qui pendent à la voûte des cavernes. On les appelle *stalactites*. On désigne sous le nom de *stalagmites* ceux qui s'élèvent de bas en haut par suite de la chute du liquide sur le sol. Il arrive souvent que les stalactites et les stalagmites superposées se rejoignent et forment des espèces de colonnes rétrécies vers le milieu (fig. 104).

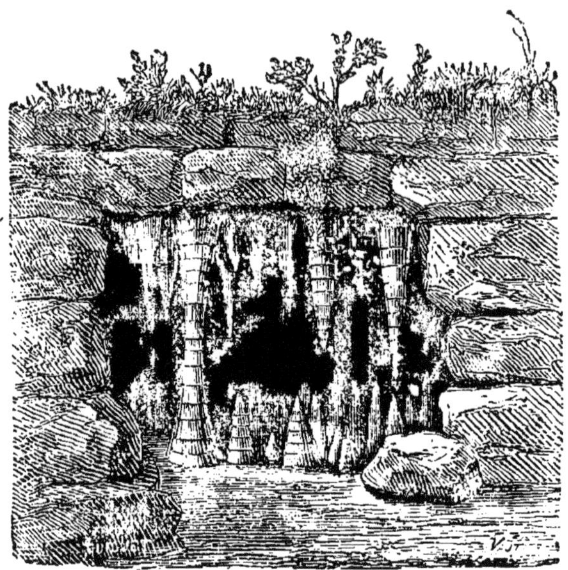

Fig. 104.

Nous rappelons ici le rôle que le carbonate de chaux des eaux joue dans la formation des incrustations des chaudières à vapeur.

SULFATE DE CHAUX.

265. Le sulfate de chaux anhydre est appelé *anhydrite*. Il est presque sans usages. On en connaît une variété bleue qui sert, en Italie, à faire des chambranles de cheminée.

Lorsqu'il est hydraté, il est appelé *gypse* ou *pierre à plâtre*. Il est très-abondant dans les environs de Paris, à Mont-

martre, à Pantin. Il est parfois nettement cristallisé et
constitue des cristaux ayant la forme de *fers de lance,* qui
s'exfolient à la chaleur; on peut facilement, avec un canif,
les diviser en lames très-minces.

On en connaît une variété appelée *albâtre gypseuse.*

Le sulfate de chaux est peu soluble dans l'eau; il l'est
plus à froid qu'à chaud; nous avons vu que les eaux qui
en contiennent sont appelées séléniteuses, et que c'est lui
qui donne de la dureté aux incrustations des chaudières à
vapeur.

Le gypse chauffé perd son eau et se transforme en plâtre.
Cette substance, réduite en poudre fine et mélangée avec
l'eau de manière à faire une pâte liquide, se prend bientôt
en une masse solide de sulfate de chaux hydraté. Les particules, qui étaient désagrégées dans la pâte liquide, se sont
agrégées en petits cristaux au moment où elles se sont combinées avec l'eau, et de leur enchevêtrement est résultée
une masse solide.

Le plâtre augmente de volume en se solidifiant : il en
résulte que, si l'on verse du plâtre en bouillie dans un
moule, il s'y solidifiera en épousant tous ses détails : de
là l'usage du plâtre dans les moulages.

La propriété qu'a le plâtre de durcir en présence de l'eau
le fait employer pour revêtir les plafonds, les murs cons-
truits en pierres irrégulières, et pour sceller le fer dans la
pierre.

Le plâtre est aussi employé à la fabrication du *stuc,* composition qui imite parfaitement le marbre et se laisse polir
facilement. Pour le fabriquer, on délaye du plâtre récemment cuit et très-fin dans une dissolution de colle de Flandre
et on ajoute diverses substances colorantes pour reproduire
les teintes des marbres. La pâte ainsi formée s'étend, comme
le plâtre, sur les surfaces que l'on veut revêtir. Elle durcit
en place et peut recevoir un très-beau poli.

266. **Cuisson du plâtre.** — Le plâtre se fabrique en cuisant le gypse comme on cuit le carbonate de chaux pour la
fabrication de la chaux vive.

ALUMINIUM ET SES COMPOSÉS USUELS.

267. L'aluminium a été isolé pour la première fois par
M. Wöhler, chimiste allemand; mais c'est à M. Henri
Sainte-Claire Deville que l'on doit d'avoir obtenu ce métal
en masses assez considérables pour qu'il puisse être employé dans l'industrie. Il décompose, pour cela, par le
sodium, le chlorure double d'aluminium et de sodium.

Propriétés physiques et chimiques. — Ce métal est
blanc, légèrement bleuâtre; il est très-peu dense, sa densité est de 2,56. Il est ductile et malléable, doué d'une
grande sonorité. L'acide chlorhydrique le dissout facilement; mais, à froid, les acides sulfurique et azotique sont
sans action sensible sur lui. Ils le dissolvent lentement à
chaud. Il est facilement dissous par les solutions alcalines;
inaltérable à l'air à toutes les températures, il ne décompose
pas l'eau et ne noircit pas, comme l'argent, au contact de
l'hydrogène sulfuré.

L'aluminium ne s'allie pas au mercure, mais il peut
s'unir à la plupart des autres métaux. Il forme, avec le
cuivre, un alliage appelé *bronze d'aluminium*, qui est d'une
belle couleur jaune, susceptible d'un beau poli, d'une ténacité supérieure à celle du fer et capable d'être martelé
facilement à chaud. Il est peu altérable à l'air. On fait aujourd'hui, avec le bronze d'aluminium, des couverts, des
montres, des chaînes de montres et un grand nombre d'objets d'art.

Quant à l'aluminium, il est employé pour tous les usages
où l'on a besoin d'une grande légèreté unie à une grande
ténacité. On s'en sert pour la fabrication des longues-vues,
des lorgnettes de spectacle, etc.

268. **Alumine.** — L'aluminium forme, avec l'oxygène,
un sesquioxyde appelé *alumine.*

A l'état de pureté, l'alumine est assez rare dans la nature; cristallisée et incolore, elle constitue la pierre précieuse appelée *corindon;* colorée par des oxydes métalliques,
elle constitue le *rubis,* qui est rouge de feu, la *topaze orien-*

tale, qui est jaune, le *saphir oriental*, qui est bleu, l'*améthyste orientale*, qui est pourpre ou violette.

L'*émeri* n'est autre que du corindon pulvérisé.

269. On appelle *alun*, dans le commerce, soit le sulfate double d'alumine et de potasse, soit le sulfate double d'alumine et d'ammoniaque. Il est employé en teinture, en médecine, à la conservation des gélatines, etc.

CHAPITRE III

ARGILES. — POTERIES. — FAIENCE. — PORCELAINE.
VERRES. — CRISTAL.

270. **Argiles.** — L'argile est un silicate d'alumine. C'est une matière blanche, douce au toucher et difficilement fusible. L'argile est douée de plasticité, c'est-à-dire qu'elle peut former, avec l'eau, une pâte liante, facile à pétrir et à façonner. Lorsqu'on la soumet à l'action de la chaleur, elle subit un retrait accompagné de fendillements dans la masse. Lorsqu'elle a été calcinée, elle absorbe l'eau avec rapidité. Posée sur la langue, elle absorbe la salive qui la mouille ; on dit alors qu'elle *happe* à la langue.

L'argile la plus pure est le *kaolin*, ou *terre à porcelaine*, que l'on trouve dans les environs de Limoges et en Saxe.

La plupart des argiles n'ont pas la pureté du kaolin. Outre le silicate d'alumine, elles contiennent de l'oxyde de fer et de la chaux, qui leur donnent une fusibilité que n'a pas l'argile pure.

POTERIES.

271. L'argile est éminemment propre à la fabrication des poteries, tant au point de vue de sa plasticité qu'à celui de la dureté qu'elle acquiert par la cuisson. Aussi forme-t-elle la base de toutes les poteries ; mais elle n'est jamais em-

11.

ployée seule à cause du retrait qu'elle subit à la cuisson, retrait qui déterminerait la rupture des objets ou tout au moins des gerçures. On la mélange alors avec des substances dites *dégraissantes* (telles que le quartz, le sable, le silex, les feldspaths, la craie, le sulfate de chaux, etc.), qui diminuent le retrait de la matière, mais qui, en même temps, lui enlèvent de la plasticité et la rendent plus poreuse et plus difficile à travailler.

Les poteries sont, en général, recouvertes d'un enduit fusible appelé *couverte*. C'est une espèce de vernis qui est destiné soit à les rendre imperméables aux liquides, soit à leur donner une surface polie d'un aspect plus agréable. Les couvertes sont composées de matières fusibles et vitrifiables. Elles sont incolores et transparentes pour les poteries fines; opaques et généralement colorées pour les poteries ordinaires.

272. Nous diviserons les poteries en deux groupes.

1° Les *poteries demi-vitrifiées*, dont la pâte a subi, pendant la cuisson, un commencement de fusion, qui les a rendues presque toujours imperméables aux liquides; mais, comme la surface est rugueuse, on les recouvre d'un vernis. Ce groupe comprend les porcelaines et les grès.

2° Les *poteries à pâte poreuse*, telles que les faïences, les poteries communes et les terres cuites.

Nous allons étudier sommairement la fabrication des différentes poteries, en commençant par la porcelaine.

POTERIES DEMI-VITRIFIÉES. — PORCELAINE.

273. Les matières premières employées à la fabrication de la porcelaine sont : le kaolin, qui constitue l'élément plastique, un sable quartzeux, qui joue le rôle de substance dégraissante, et du feldspath, qui fait éprouver à la porcelaine un commencement de fusion et la rend translucide.

274. Préparation des pâtes. — Ces matières sont d'abord broyées et finement pulvérisées; lorsque le broyage est suffisant, les matières sont lavées pour séparer les graviers grossiers. Puis on mêle, à l'état humide, du kaolin, du quartz et du feldspath lavés. Le mélange doit être rendu aussi intime que possible par le malaxage. Les pâtes sont ensuite amenées à un degré de consistance convenable par une dessiccation que l'on obtient soit en comprimant la bouillie liquide dans des sacs de toile serrés, soit en la chauffant, soit encore en l'abandonnant dans des caisses de plâtre dont les parois poreuses absorbent l'eau et en facilitent l'évaporation.

Lorsque les pâtes sont arrivées au degré de consistance voulue pour être travaillées, elles doivent encore être pétries et battues, pour acquérir l'homogénéité nécessaire.

Les pâtes ainsi préparées doivent être façonnées; on emploie pour cela trois procédés différents :

1° Le travail sur le tour; 2° le moulage; 3° le coulage.

Fig. 105.

275. 1° Travail sur le tour. — Le tour du potier consiste en un axe vertical, sur la partie inférieure duquel est planté un grand disque horizontal en bois que l'ouvrier peut faire tourner avec le pied (fig. 105). Un second disque plus petit que le premier est fixé à la partie supérieure de l'axe et reçoit la pâte qui doit être façonnée. L'ouvrier est assis sur un banc, il place au centre du disque supérieur la quantité de pâte nécessaire, met le tour en mouvement et façonne la pièce en lui donnant approximativement avec la main la forme et la dimension qu'elle doit avoir. Cette première opération s'appelle l'*ébauchage ;* elle est exécutée par l'ouvrier représenté en A sur la figure. L'objet ébauché est abandonné pendant quelque temps à une dessiccation spontanée qui lui fait acquérir plus de consistance. Puis on lui donne sa dernière forme et ses dimensions en l'entamant, pendant que le tour est en mouvement, avec un outil tranchant. C'est là un travail analogue à celui du tourneur sur bois ; il est appelé *tournassage ;* l'ouvrier placé en B sur la figure est occupé à terminer un vase par le tournassage.

276. 2° **Moulage.** — Le moulage des pièces de porcelaine peut s'exécuter de plusieurs manières dans des moules en plâtre ou en terre cuite. Ils sont souvent composés de plusieurs pièces que l'on peut séparer pour sortir l'objet fabriqué.

277. Dans le *moulage à la balle,* on fait pénétrer avec le pouce, dans toutes les cavités, aussi également que possible de petites balles de pâte que l'on juxtapose et que l'on comprime pour les souder ensemble.

278. Le moulage sur le tour dit à la *housse* consiste à ébaucher grossièrement la pièce à la manière ordinaire, puis à la placer toute fraîche encore dans un moule généralement creux que le tour met en mouvement ; pendant la rotation, on comprime la pâte contre le moule soit à la main, soit avec une éponge humide, de manière à lui en faire prendre exactement la forme.

279. Le moulage à la *croûte* s'exécute en appliquant la pâte contre le moule, sous forme d'une feuille plus ou moins épaisse, et en l'y comprimant avec une éponge, de manière à lui faire épouser toutes les cavités et saillies de ce moule.

La figure 106 représente ce travail. L'ouvrier A prépare les
feuilles, l'ouvrier B les applique sur le moule, l'ouvrier C

Fig. 106.

les travaille à l'éponge. En D on voit l'application des anses
et le garnissage.

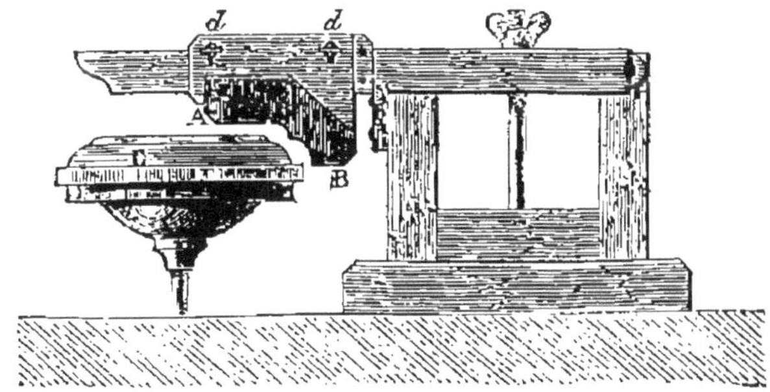

Fig. 107.

280 Pour la fabrication des assiettes et des plats, voici

comment on opère. Après avoir comprimé à l'éponge une plaque de pâte sur un moule en plâtre présentant en relief la forme de l'intérieur de l'assiette, l'ouvrier place le moule sur le tour et, pendant la rotation, il applique contre lui un outil dont le tranchant représente le demi-profil AB de la face extérieure de l'assiette (fig. 107). Cet outil enlève l'excédant de pâte et donne à l'assiette la forme voulue. Cette opération s'appelle *moulage par calibrage*.

281. 3° **Coulage.** — Le coulage s'exécute en versant dans un moule en plâtre une bouillie liquide de pâte de porcelaine (cette bouillie s'appelle *barbotine*). Le moule absorbe l'eau de la barbotine, et la pâte se solidifie sur ses parois en couches plus ou moins épaisses, suivant que le contact a duré plus ou moins longtemps. On renverse le moule pour

Fig. 108.

faire couler l'excès de barbotine et on retire l'objet. Cette méthode s'applique à la confection de grands vases et d'objets très-minces, tels que les tasses à café, etc. La figure 108 représente en A et B le coulage d'une tasse, en C celui d'une jatte, en D, E, F le démoulage d'un vase de 1^m,80 de hauteur.

282. Cuisson de la porcelaine. — Les objets fabriqués par les divers procédés que nous venons de décrire doivent ensuite être cuits pour acquérir de la dureté. On les soumet d'abord à une première cuisson qui les dessèche complétement et leur fait prendre de la consistance. Il faut alors les

Fig. 109.

recouvrir de la *couverte* ou glaçure destinée à corriger la porosité des pâtes. Pour cela on les trempe (fig. 109) dans une bouillie claire de pegmatite (mélange de quartz et de feldspath). Le liquide est rapidement absorbé et laisse à la surface une couche mince de substance facilement fusible qui, pendant la cuisson, se fondra et formera une espèce de vernis à la surface de l'objet. En B et C on voit des femmes occupées à remettre, avec un pinceau, de la couverte sur les parties qui n'en ont pas pris assez, ou à gratter les parties qui en ont pris trop.

Les pièces ainsi préparées sont placées dans des cylindres en argile réfractaire appelés *cazettes*. On les empile les unes au-dessus des autres dans les fours. Les cazettes sont destinées à protéger les objets contre la fumée et les cendres et à les empêcher de se souder ensemble. La porcelaine ne se colle point contre la cazette pendant la cuisson et la fusion de la couverte, parce qu'elle repose sur elle par une partie non vernissée. C'est cette partie que l'on voit rugueuse à la face inférieure des assiettes, des tasses, etc.

Le four est à plusieurs étages. Le dégourdi se fait à l'étage supérieur et la cuisson dans les autres.

283. Décoration de la porcelaine. — On décore souvent la porcelaine en recouvrant sa surface de couleurs mêlées à des matières vitreuses fusibles. Ces matières colorantes sont, en général, des oxydes métalliques. Ces oxydes doivent satisfaire à cette condition essentielle de donner aux pâtes, à la température de leur cuisson, la couleur que l'on veut obtenir.

Tantôt les matières colorantes sont mélangées au corps de la pâte, tantôt elles sont appliquées sur la pâte, mais recouvertes par la glaçure; tantôt elles sont répandues dans la glaçure; enfin, et c'est le cas le plus fréquent, elles sont appliquées au pinceau à la surface de la glaçure.

La cuisson des porcelaines peintes est une opération des plus délicates ; elle se fait au bois ou à la houille, dans des fourneaux dits *fourneaux à moufles.* (Le moufle est une cavité en fonte ou en terre cuite chauffée par le combustible qui l'entoure.) (Fig. 110.)

L'ouvrier est guidé dans la conduite du feu par l'examen de *montres* ou de petits morceaux de porcelaine sur lesquels on a appliqué une des couleurs les plus susceptibles qui se trouvent dans les vases, et qu'il place dans le four à côté des pièces à cuire. Il retire ces montres de temps en temps et dirige le feu d'après les résultats qu'elles offrent à son observation.

Fig. 110.

Ces couleurs dites *de grand feu* peuvent supporter la température du four à porcelaine.

Les autres sont appelées couleurs de *moufles*.

POTERIES A PATE POREUSE.

284. **Faïences.** — On emploie pour la fabrication des faïences une pâte composée d'argile et de quartz. Quand l'argile contient un peu de chaux, la pâte constitue ce que l'on appelle la *terre de pipe*. Lorsque les argiles ne renferment pas d'oxydes métalliques colorants, tels que les oxydes de fer et de manganèse, la pâte est blanche après la cuisson; alors la couverte qu'elle reçoit est transparente et plombifère.

Quand, au contraire, les argiles sont colorées, la couverte est rendue opaque par de l'oxyde d'étain.

La faïence se façonne comme la porcelaine, et se cuit en deux fois : la première cuisson, faite à une haute température, sert à donner de la dureté ; la seconde, faite à une température plus basse, sert à la fusion de la couverte.

La faïence va moins bien au feu que la porcelaine ; la couverte se fendille par suite du lavage à l'eau chaude.

285. Poteries communes. — Les poteries communes, employées à la cuisson des aliments, sont faites avec des argiles ferrugineuses auxquelles on ajoute une certaine quantité de chaux à l'état de marne et du sable quartzeux. Leur couverte est formée par un silicate double d'alumine et d'oxyde de plomb. Il faut éviter de laisser séjourner dans les poteries du vinaigre et des corps gras, qui dissoudraient peu à peu le vernis plombifère et produiraient un sel vénéneux.

286. Terres cuites. — On comprend sous le nom de *terres cuites* les briques, les tuiles, les pots à fleur, etc... Ces objets sont fabriqués avec des argiles figulines dégraissées avec du sable.

Les briques ordinaires sont faites dans des moules et cuites à des températures très-différentes. Dans quelques pays du Midi, on se contente de les sécher au soleil. Quand on les cuit au feu, on le fait quelquefois dans des fours, mais souvent on les dispose sous forme de tas facilement perméables à la flamme, et dans lesquels on ménage des espaces où l'on brûle le combustible.

Les tuiles et les carreaux de terre cuite sont fabriqués par des procédés analogues.

Les briques réfractaires sont faites avec des argiles exemptes de fer et de marne auxquelles on ajoute du sable blanc.

Les pots à fleur sont tournés.

VERRES.

287. On donne le nom de *verres* à des corps transparents doués d'un éclat caractéristique appelé *éclat vitreux*. Ils sont durs et cassants, se ramollissent sous l'action de la chaleur et passent par tous les degrés de viscosité. Cette propriété permet de les étirer en fils et de les travailler comme de la cire ou de l'argile.

L'oxygène et l'air sec n'ont pas d'action sur le verre; l'air humide agit à la longue sur lui; c'est là la cause de l'altération que l'on constate sur les vitraux des vieux bâtiments.

L'eau agit aussi à la longue sur le verre et lui enlève de l'alcali.

Les alcalis et les acides ne l'attaquent que lentement.

L'acide fluorhydrique l'attaque rapidement, et c'est sur cette propriété que repose la gravure sur verre.

Voici comment on opère dans les cristalleries de Baccarat et de Saint-Louis.

288. *Gravure sur verre.* — On imprime à l'encre grasse sur une feuille de papier mince un dessin représentant les parties qui ne doivent pas être gravées, et on applique cette feuille mouillée sur le verre à graver; l'encre adhère au verre et on détache facilement la feuille de papier; la pièce est alors plongée pendant quelques heures dans un bain d'acide fluorhydrique qui n'attaque que les parties de verre non couvertes d'encre et leur fait perdre leur transparence. On enlève ensuite l'encre, soit avec des essences ou des lessives alcalines, soit mécaniquement.

FABRICATION DU VERRE.

VERRES INCOLORES.

289. Les verres incolores ordinaires, que l'on emploie pour les vitres, les glaces coulées, la gobeletterie, sont des silicates doubles de chaux et de potasse ou de soude. Aussi les matières premières employées pour la fabrication sont-elles de la silice, qui doit être aussi incolore que possible, de la potasse ou de la soude et de la chaux.

La potasse est employée à l'état de carbonate; la soude à l'état de carbonate ou de sulfate; la chaux à l'état de carbonate ou de chaux éteinte.

290. Les matières premières (sable, carbonates de potasse ou de soude, ou sulfate de soude; chaux ou carbonate calcaire) sont mélangées et fondues dans de grands creusets en argile réfractaire qui sont chauffés dans des *fours de fusion*. Chaque creuset se trouve en communication avec une ouverture appelée *ouvreau*, qui est ménagée dans la paroi du four.

Pendant la fusion, la silice du sable décompose les carbonates de potasse ou de soude, produit des silicates de potasse ou de soude qui s'unissent au silicate de chaux formé par l'action de la silice sur la chaux ou sur le carbonate calcaire. L'acide carbonique qui se dégage sert à brasser la matière et à la rendre plus homogène. Quand on a employé le sulfate de soude, il se dégage de l'acide sulfureux qui produit le même effet. A mesure que l'action de la chaleur se prolonge, la matière devient moins bulbeuse, s'éclaircit, s'affine et prend une grande fluidité. Le *fiel de verre*, qui est un mélange de sulfates et de chlorures alcalins contenus dans les produits employés, monte à la surface de la masse fondue et on l'enlève avec des outils en fer. Quand l'affinage est suffisant, ce qui a lieu au bout d'un temps variant entre douze et vingt-quatre heures, on laisse la température s'abaisser de manière à donner au verre la consistance pâteuse qui permet de le travailler; puis on commence le travail que nous allons décrire pour les principales espèces de verre.

FABRICATION DES VERRES A VITRES.

291. Les matières premières employées pour le verre à vitres sont ordinairement :

Sable	100	parties.
Sulfate de soude	30	—
Carbonate de chaux	30	—
Coke destiné à aider la réduction du sulfate de soude	5	—
Bioxyde de manganèse destiné à corriger la teinte verdâtre des verres à base de soude.	5	—

292. Lorsque le verre provenant de la fusion de ces matières est fondu et affiné, le travail commence. Devant chaque creuset se trouve un plancher B (fig. 111) en fonte ou

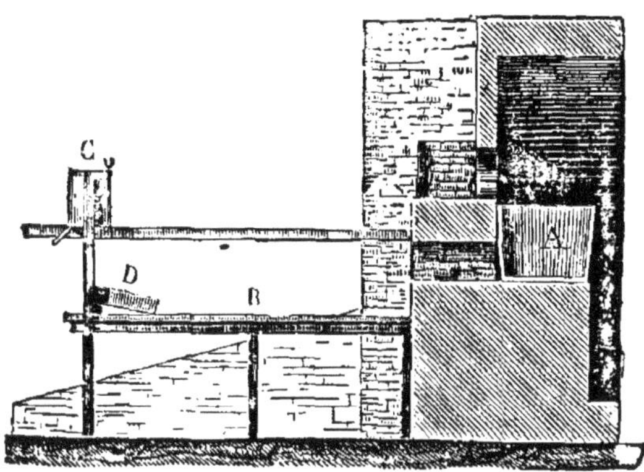

Fig. 111.

en pierre, situé à $2^m,5$ du sol. Chaque creuset est
desservi par un souffleur et un aide appelé le *gamin*.

Le gamin retire une certaine quantité de verre
du creuset en y plongeant un tube creux en fer
appelé *canne* (fig. 112), et terminé par une partie
renflée appelée le *nez*. Ce tube est entouré à sa
partie supérieure d'un manchon en bois qui permet à l'ouvrier de le manier sans se brûler.

Le gamin, après avoir arrondi la masse vitreuse
suspendue à la canne, en la faisant tourner dans
un bloc creux de bois mouillé D (fig. 111), et l'avoir
échauffée à l'ouvreau, la passe au souffleur. Celui-ci,
en soufflant dans la canne, gonfle la masse vitreuse
qui est suspendue à son extrémité et en forme une poire.
Il relève ensuite rapidement la canne en l'air et souffle une
boule qui s'affaisse par le poids du verre et ne s'étend que
dans le sens horizontal. Puis, abaissant la canne en la ba-
lançant comme un battant de cloche et soufflant dedans, il
donne successivement à la masse vitreuse les formes que
représente la figure 113 et arrive à en faire un cylindre
terminé par deux parties arrondies.

Fig. 112.

Pour percer ce cylindre, l'ouvrier en place l'extrémité opposée à la canne dans l'ouvreau, afin de ramollir par la chaleur la partie arrondie; en soufflant ensuite dans la canne, il produit une ouverture que l'on régularise avec des ciseaux. Après refroidissement, on pose le cylindre sur un

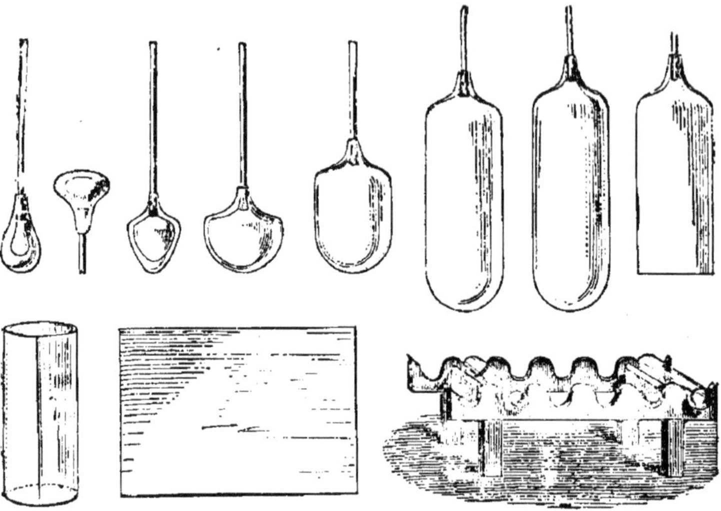

Fig. 113.

chevalet en bois, et on détache la seconde partie arrondie en enroulant, suivant la circonférence, un fil de verre chaud qui détermine une rupture nette. On le fend ensuite dans sa longueur en promenant dans son intérieur, le long d'une même arête, une tige de fer rougie au feu; un des points chauffés étant mouillé avec le doigt, le verre éclate suivant la ligne parcourue par le fer chaud. Souvent aussi on fait ce trait au diamant.

Il s'agit maintenant de transformer ces manchons fendus en une feuille plane de verre à vitres.

A cet effet, on les porte au fourneau d'*étendage* où ils subissent une température assez élevée pour les ramollir; pendant le ramollissement, l'ouvrier les amène l'un après l'autre sur une plaque plane qui est située au milieu du four; puis, avec une règle en bois, il affaisse les deux côtés

qui cèdent au poids de la règle. Il prend ensuite une barre
de fer terminée par une masse du même métal, dont l'un
des côtés est très-poli; il appuie ce côté sur le verre et le
passe rapidement sur toute sa surface, de manière à la
rendre parfaitement plane. On pousse ensuite la feuille de
verre dans un second compartiment du four, où la température est moins élevée et où elle se recuit.

FABRICATION DES GLACES.

293. Les glaces de Saint-Gobain sont des silicates doubles
de soude et de chaux.

Actuellement les verres à glace sont généralement fabriqués par *coulage*.

Nous décrirons rapidement les principaux détails de
l'opération.

Le verre est fondu dans des creusets placés dans le four A

Fig. 114.

(fig. 114). Ces creusets portent sur leur pourtour extérieur,
vers le milieu de la hauteur, une rainure creuse qui permet
de les saisir fortement avec des tenailles F (fig. 115).

La coulée des glaces est une des opérations industrielles les plus curieuses qu'on puisse voir. Elle exige beaucoup d'ensemble et de promptitude.

Lorsque le verre est fondu, les ouvriers saisissent le creuset à la ceinture avec une grande tenaille montée sur roues, et, après l'avoir placé sur un petit chariot en fer, le traînent rapidement, au pas de course, au pied d'une grue D (fig. 114). La tenaille que nous avons décrite (fig. 115), suspendue à l'extrémité de la chaîne de la grue, saisit le creuset E et le maintient suspendu au-dessus de la table de coulée que l'on voit en C. Cette table est en fonte; elle est portée sur des galets. Elle est chaude, très-propre et munie de tringles mobiles qui doivent donner à la glace son épaisseur et sa largeur; sur ces tringles repose un rouleau en fonte servant à laminer le verre.

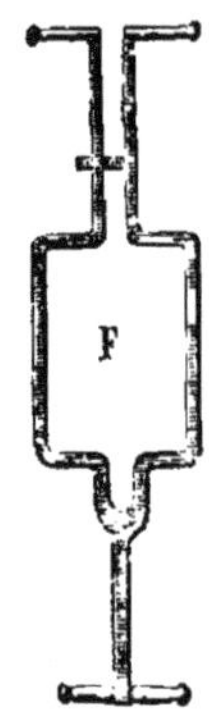
Fig. 115.

Le creuset, suspendu à 1 mètre environ au-dessus de la table, reçoit un mouvement de bascule qui renverse le verre le long du rouleau. La masse vitreuse s'écoule sur la table et le rouleau est immédiatement mis en jeu : guidé par les tringles, il parcourt la table en étendant uniformément le verre; deux mains en cuivre le suivent dans son mouvement et empêchent les bavures de se former sur les côtés; une glace présentant des bavures est une glace perdue, qui casse lorsqu'on la recuit.

La table de coulée est à la hauteur de la sole d'un four appelé *carcaisse*; après la coulée, la glace encore rouge et à peine rigide est poussée dans ce four au moyen d'une large pelle en équerre; elle y reste vingt-quatre à trente heures, pendant lesquelles elle se recuit.

FABRICATION DU VERRE A BOUTEILLES

294. Les matières premières employées à la fabrication du verre à bouteilles sont de nature diverse suivant les localités. On emploie les sables du pays en donnant la préférence à ceux qui, étant calcaires, argileux et ferrugineux, fournissent un verre facilement fusible et, par suite, de production économique.

Le verre des bouteilles est un mélange de silicates de chaux, de soude, d'alumine et de fer.

295. Lorsque le verre est au degré de fusion voulu, le *gamin* en cueille, avec la canne, à plusieurs reprises, jusqu'à ce qu'il ait ramassé la quantité nécessaire pour faire une bouteille. Il passe alors la canne au maître verrier, qui, après avoir façonné le goulot sur une plaque de fer, donne à la masse vitreuse la forme d'une poire (fig. 116) en soufflant dans la canne, puis il l'introduit dans un moule, souffle de nouveau, et la bouteille prend la forme et les dimensions du moule (fig. 117).

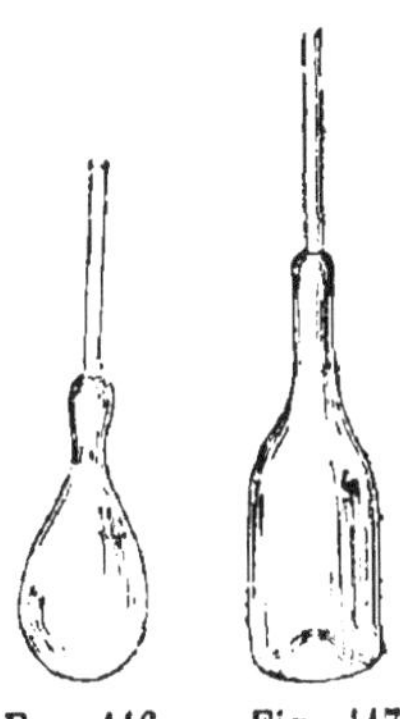

Fig. 116.   Fig. 117.

Le fond de la bouteille est produit à l'aide d'un outil qui n'est autre qu'une petite lame rectangulaire de tôle ; l'ouvrier renverse sa canne, pose son embouchure sur le sol, et appuie un angle de son outil au centre de la bouteille pendant qu'il fait tourner la canne. L'une des arêtes de l'outil façonne alors un cône dans le

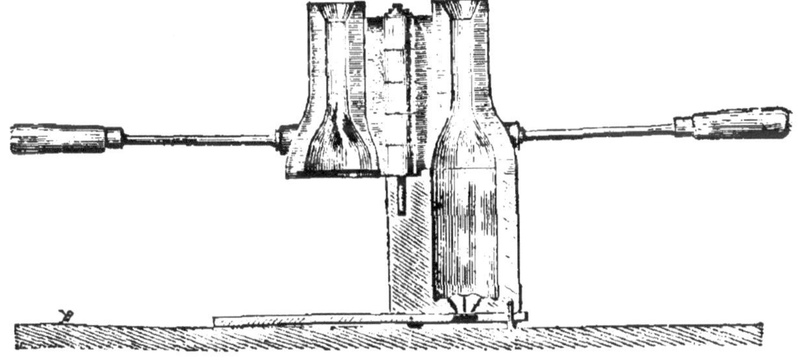

Fig 118.

fond de la bouteille. Le collet se fabrique avec un peu de verre fondu que l'ouvrier enroule sur le col de la pièce.

La bouteille, détachée de la canne, est ensuite portée au four à recuire.

Les bouteilles qui doivent avoir rigoureusement une capacité déterminée sont fabriquées dans un moule métallique qui fait aussi le fond. La figure 118 représente un moule destiné à faire des bouteilles bordelaises à fond presque plat, d'une capacité de 70 centilitres.

CRISTAL.

296. Le cristal est une espèce de verre qui n'est employé que pour les objets de luxe. Il doit présenter une grande transparence, une homogénéité parfaite, et être complétement incolore. C'est un silicate double de potasse et d'oxyde de plomb.

297. **Émail**. — L'émail est du cristal rendu opaque par de l'oxyde d'étain ou du phosphate de chaux que l'on peut colorer par des oxydes métalliques.

298. **Strass**. — Le strass est un verre très-riche en plomb; il a beaucoup d'éclat et possède à un tel degré les feux du diamant qu'il est difficile de l'en distinguer. Coloré par des oxydes métalliques, il sert à imiter les pierres précieuses, comme la topaze, l'émeraude, l'améthyste, le saphir, etc.

CHAPITRE IV

FER. — FONTES. — ACIER. — ZINC. — ÉTAIN.
PLOMB. — CUIVRE.

FER.

299. **Propriétés**. — À l'état de pureté, le fer a une couleur blanche qui se rapproche beaucoup de celle de l'ar-

gent : le bon fer ordinaire en barre est blanc grisâtre, il est plus dur que le fer pur. Le fer est ductile et malléable, il jouit d'une grande ténacité. La densité du fer fondu est 7,4, elle augmente par l'écrouissage et peut devenir égale à 7,84. Le fer se fond à une température voisine de 1600 degrés; il se ramollit avant de se fondre et possède alors la propriété de se souder à lui-même et de prendre sous le marteau toutes les formes qu'on veut lui donner. Pour souder deux morceaux de fer, on chauffe au rouge leurs extrémités, on les saupoudre d'un peu de sable qui, se combinant avec l'oxyde produit à la surface du métal, forme un silicate de fer fusible; les extrémités à souder se trouvent ainsi décapées, et, lorsqu'on les martèle, elles s'unissent intimement et forment un tout homogène.

Le fer et le platine sont les seuls métaux qui puissent se souder sans qu'on soit obligé d'en réunir les parties par un alliage plus fusible appelé *soudure*.

Le fer fondu prend, en se solidifiant, une texture *grenue* que le martelage rend fibreuse et nerveuse. Par des chocs répétés la structure se modifie, devient cristalline, et alors le métal est très-cassant; c'est ce que l'on observe fréquemment dans les essieux de wagons, de locomotives, dans les canons de fer, etc.

La couleur et l'état du fer présentent une relation assez remarquable; un fer de bonne qualité, s'il a une couleur claire, doit être mat, et, par contre, le fer très-brillant doit présenter une teinte gris-foncé.

Les fers dits *fers rouverains* sont quelquefois cassants au rouge par suite de la présence d'une petite quantité de soufre : 1/10000 suffit pour les rendre cassants, 3/10000 rendent le fer insoudable.

Le fer a la propriété d'être attiré par l'aimant; il est inaltérable dans l'air sec, mais s'oxyde facilement à l'air humide ; nous avons vu (222) les détails de cette oxydation.

Il forme avec l'oxygène quatre oxydes : le protoxyde, le sesquioxyde anhydre (rouge d'Angleterre, de Prusse, colcothar) ; le sesquioxyde hydraté, qui constitue la rouille; l'oxyde magnétique ou *oxyde des battitures*, qui se détache

du fer en lamelles noirâtres lorsqu'on chauffe au rouge
et qu'on le martèle ; l'acide ferrique, qui n'est connu que
combiné aux bases.

Le fer décompose la vapeur d'eau au rouge, il se laisse
facilement attaquer par les acides sulfurique, chlorhydrique et azotique dans lesquels ils se dissout.

MÉTALLURGIE DU FER.

300. !Le fer est le plus important des métaux. Il sert à
la construction des nombreuses machines qu'emploie l'industrie ; il remplace le bois et la pierre dans la construction des maisons et édifices, etc.

301. Le fer ne se trouve que rarement à l'état naturel, mais
ses minerais sont très-nombreux, ce sont des oxydes de fer,
ou le carbonate de fer.

On l'extrait de ses minerais en les chauffant avec du
charbon qui les décompose pour s'emparer de leur oxygène,
c'est ce qu'on appelle réduire le minerai.

Cette réduction se fait facilement, mais le fer métallique
réduit se trouve intimement mélangé avec la gangue argi-
leuse du minerai et ses particules ne peuvent pas se réunir.
Si la gangue était très-fusible, il suffirait de chauffer le minerai de manière à le fondre ; en battant ensuite cette
éponge, les particules métalliques s'aggloméreraient, et
le reste serait exprimé comme scorie. Mais la gangue du
minerai de fer étant ordinairement de l'argile ou du quartz,
substances presque infusibles, il faut la mettre en présence d'un oxyde avec lequel elle puisse former un silicate
fusible.

Quand le minerai est très-riche, on sacrifie une partie de
l'oxyde de fer pour la formation de ce silicate, et il se produit alors du silicate double d'alumine et de fer, fusible à
une température assez peu élevée pour que le fer réduit
reste à l'état métallique. On voit que dans cette méthode,
appelée *méthode catalane*, il y a perte d'une certaine quantité de fer.

Quand le minerai n'est pas assez riche pour qu'on puisse en

sacrifier une partie à la fusion de la gangue, on introduit dans
le mélange de charbon et de minerai une certaine quantité
de carbonate de chaux appelé *castine*, qui, en se décomposant, produit de la chaux. Cette chaux se combine avec la
silice de la gangue et forme un silicate double d'alumine

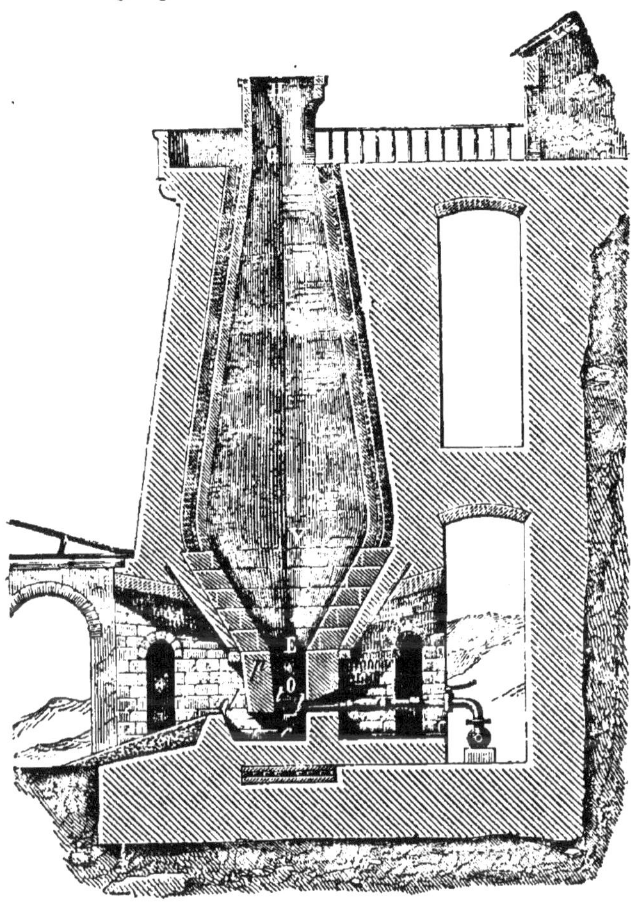

Fig. 119.

et de chaux; mais, ce silicate étant moins fusible que le
silicate d'alumine et de fer, il faut élever beaucoup plus la
température, et alors le fer réduit, au lieu de rester métallique, se combine avec du charbon et passe à l'état de fonte.

12.

Cette méthode, appelée *méthode des hauts fourneaux*, doit donc être suivie d'une seconde opération ayant pour but d'enlever à la fonte son charbon et de la transformer en fer doux ; c'est l'affinage de la fonte.

Cette méthode est la plus généralement employée ; elle se pratique dans des fourneaux semblables à ceux que représente la figure 119, dans lesquels le minerai, le charbon et le carbonate de chaux sont chargés par la partie supérieure ; en *t t'*, débouchent des appareils appelés *tuyères*, qui lancent de bas en haut un courant d'air destiné à activer la combustion et à élever la température. La fonte formée coule en *c* dans le creuset de l'appareil. Quand le creuset est plein de fonte, on débouche un trou de coulée situé à sa partie inférieure, et le liquide incandescent coule et se solidifie dans des canaux semi-cylindriques creusés dans le sol de l'usine ; les morceaux de fonte solidifiés sont appelés *gueuses*.

FONTES.

302. Les fontes sont des combinaisons de charbon et de fer formées d'environ 95 0/0 de fer, et de 2 à 5 de charbon. Elles contiennent des proportions variables de silicium, et de faibles quantités de phosphore, de soufre et d'arsenic.

303. La fonte est employée à la fabrication par moulage d'un grand nombre d'objets servant à l'industrie ou à l'économie domestique.

Les moules sont faits en sable ou en argile ; les pièces qu'on veut durcir beaucoup sont moulées en coquille, c'est-à-dire dans des moules métalliques qui refroidissent beaucoup la fonte et trempent sa surface.

AFFINAGE DE LA FONTE.

304. Affiner la fonte, c'est la décarburer ou la transformer en fer. Voici les principes sur lesquels repose cette transformation : on fond la fonte et on fait arriver sur elle un courant d'air actif ; sous l'influence de l'air, le silicium

qu'elle contient et un peu de fer s'oxydent pour former
un silicate de fer très basique. Le charbon de la fonte
porte alors son action réductrice sur l'excès de base du
silicate et se transforme lui-même en oxyde de carbone.
A mesure que le charbon quitte la fonte pour réduire
l'oxyde de fer, l'affinage s'effectue.

Les particules de fer bien affinées sont agglomérées
par l'ouvrier en une boule ou *loupe* : c'est ce qu'on appelle avaler la loupe. On la sort du four d'affinage et on
la porte, pour en extraire la scorie et agréger le fer,
sous des appareils de cinglage ou marteaux énormes
mus mécaniquement.

ACIER.

305. L'acier est un carbure de fer moins carburé que
la fonte. — Il fond à une température supérieure au
point de fusion de la fonte ; il est malléable à chaud et
à froid, un peu plus dur que le fer. Chauffé au voisinage
de son point de fusion, sa malléabilité disparaît et il se
pulvérise sous le marteau. De là vient la difficulté de
souder l'acier fondu soit avec lui-même, soit avec le fer.

Chauffé au rouge et plongé brusquement dans l'eau
froide, l'acier acquiert des propriétés nouvelles et précieuses : il devient très élastique, très dur et très cassant ; on dit alors qu'il a été *trempé*. La trempe est une
opération délicate ; mal dirigée, elle altère la qualité de
l'acier.

L'acier se fabrique soit par la décarburation partielle
de la fonte, soit par la carburation du fer, obtenue en
chauffant celui-ci avec du charbon en poudre dans des
caisses.

Le procédé Bessemer fournit de grandes quantités
d'acier fondu utilisées dans la construction des machines
et des rails de chemin de fer. Il consiste à faire passer
dans la fonte en fusion un courant d'air violent qui
brûle le charbon de la fonte. On a ainsi du fer en fusion
dans lequel on verse une quantité convenable de fonte

liquide destinée à produire l'aciération par le charbon qu'elle apporte avec elle.

L'acier sert à la fabrication des limes, des objets de quincaillerie, des scies, des ressorts de voiture, des sabres, des épées, des canons; il est employé par la coutellerie, l'horlogerie, etc.

ZINC.

306. Propriétés physiques et chimiques — Le zinc du commerce n'est jamais parfaitement pur; il contient toujours un peu de plomb, de fer et de carbone, quelquefois de l'arsenic.

Le zinc est un métal blanc bleuâtre, à texture cristalline. Sa densité varie de 6,8 à 7,2; il fond vers 400° et distille à 1040°. Le zinc du commerce est mou et graisse la lime, il se gerce en même temps qu'il s'aplatit sous le marteau. Il n'est malléable qu'entre 130° et 150°, ce qui constitue une grande difficulté pour son laminage.

Le zinc se ternit dans l'air humide, il se recouvre alors d'une couche adhérente d'hydrocarbonate de zinc qui préserve le reste du métal de l'oxydation.

Chauffé au contact de l'air, il se convertit en protoxyde qui se répand dans l'air en flocons blancs très-légers. Cet oxyde a été désigné sous le nom de *nihil album*, *pompholix*, *lana philosophica*. La grande combustibilité du zinc est mise à profit par les artificiers : les étoiles brillantes projetées dans l'air par les chandelles romaines sont dues à la combustion vive du zinc pulvérulent; cette combustion est rendue plus active par l'oxygène que lui cède le salpêtre qui est mélangé avec lui.

L'oxyde de zinc est contenu dans le commerce sous le nom de *blanc de zinc;* il est employé en peinture et remplace souvent le blanc de plomb ou carbonate de plomb. Il se fabrique par l'oxydation directe du zinc chauffé à une température suffisante.

L'oxyde de zinc a sur le blanc de plomb l'avantage de ne pas noircir, à l'air, au contact des émanations sulfureuses;

cela tient à ce que le sulfure de zinc est blanc, tandis que le sulfure de plomb est noir. Il n'a pas les propriétés vénéneuses du blanc de plomb. La peinture au blanc de zinc peut remplacer la peinture au blanc de plomb pour l'intérieur des bâtiments; mais, pour l'extérieur, elle paraît lui être inférieure.

Le zinc se dissout facilement dans les acides même les plus faibles, en donnant lieu à des sels incolores et vénéneux. Aussi doit-on en proscrire l'usage, dans l'économie domestique pour les vases qui pourraient renfermer des acides ou des agents capables d'attaquer le métal (vinaigre, corps gras, sel de cuisine, jus de citron).

307. **Usages du zinc.** — Le zinc sert, à l'état de feuilles minces, pour la couverture des toits, pour faire des baignoires, des bassins, des gouttières; il sert à la fabrication du fer galvanisé dont nous avons parlé plus haut; il entre dans la composition du laiton et du maillechort.

308. **Extraction du zinc.** — Les deux minerais du zinc sont le sulfure de zinc ou *blende* et le carbonate de zinc ou *calamine*. Ces deux minerais, qui se trouvent en Sibérie, en Belgique, en Angleterre, sont grillés à l'air et transformés en oxyde de zinc que l'on mélange avec du charbon et que l'on chauffe dans des cornues à une température élevée : l'oxyde de zinc cède son oxygène au charbon et le zinc distille dans des appareils où il se condense.

ÉTAIN.

309. **Propriétés physiques et chimiques.** — L'étain du commerce se présente en feuilles, en baguettes, en tables, en pains, en saumons et en lames. Sous cette dernière forme, il est appelé grain-tin.

L'étain du commerce est le plus souvent impur : il n'y a que celui de Malacca qui jouisse d'une pureté parfaite.

L'étain est d'un blanc argentin dont le reflet est un peu jaunâtre. Par le frottement, il exhale une légère odeur; sa densité est 7,29. Il cristallise facilement; aussi sa texture est-elle cristalline, et, lorsqu'on plie une baguette d'étain, elle fait entendre un bruit particulier appelé *cri de l'étain* qui provient du frottement et du déchirement des cristaux enchevêtrés.

L'étain est mou et très-malléable : c'est lui qui sert à la fabrication des feuilles avec lesquelles on enveloppe le thé et le chocolat; elles s'obtiennent par le martelage, et, pour que le choc du marteau ne les déchire pas, on les met entre des feuilles d'étain plus épaisses.

L'étain et le plomb sont les seuls métaux qui puissent être réduits en lames minces sans qu'on soit obligé de les recuire.

L'étain fond à 228°, c'est le plus fusible de tous les métaux; lorsqu'il est fondu, on peut le couler sur une feuille de papier ou sur un linge sans les brûler.

L'étain s'altère peu à l'air à la température ordinaire, mais, quand on le chauffe, il s'oxyde avec facilité. Lorsqu'on maintient de l'étain en fusion à l'air, il se couvre d'une couche grise, mélange de protoxyde et de bioxyde, que les étameurs appellent *crasse*.

310. Extraction de l'étain. — Le seul minerai d'étain exploité est le bioxyde d'étain ou cassitérite. On le chauffe avec du charbon qui s'empare de son oxygène et met l'étain en liberté.

311. Usages de l'étain. — En vertu de l'innocuité de ses sels sur l'économie animale, quand ils sont pris à petite dose, de la difficulté qu'ont les acides à l'attaquer, de son inaltérabilité à l'air, l'étain est employé à la fabrication de couverts et de vases.

Sa fusibilité très-grande empêchant de l'employer pour la fabrication des vases qui doivent aller au feu, on a imaginé de recouvrir les vases de fer et de cuivre d'une mince couche d'étain qui les préserve de l'oxydation et de l'attaque par les acides ou par les autres agents.

312. Étamage du cuivre. — Pour étamer le cuivre, il faut d'abord décaper la pièce avec soin, c'est-à-dire rendre sa surface nette et brillante; on la saupoudre à cet effet de chlorhydrate d'ammoniaque ou sel ammoniac; on la chauffe et on la frotte vivement avec un tampon d'é-

toupe, de manière à étendre le sel sur toute la surface :
lorsque le décapage l'a rendue brillante, on promène l'é-
tain en fusion à sa surface et on l'étale sur tous les points
avec de l'étoupe. On n'obtient ainsi qu'une couche superficielle qui est très-mince, et qui est bientôt emportée
par le frottement auquel on soumet les vases culinaires
pour les récurer; aussi faut-il surveiller ces vases avec
soin et les faire rétamer à nouveau dès que le cuivre ou
le fer commence à être mis à nu. Cette précaution est
surtout nécessaire avec les vases de cuivre étamés, à
cause de l'action vénéneuse très-redoutable des sels de
cuivre.

On emploie rarement l'étain pur pour l'étamage des vases de cuivre. Pour la plupart des usages, on se sert d'un
alliage d'étain et de plomb, contenant du dixième au quart
de son poids de plomb. Dans ces proportions, l'emploi de
ce dernier métal n'est pas dangereux.

313. Étamage des vases et objets dits en fer battu. —
Les cuillers de fer et les ustensiles en fer battu sont d'a-
bord nettoyés avec du sable et essuyés; on les trempe ensuite dans un bain d'étain et on les frotte avec des étoupes
imbibées de sel ammoniac.

314. Étamage de la fonte. — La fonte, d'abord récurée
avec du sable, est recouverte d'un alliage dû à M. Budi, et
composé de 89 parties d'étain, 6 parties de nickel et 5 parties de fer fondues ensemble. Cet alliage a été préparé en
faisant fondre les métaux précédents dans un fondant composé de borax et de verre pilé.

Il peut aussi être employé avec avantage pour l'étamage
du cuivre.

315. Étamage de la tôle, fer-blanc. — Pour la préserver de l'oxydation, on fait adhérer à la surface de la tôle une
couche d'étain qui la change en *fer-blanc*, et on peut alors
l'employer à une foule d'usages auxquels le fer ordinaire ne
résisterait pas.

La tôle à fer-blanc est ordinairement du fer laminé qui a
été préparée au charbon de bois.

L'étamage de la tôle se fait en plongeant la tôle bien décapée dans des bains alternatifs de graisse fondue et d'étain liquide.

PLOMB.

316. Le plomb est, comme l'étain, l'un des premiers métaux que l'homme ait employés.

317. Propriétés physiques et chimiques du plomb. — Il est gris bleuâtre et très-brillant, quand il est récemment coupé. La densité du plomb pur est 11,35; celle du plomb du commerce peut s'élever jusqu'à 11,455. Le plomb n'a pas d'élasticité, a une ténacité très-faible et peut être laminé, mais son défaut de ténacité empêche qu'on l'étire en fils fins.

Le plomb fond vers 330° et commence à émettre des vapeurs au rouge.

Il s'oxyde et se ternit à l'air, mais l'action s'arrête à la surface : son oxydation est très-rapide quand on fait intervenir la chaleur. Le plomb forme avec l'oxygène quatre oxydes : celui que l'on désigne ordinairement sous le nom de sous-oxyde de plomb, et qui devrait être appelé protoxyde; le protoxyde de plomb, qui est connu dans le commerce sous les noms de *massicot* et de *litharge;* le bioxyde ou acide plombique, et le minium qui est un oxyde intermédiaire entre le protoxyde et le bioxyde.

318. Le massicot se produit quand on chauffe au contact de l'air le plomb liquéfié; c'est un oxyde jaune, très-fusible : chauffé dans un creuset de terre, il s'unit à la silice et à l'alumine de ses parois, et forme à la surface de celles-ci un enduit vitreux très-éclatant. Le creuset se perce souvent pendant cette réaction. Le massicot, qui a subi la fusion et se trouve cristallisé en petites lames, s'appelle *litharge.* Sa couleur est jaune rougeâtre. La litharge sert à la préparation des sels de plomb; elle entre dans la composition de quelques verres; elle est la base des emplâtres pharmaceutiques. On prépare avec elle plusieurs couleurs jaunes qui sont employées dans la peinture à l'huile.

319. Le minium est le résultat de l'oxydation du massicot.

Le minium est, en raison de sa belle couleur, employé pour colorer les papiers de tenture, les cires molles et les cires à cacheter. Il sert à la fabrication du strass, du cristal, du flint-glass; on l'emploie pour le vernis des poteries communes. Avec l'huile et la céruse il forme un mastic rouge qui est employé pour luter les joints des machines à vapeur, des chaudières, des pompes.

320. Au contact de l'eau aérée, le plomb s'altère assez rapidement : nous voulons parler ici des eaux pluviales ou de l'eau distillée aérée, au milieu desquelles il se recouvre d'une couche blanche d'hydrate et de carbonate d'oxyde de plomb; l'eau dissout alors des quantités sensibles d'oxyde de plomb et acquiert des propriétés vénéneuses. Les eaux qui contiennent des sels en dissolution, comme les eaux de source ou de rivière, n'ont pas cette propriété; c'est ce qui fait que les tuyaux en plomb peuvent être employés à la conduite des eaux de sources ou de rivières dont on se sert comme eaux potables. L'action des eaux pluviales sur le plomb est une des principales causes d'altération des toitures en plomb.

321. **Extraction du plomb.** — Le plomb existe dans la nature à l'état de sulfure de plomb ou galène, à l'état de carbonate, de phosphate et d'arséniate.

Le carbonate s'exploite, chaque fois qu'on le rencontre, en le chauffant avec du charbon; le sel se décompose, et l'oxyde est réduit par le charbon; le métal liquide se rassemble dans le creuset.

La galène ou sulfure de plomb est d'un traitement plus difficile. L'une des méthodes employées pour le traiter consiste à le chauffer avec du fer, qui lui prend son soufre pour former du sulfure de fer et laisse le plomb.

322. **Usages du plomb.** — Le plomb est employé en feuilles minces pour la couverture des toits, pour les gouttières, pour garnir intérieurement les réservoirs où l'on conserve l'eau ordinaire; ce que nous avons dit sur l'oxydation du plomb au contact de l'eau de pluie aérée fera comprendre qu'il est important de ne pas employer, pour la préparation des aliments, l'eau de pluie conservée dans

des réservoirs garnis de plomb; tous les sels de plomb étant vénéneux, l'emploi d'une pareille eau pourrait offrir les plus graves inconvénients.

Nous citerons aussi, comme devant être abandonnées, pour la cuisson et la conservation des matières alimentaires, ces poteries vernissées dont on fait un trop fréquent usage. L'oxyde de plomb entre dans la composition du vernis qui les recouvre, ce vernis s'attaque facilement au contact des matières acides ou grasses que renferment les aliments, et donne lieu à la formation de sels de plomb, dont l'action toxique a déjà produit de nombreux accidents.

Le plomb est aussi employé à la fabrication de fils dont se servent les jardiniers : ces fils, moins oxydables que les fils de fer, ont une résistance suffisante pour l'usage auquel on les destine.

Le plomb entre dans l'alliage fusible avec lequel on fabrique les caractères d'imprimerie, dans la soudure des plombiers, dans l'alliage des mesures d'étain; il sert à la fabrication des balles de fusil (il est coulé pour cela dans des moules à balles), à la fabrication du *plomb de chasse.*

On emploie, pour ce dernier usage, du plomb auquel on allie de 0,3 à 0,8 0/0 d'arsenic. L'addition de cette petite quantité d'arsenic donne au plomb la propriété de former des gouttelettes parfaitement sphériques. On se sert pour sa fabrication d'écumoires en tôle percées d'ouvertures plus ou moins grandes; on y verse le plomb fondu par petites quantités; il passe à travers les trous sous forme de gouttes. On doit laisser tomber ces gouttes d'une grande hauteur afin qu'elles puissent se solidifier pendant leur chute; elles sont recueillies dans un réservoir d'eau. On se place pour cette opération au haut de vieilles tours en ruines ou sur le bord d'un puits de mine. Les grains sont ensuite triés dans des cribles à trois trous ronds, et mis à tourner dans des tonneaux avec un peu de plombagine qui leur donne du lustre.

Le plomb est aussi employé à la fabrication des tuyaux qui servent à la conduite des eaux et du gaz de l'éclairage. Pour cela, à l'aide d'une presse hydraulique, on comprime le métal fondu dans un moule annulaire, où il prend les dimensions voulues, et à l'extrémité duquel il sort, d'une manière continue, sous forme de tuyau fabriqué que l'on enroule au fur et à mesure.

PRINCIPAUX COMPOSÉS DU PLOMB.

323. Outre les oxydes de plomb dont nous avons indiqué plus haut la fabrication et les usages, nous citerons le carbonate de plomb, ou *céruse*, ou *blanc de plomb*, qui sert en peinture; le chromate de plomb ou *jaune de chrome*, que l'on prépare en précipitant un sel soluble de plomb par le chromate de potasse; les acétates de plomb employés à la fabrication de la céruse, du jaune de chrome, etc. L'extrait de saturne ou *eau blanche* est un mélange d'acétate sesquibasique et d'acétate tribasique de plomb.

324. Propriétés et usages de la céruse. — La céruse est blanche, insipide, insoluble dans l'eau pure et légèrement soluble dans l'eau chargée d'acide carbonique; soumise avec précaution à l'action de la chaleur, elle laisse comme résidu du minium mélangé à un peu de protoxyde jaune et de carbonate non décomposé. C'est la *mine orange*, qui se divise plus facilement que le minium rouge, et qui, par suite, est plus estimée que lui.

La céruse délayée dans l'huile forme une peinture blanche très-employée qui *couvre* les surfaces mieux que le blanc de zinc, mais qui noircit, au contact des vapeurs sulfureuses, par suite de sa transformation en sulfure de plomb noir.

Le blanc de céruse s'emploie rarement seul. On adoucit ordinairement sa teinte trop vive par une petite quantité de noir ou d'autre couleur; on le mêle également à la plupart des couleurs, soit pour leur donner du liant et les rendre plus siccatives, soit pour les amener au ton désiré. Concurremment avec le sulfate de plomb, il sert à donner aux cartes de visite l'aspect brillant de la porcelaine. La carte est recouverte d'une couche du mélange des deux sels et soumise ensuite au frottement d'un cylindre d'acier poli. On ne doit pas laisser de cartes de visite porcelaine entre les mains des enfants à cause de la présence des sels de plomb.

CUIVRE.

325. Propriétés physiques et chimiques. — Le cuivre a été connu et mis en œuvre dès l'antiquité la plus reculée; il est, après le fer, le métal le plus employé dans les arts.

Le cuivre est rouge; lorsqu'il est frotté, il communique aux doigts une odeur fort désagréable et nauséabonde. Il est très-malléable et très-ductile. Sa densité varie entre 8,8 et 8,9. Il fond vers 1150°; à une température plus élevée, il émet des vapeurs qui brûlent à l'air avec une flamme verte.

Chauffé à l'air, le cuivre y brûle avec facilité, il se forme de l'oxyde noir de cuivre si l'oxygène est en excès, et dans le cas contraire du sous-oxyde rouge.

Exposé à l'air humide, le cuivre se recouvre d'une couche superficielle d'hydro-carbonate de cuivre vert qui le protége contre l'oxydation ultérieure; cette substance est appelée *vert-de-gris* : c'est elle qui se forme à la surface des statues de bronze exposées à l'air humide et que les antiquaires désignent sous le nom de *patine antique.*

Le cuivre ne décompose l'eau ni à froid, ni en présence des acides, à une température élevée.

Sous l'influence des acides les plus faibles ou sous celle des corps gras acides, le cuivre s'oxyde rapidement à l'air; cette oxydation facile, jointe à l'action toxique qu'exercent les sels de cuivre sur l'économie animale, rend très-dangereuse la conservation des aliments dans des vases de cuivre au contact de l'air. Nous avons vu qu'on évite cet inconvénient par l'étamage.

326. Extraction du cuivre. — Le cuivre se rencontre dans la nature à l'état de cuivre métallique ou natif; il existe à l'état de sous-oxyde ou de carbonate, comme au Pérou, au Chili, dans les monts Ourals et à Chessy, près de Lyon. Mais ses minerais les plus abondants sont le soussulfure de cuivre et le sulfure double de cuivre et de fer ou *pyrite cuivreuse*, que l'on rencontre en Allemagne, au Mexique, au Chili.

Les minerais qui contiennent le cuivre à l'état d'oxyde ou de carbonate sont d'un traitement très-facile : on les réduit en les chauffant avec le charbon.

Quant aux pyrites cuivreuses, elles exigent un traitement plus long dont nous ne parlerons pas.

327. Usages du cuivre. — Le cuivre sert à faire des alambics, des chaudières et des ustensiles de cuisine ; à l'état de feuilles minces, il sert au doublage des vaisseaux. Mais, dans la plupart des cas, les arts et l'industrie l'emploient à l'état d'alliage.

328. Laiton . — Allié avec le zinc, il constitue le *laiton* ou cuivre jaune avec lequel on fabrique un si grand nombre d'objets usuels. Quand il est pur, le laiton convient à la fabrication du fil et des épingles, et supporte très-bien le laminage et le choc du marteau. Il a le défaut d'empâter les outils, défaut que l'on corrige par une addition de plomb ou d'étain. Il se prête alors facilement aux travaux du tour, peut être scié et foré.

Les laitons connus sous le nom d'*or de Mannheim, de Corse, similor, tombac, métal du prince Robert, chrysocale, pinchbeck*, renferment tous un peu d'étain, et ne diffèrent entre eux que par les proportions de leurs éléments.

On fabrique le laiton en fondant dans des creusets de terre réfractaire les métaux qui doivent entrer dans sa composition.

Certains objets en laiton doivent être étamés, sans quoi ils se recouvriraient de vert-de-gris, tels sont les épingles et les boutons. Pour les étamer, après les avoir décapés en les maintenant pendant une demi-heure dans une dissolution de crème de tartre, on les fait bouillir pendant une heure avec de l'eau, de l'étain en grenailles et un excès de crème de tartre soluble.

329. Bronze. — Le *bronze* est un alliage de cuivre et d'étain ; il est employé à la fabrication des canons, des statues, des cloches, tymbales, cymbales et tam-tams, des médailles et monnaies de cuivre.

330. Maillechort. — On emploie à la fabrication des
théières, des couverts, des gobelets, etc., un alliage de
cuivre, de zinc et de nickel appelé *maillechort*, qui est remarquable par sa densité très-grande et sa faible altérabi-
lité à l'air.

331. Bronze d'aluminium. — Nous citerons encore le
bronze d'aluminium, dont on doit la découverte à M. Debray, et qui est un alliage composé de 10 parties d'aluminium et de 90 parties de cuivre, possédant une densité
supérieure à celle du bronze ordinaire; il se travaille à
chaud plus facilement que le meilleur fer doux, il a une
couleur jaune qui le fait confondre facilement avec l'or; il
est employé maintenant en assez grande quantité pour la
fabrication d'un grand nombre d'objets, chaînes de montre,
boutons de manches, boîtes de montre, cuillers, fourchettes, etc...

MERCURE.

332. Propriétés physiques et chimiques. — Le mercure est le seul métal liquide à la température ordinaire; il
ne se congèle qu'à une température de 40° au-dessous de
zéro. Il bout à 350°. Il est blanc et sa densité est 13,596.

A la température ordinaire, il s'altère peu à l'air, mais
à la longue cependant il se recouvre d'une pellicule grisâtre de protoxyde, qui se dissout en partie dans le métal;
à la température de son ébullition, il s'oxyde facilement et
se transforme en bioxyde rouge. Le mercure forme des
amalgames avec tous les métaux, aussi doit-on surtout
préserver de son action les objets d'or et d'argent (montres,
bagues, etc.). Le fer, le platine et l'aluminium ne s'allient
pas au mercure, et résistent à son action.

Les vapeurs mercurielles ont une action lente mais fort
délétère sur l'économie animale, et donnent lieu à des
tremblements et à des salivations abondantes chez les
hommes qui manient souvent ce métal.

333. Extraction du mercure. — Le règne minéral renferme un certain nombre de combinaisons mercurielles;

le mercure s'y trouve à l'état métallique, à l'état de chlorure, d'iodure, etc...; mais le seul minerai exploité est le sulfure de mercure ou *cinabre;* ce minerai est composé, en proportions variables, de mercure métallique ou *mercure coulant,* et de mercure sulfuré. Les mines les plus célèbres sont celles d'Amalden et d'Almadenejos, sur les confins de la province de Cordoue, en Espagne, celles d'Idria, en Illyrie, et du duché de Deux-Ponts, en Bavière.

On extrait le mercure par grillage et par distillation. Le soufre du cinabre se transforme en acide sulfureux et le mercure distille; sa vapeur se liquéfie dans des appareils de condensation.

334. Usages du mercure. — Le mercure est employé en physique à la construction des baromètres, des thermomètres, des manomètres; en chimie, on l'emploie à remplir des cuves sur lesquelles on recueille les gaz solubles dans l'eau. La plus grande partie du mercure retiré du cinabre sert à l'extraction de l'or et de l'argent.

335. Étamage des glaces. — Il est aussi employé à l'étamage des glaces. Cette opération consiste à recouvrir l'une des faces d'une lame de verre d'un alliage métallique (amalgame d'étain), qui la transforme en miroir par la propriété qu'il a de réfléchir la lumière. Voici comment s'exécute cette opération :

La lame de verre, lorsqu'elle sort de la verrerie, est rugueuse; on la polit d'abord avec du grès grossier, au moyen d'une autre glace de plus petites dimensions, puis avec de l'émeri, et enfin avec du colcothar délayé dans l'eau.

Alors sur une table de marbre bien dressée, encadrée de bois et entourée de rigoles, on étend une feuille d'étain battue, à la surface de laquelle on promène, à l'aide d'une patte de lièvre, une petite quantité de mercure. On verse ensuite sur toute la feuille une couche de mercure de 4 à 5 millimètres d'épaisseur. Puis, plaçant la glace sur l'une des extrémités de la feuille d'étain, on la fait glisser sur elle de manière que les bords poussent devant eux le mercure en excès, qui s'écoule par les rigoles pratiquées dans la table. La glace, en se transportant parallèlement à elle-même, a chassé une grande partie du mercure sans laisser aucun vide entre elle et la lame d'étain, et toutes les impuretés du mercure qui se trouvent à sa surface sont ainsi expulsées. Lorsque la glace recouvre exactement la couche de mercure, on la charge de blocs en plâtre qui, par leur pression, chassent l'excès de métal liquide et déterminent l'adhérence de la feuille d'étain alliée au mercure.

PRINCIPAUX COMPOSÉS DU MERCURE.

336. Parmi les composés du mercure susceptibles d'applications pratiques, nous citerons le sulfure de mercure ou cinabre, qui est employé sous le nom de *vermillon*. Les Hollandais ont eu longtemps le monopole de sa fabrication.

Nous citerons encore le protochlorure de mercure ou *calomel*, ou mercure doux, et le bichlorure ou *sublimé corrosif*. Le calomel est employé en médecine ; le sublimé corrosif, qui est un poison très-énergique, sert à assurer la conservation des pièces d'anatomie, des objets d'histoire naturelle. Car, plongées dans une dissolution aqueuse ou alcoolique de sublimé corrosif, les matières organiques y acquièrent une grande dureté ; elles deviennent imputrescibles et inattaquables par les insectes et par les agents atmosphériques.

ARGENT.

337. **Propriétés physiques et chimiques.** — L'argent est un métal connu de toute antiquité, il est le plus blanc de tous les métaux lorsqu'il est pur ; il est susceptible de prendre un beau poli, et, sous ce rapport, il ne le cède guère qu'à l'acier. Après l'or, c'est le métal le plus malléable et le plus ductile ; avec un poids de 5 centigrammes d'argent, on a pu faire des fils de 130 mètres de longueur. Il est assez tenace. Sa densité est 10,5. Il fond à 1000° et, à une température très-élevée, il émet des vapeurs vertes.

L'argent a peu d'affinité pour l'oxygène; il ne s'oxyde pas à l'air humide, ce qui le rend très-précieux pour la fabrication d'une foule d'objets, couverts, bijoux, etc...

L'acide sulfhydrique le noircit rapidement, en produisant à sa surface du sulfure d'argent. C'est par la présence de l'acide sulfhydrique dans l'air que l'on doit expliquer que les objets en argent se noircissent à la longue. On leur rend facilement leur couleur et leur brillant en les frottant avec une toile fine légèrement imbibée d'une dissolution d'ammoniaque.

L'argent se ternit lorsqu'on le laisse en contact avec des chlorures alcalins, comme le sel marin, parce qu'il se forme à la surface une pellicule de chlorure d'argent. C'est pour cela qu'on doit laver l'intérieur des salières d'argent.

338. Extraction de l'argent. — L'argent métallique est assez rare dans la nature : il se trouve ordinairement à l'état de sulfure double d'argent et d'arsenic, ou de sulfure double d'argent et d'antimoine. Ces minerais se trouvent en Saxe, au Mexique, au Chili et au Pérou.

Il y a deux méthodes pour traiter les minerais d'argent; elles consistent toutes deux à faire passer l'argent à l'état de chlorure que l'on dissout dans le chlorure de sodium, et à précipiter ensuite l'argent de cette dissolution à l'aide d'un métal plus chlorurable. On met ensuite la matière en contact avec le mercure qui s'allie à l'argent, et l'on obtient celui-ci comme résidu par distillation de l'amalgame.

339. Usages de l'argent. — L'argent, à l'état de pureté, est trop mou pour pouvoir être employé dans l'industrie. Mais, allié avec le cuivre, il a une densité qui permet de le faire servir à la fabrication des monnaies, des bijoux, des fourchettes et cuillers de table, de la vaisselle plate, etc.

On sait que le titre d'un alliage est le rapport qui existe entre le poids d'argent que contiennent 1000 parties d'alliage et 1000.

Voici les titres des principaux alliages d'argent :

13.

Monnaies d'argent de France... $\frac{875}{1000}$ (argent 875, cuivre 135).

Médailles..................... $\frac{950}{1000}$ (argent 950, cuivre 50).

Vaisselle et argenterie......... $\frac{950}{1000}$ (argent 950, cuivre 50).

Bijoux..................... $\frac{800}{1000}$ (argent 800, cuivre 200).

Comme il serait difficile d'obtenir toujours rigoureusement ces titres, la loi accorde une *tolérance* au-dessous et au-dessus du titre légal. Sa tolérance est de $\frac{2}{1000}$ au-dessus et au-dessous pour la monnaie et les médailles, de $\frac{5}{1000}$ au-dessous pour la bijouterie, la vaisselle et l'argenterie.

Les objets d'argent doivent tous porter un contrôle posé par l'administration après qu'elle a fait vérifier le titre. Lorsqu'une pièce fabriquée par un orfévre est au-dessous du titre légal, on la brise pour en empêcher la mise en circulation.

La détermination du titre de l'argent est effectuée dans des bureaux d'essai.

Les sels d'argent sont employés en photographie. (Voir nos leçons de physique.)

OR.

340. **État naturel, extraction.** — L'or est de tous les métaux celui qui, après le fer, est disséminé à la surface du globe de la manière la plus générale; mais, dans tous ses gisements, il se rencontre toujours en quantité infiniment petite; il se présente constamment à l'état métallique.

Les mines d'or les plus abondantes se trouvent en Amérique; l'Europe en possède d'assez riches, notamment dans l'Oural et l'Altaï (Russie).

L'or se rencontre ordinairement dans des sables quartzeux désagrégés qui forment des alluvions très-étendues, ou dans des filons quartzifères. Dans ce dernier cas, avant d'être soumis au traitement de lavage dont nous allons parler, le minerai doit être broyé.

Le lavage des minerais a pour but de séparer l'or des

matières auxquelles il se trouve mélangé : il se fait de deux
manières, soit à la main, soit mécaniquement.

L'or extrait par ces lavages est soumis à l'amalgamation,
et la distillation de l'amalgame laisse l'or comme résidu.

341. Propriétés physiques et chimiques. — L'or a
une belle couleur jaune, et peut prendre par le polissage
un éclat remarquable. C'est le plus ductile et le plus malléable de tous fes métaux. Sa densité est égale à 19,5. Il
fond à 1200° environ. Il est avec le platine le plus inaltérable des métaux usuels, et ne se ternit à l'air dans aucune
circonstance : le chlore et le brôme sont les seuls métalloïdes capables de l'attaquer à froid ; aucun acide ne
l'attaque, l'eau régale seule le dissout et le transforme en
chlorure.

342. Usages — L'or sert à la fabrication des monnaies
et des bijoux d'or, dans lesquels il est allié avec le cuivre.
L'or des monnaies contient $\frac{900}{1000}$ d'or, celui des médailes
$\frac{916}{1000}$. Pour les bijoux, il y a trois titres : $\frac{920}{1000}$, $\frac{842}{1000}$ et $\frac{730}{1000}$

DORURE ET ARGENTURE.

343. Dorure. — Les propriétés si précieuses de l'or, tant
au point de vue de son inaltérabilité qu'à celui de sa couleur et de son éclat, l'ont fait employer pour recouvrir
d'une mince couche de ce métal des objets en bronze ou
même en argent.

Les procédés employés sont de plusieurs sortes ; nous
allons les passer rapidement en revue.

344. Dorure au trempé. — La dorure au trempé est
fondée sur ce principe qu'un métal précipite toujours de
leurs dissolutions les métaux moins oxydables que lui :
un objet en cuivre, par exemple, plongé dans une dissolution d'or précipite l'or à sa surface. Il y a dans ce procédé
quatre opérations distinctes :

1° Préparation du bain ;
2° Préparation des objets à dorer ;
3° Dorure ;
4° Mise en couleur.

1° *Préparation du bain.* —Le bain indiqué par M. Elking-
ton, et qui sert encore aujourd'hui, est composé de :

<pre>
Eau..................................... 10 kilogr.
Bicarbonate de potasse ou de soude......   5   —
Or réduit en chlorure.................. 75 grammes.
</pre>

La moitié du bicarbonate est dissoute dans une marmite
en fonte, dorée déjà par des opérations antérieures; on y
verse le chlorure d'or par petites portions, et, après avoir
ajouté le reste du bicarbonate, on fait bouillir pendant deux
heures, en ayant soin de remplacer l'eau perdue par évaporation.

2° *Préparation des objets à dorer.* — Supposons que l'on
veuille dorer des bijoux en cuivre, il faut que leur surface
soit parfaitement nette, complétement débarrassée des
corps gras qui empêcheraient le contact de la pièce et du
bain. Pour cela, on les recuit à la température du rouge
sombre sur un feu de charbon de bois, et mieux sur un
feu de mottes dont la température est plus facile à diriger ;
la matière grasse brûle, mais en même temps le métal
s'oxyde un peu ; pour le débarrasser de cet oxyde, on le
soumet au *dérochage,* opération qui consiste à passer l'objet
dans des bains acides qui dissolvent l'oxyde et en rendent la
surface parfaitement nette.

3° *Dorure.* — Les objets sont rincés à grande eau, plongés vivement dans un bain composé d'eau, d'azotate de
mercure et d'acide sulfurique, puis dans un baquet contenant de l'eau courante, et enfin dans le bain d'or, où on
les laisse pendant un temps qui varie avec l'état de celui-ci.

4° *Mise en couleur.* — Pour donner à l'or déposé plus de
brillant et d'éclat et assurer la conservation de la dorure,
on pratique la mise en couleur, qui consiste à plonger les
objets dans un bain contenant de l'azotate de potasse, des
sulfates de fer et de zinc.

345. **Dorure au mercure.** —La dorure au mercure est
fort peu employée maintenant : nous ne l'étudierons que
sommairement. Les objets, après avoir été dérochés et décapés, comme nous l'avons dit pour la dorure au trempé,

sont frottés avec une brosse en fil de laiton trempée dans
de l'azotate de sous-oxyde de mercure, puis avec une brosse
trempée dans un amalgame formé de 1 partie d'or et de
8 parties de mercure. On les chauffe ensuite de manière
à volatiliser le mercure, et l'or reste à leur surface. On leur
donne de l'éclat et du brillant par des lavages et brossages
convenables.

Ce mode de dorure est très-dangereux pour la santé des
ouvriers, à cause de la volatilisation du mercure, dont les
vapeurs sont très-nuisibles. Cette volatilisation doit être
exécutée dans des fours ayant un fort tirage.

346. Dorure électro-chimique. — Ce procédé repose
sur la décomposition des sels métalliques par le courant
électrique. (Voir nos Leçons de physique.)

Ce que nous avons dit de la préparation des objets à propos de la dorure au trempé nous dispense de revenir sur
ses opérations qui sont les mêmes : le dérochage et le décapage se font comme nous l'avons indiqué ; il n'y a pas de
ravivage.

Les objets sont ensuite suspendus au pôle négatif d'une
pile dont les électrodes plongent dans des bains formés de cyanure double d'or et de potassium dissous
dans l'eau. Pour faire ces bains, on dissout 50 grammes d'or dans l'eau régale ; on évapore jusqu'à consistance sirupeuse, on reprend par l'eau tiède et on ajoute
peu à peu 1 kilogr. de cyanure de potassium qu'on a préalablement dissous dans l'eau. On forme ainsi 50 litres de
bain. Il est bon de ne l'employer qu'après l'avoir fait bouillir pendant plusieurs heures. La température la plus convenable pour opérer est de 70 degrés.

A la sortie de ce bain, la pièce subit l'opération du brunissage, qui a pour effet de la polir. Le brunissage s'effectue au
moyen de pierres dures, agates, hématites, enchâssées dans
des manches en bois, ou d'outils en acier parfaitement poli.

347. *Dorure mate.* — Quand on veut avoir une dorure
mate, il faut, avant la dorure, donner à la surface de l'objet un mat parfait ; on y arrive en déposant à sa surface une
couche d'argent, que l'on précipite, à l'aide d'un courant

très-faible, d'un bain qui ne doit pas contenir plus de 8 grammes d'argent par litre.

ARGENTURE.

348. Les propriétés précieuses de l'argent le font aussi employer pour recouvrir les objets tels que cuillers, fourchettes, dessus de table, etc.

349. **Argenture électro-chimique.** — Le procédé le plus employé est le procédé électro-chimique, qui est analogue aux opérations de dorure que nous venons de décrire. Les objets, après les préparations nécessaires, sont suspendus au pôle négatif d'une pile dans un bain de cyanure double d'argent et de potassium.

Au sortir du bain la pièce est mate et passe au brunissage.

350. **Argenture au trempé.** — Cette méthode n'est employée que pour des objets de peu d'importance. Elle s'effectue à la température de l'ébullition dans un bain de cyanure double de potassium et d'argent contenant 5 gr. d'argent par litre et sur des pièces très-bien décapées.

351. **Dorure et argenture à la feuille.** — Les procédés de dorure sur bois, sur plâtre, ou sur carton-pâte, exigent des préparations que nous ne ferons qu'indiquer, ces opérations étant plutôt mécaniques que chimiques. Les surfaces bien préparées au blanc et poncées à la prêle sont enduites d'un mordant appelé *or en couleur* qui détermine l'adhérence des feuilles d'or que l'on applique au moyen d'un pinceau en poils de putois; puis on vernit au vernis gras ou l'on brunit avec la pierre d'hématite ou l'agate.

L'argenture à la feuille est maintenant presque délaissée.

352. **Plaqué d'argent.** — Il est encore un moyen d'appliquer l'argent sur le cuivre; on l'appelle *placage*. Au moyen du borax et de la chaleur d'un four à moufle, on soude une feuille d'argent fin sur un lingot de cuivre rouge enduit d'azotate d'argent, puis on lamine ensemble les deux métaux encore chauds. On obtient ainsi des plaques argentées que l'on travaille et avec lesquelles on fait des

objets divers. Ce procédé a perdu beaucoup de son importance depuis la découverte de l'argenture électro-chimique. Mais on fait maintenant pour les bijoux beaucoup de *plané* d'or. On soude à chaud par la pression d'une presse hydraulique une lame d'or à une lame de maillechort ou même d'argent. On passe ensuite le tout au laminoir de manière à réduire, autant que l'on veut, l'épaisseur de la couche d'or.

352 *bis.* **Argenture des glaces.** — L'étamage des glaces est presque partout remplacé par l'argenture. Ce procédé consiste à verser à la surface de la glace une dissolution d'argent mélangée à l'ammoniaque et à l'acide tartrique. L'acide tartrique réduit le sel d'argent et précipite sur la glace une couche d'argent, qui sert de surface réfléchissante.

PLATINE.

353. État naturel. — **Extraction.** — Le platine n'a été introduit en Europe que vers la moitié du xviiie siècle. Les mineurs d'Amérique le connaissaient depuis longtemps sous le nom de *petit argent* (platina).

On trouve le platine à l'état métallique dans des sables qui ont beaucoup d'analogie avec les sables aurifères. Il y est sous la forme de petits grains associés avec beaucoup d'autres métaux, parmi lesquels se trouve l'or.

Le minerai, bien débarrassé du sable par des lavages, est traité par le mercure qui en sépare l'or, puis on le traite par l'eau régale concentrée, qui dissout presque tout le platine avec une petite quantité des autres métaux qui l'accompagnent. La dissolution est traitée par le chlorhydrate d'ammoniaque qui y forme un précipité jaune de chlorure double de platine et d'ammoniaque. Ce précipité, lavé et calciné au rouge, se décompose, laisse dégager le chlore et l'ammoniaque qu'il contient, et donne pour résidu la *mousse ou éponge* de platine, masse spongieuse d'un gris tendre.

Avant les travaux de MM. Henri Sainte-Claire Deville et

Debray, on ne connaissait d'autre moyen de donner de la consistance à cette éponge qu'en la comprimant fortement dans un cylindre creux en fer, puis en la chauffant au rouge-blanc et la martelant.

Ce procédé est maintenant remplacé par la fusion du platine, qui s'effectue dans des fours en chaux chauffés par la flamme du chalumeau à gaz.

354. Propriétés physiques et chimiques. — Le platine est un métal d'un blanc grisâtre, ductile, très-malléable et très-tenace quand il est pur. Sa densité est 21,15.

Le platine, même obtenu par fusion, devient incandescent au contact du mélange d'oxygène et d'hydrogène qu'il enflamme ; ce phénomène se produit plus facilement avec la mousse de platine.

Il n'est oxydable directement à aucune température ; aucun acide simple ne l'attaque ; il ne se dissout que dans l'eau régale et à chaud dans les alcalis.

355. Usages. — Les usages du platine sont assez limités par suite de son prix élevé ; il sert à la fabrication des appareils à concentrer l'acide sulfurique ; à cause de son inaltérabilité et de la température élevée qu'il peut supporter sans se fondre, on l'emploie dans les laboratoires pour faire des creusets, capsules, tubes, cornues, etc.

LIVRE IV

CHIMIE ORGANIQUE

---

356. On désigne sous le nom de *matières organiques* des composés nombreux qui se forment dans les végétaux et dans les animaux.

Parmi ces composés, les uns constituent essentiellement les tissus des végétaux ou des animaux, comme la cellulose ou la fibrine. Ce sont les *substances organisées*. Elles sont constituées en général par des cellules ou des fibres qui se développent sous l'influence de l'action vitale ; elles sont incapables de cristalliser ou de se volatiliser sans se détériorer. Les autres, que l'on désigne sous le nom de *substances organiques*, ont, comme le sucre, l'acide acétique, l'alcool, des propriétés physiques bien définies, sont caractérisées par leur forme cristalline, par leur point de fusion ou d'ébullition. La chimie organique fait l'étude de toutes ces substances, non-seulement au point de vue de leurs propriétés particulières, mais aussi à celui de leurs transformations et des actions réciproques si variées qu'elles peuvent exercer l'une sur l'autre.

357. Les substances qu'étudie la chimie organique sont excessivement nombreuses, et cependant il n'entre dans leur composition qu'un nombre très-restreint de corps simples. L'immense majorité des matières organiques n'en coruent que quatre : le carbone, l'oxygène, l'hydrogène et l'azote. Toutes renferment du carbone, aussi dit-on quel-

quefois que la chimie organique est l'étude des combinaisons du carbone. Les matières végétales contiennent rarement de l'azote ; les unes comme l'amidon, le sucre, sont des
composés ternaires de carbone, d'hydrogène et d'oxygène ;
les autres, comme l'essence de térébenthine, la benzine,
sont des composés binaires, des carbures d'hydrogène.

On rencontre quelquefois le chlore, le brome, l'iode et le
soufre dans les matières organiques, mais ce sont là des
cas exceptionnels, et ces corps ne doivent pas être considérés comme entrant dans la composition normale des matières organiques.

Malgré le nombre si restreint des éléments qui entrent dans
la constitution des matières organiques, elles sont cependant excessivement nombreuses, par suite des combinaisons variées auxquelles peut donner lieu le groupement de
ces éléments.

Les végétaux et les animaux nous offrent rarement les
matières organiques isolées à l'état de pureté. Ils sont en
général un mélange de diverses espèces ; c'est ainsi qu'un
citron renferme du sucre, de l'acide citrique, de la cellulose, une essence, de l'albumine, etc.

358. Quand on veut étudier un produit naturel végétal ou
animal, il faut d'abord séparer les unes des autres les diverses espèces qui le constituent, et qu'on appelle *principes
immédiats*. Cette première sorte d'analyse est appelée *analyse immédiate*. On fait ensuite l'analyse élémentaire des
principes immédiats isolés en déterminant la nature et la
proportion des corps simples qui entrent dans leur composition. Nous n'étudierons pas les méthodes qu'emploient
l'analyse immédiate et l'analyse élémentaire.

359. Les matières organiques peuvent être divisées et
classées par série à un point de vue théorique qui ne peut
nous occuper ici ; nous les diviserons en substances acides,
basiques et neutres, et c'est en suivant cette classification
que nous les étudierons. Nous ne porterons, du reste, notre
attention que sur les plus importantes et sur celles qui
donnent lieu aux applications pratiques les plus intéres-
santes.

CHAPITRE PREMIER

ACIDES ET BASES ORGANIQUES.

360. Les acides organiques sont excessivement nombreux ; nous n'étudierons que quelques-uns d'entre eux, les plus importants au point de vue de leur abondance et de leurs applications.

ACIDE ACÉTIQUE.

361. **Propriétés de l'acide acétique.** — L'acide acétique, chimiquement pur, est solide au-dessous de 16 degrés : c'est ce que l'on appelle l'acide acétique cristallisable dont se servent les photographes ; à 16 degrés il est liquide, incolore ; sa densité est 1,063 ; son odeur est pénétrante, sa saveur très-acide ; mis en contact avec la peau, il y produit des ampoules.

Il peut être considéré comme le résultat de l'oxydation d'un corps que nous étudierons plus loin et qu'on appelle *alcool*.

Étendu d'eau, l'acide acétique constitue le vinaigre.

PRÉPARATION INDUSTRIELLE DE L'ACIDE ACÉTIQUE OU VINAIGRE.

362. 1° **Par la méthode d'Orléans ou du vin.** — Cette méthode consiste à oxyder à l'air l'alcool que contient le vin. Les vins destinés à l'acétification peuvent être indifféremment blancs ou rouges, mais ils doivent toujours être parfaitement clairs ; aussi prend-on la précaution de les filtrer lorsqu'ils présentent le plus léger trouble.

Les appareils destinés à l'acétification du vin sont des tonneaux placés dans des celliers où les vinaigriers entretiennent une température de 30 degrés environ ; cette température ne doit pas être dépassée. On introduit dans un

tonneau dont la capacité est de 230 litres, 100 litres de vinaigre de bonne qualité, puis un dixième en volume de vin
ordinaire. Après six semaines ou deux mois, on retire, de
huit jours en huit jours, 10 litres de vinaigre et on ajoute
10 litres de vin. Ce procédé est lent et ne donne, une fois
mis en train, que 10 litres de vinaigre tous les huit jours.

M. Pasteur a étudié, il y a quelques années, les conditions dans lesquelles se fait l'acétification du vin, et a proposé d'heureuses modifications à ce procédé.

Il a découvert qu'à la surface du vinaigre se développe
une plante qu'il appelle *mycoderma aceti*, que le développement de cette plante est nécessaire à l'acétification, et que,
si l'on vient à la submerger dans le liquide, de manière à la
soustraire au contact de l'air, l'oxydation de l'alcool s'arrête. Il a remarqué d'ailleurs que les animalcules dits
anguillules du vinaigre, qui se développent dans ce liquide,
se trouvant privés de l'oxygène de l'air nécessaire à leur
respiration par la présence du mycoderme qui s'étale
comme un voile à la surface du liquide, réunissent leurs
efforts pour le submerger, l'entraîner au fond du liquide et
lui faire perdre ainsi la propriété qu'il a d'opérer l'acétification de l'alcool. De là résulte la lenteur avec laquelle se
fabrique le vinaigre, puisque, pendant l'opération, le mycoderme, agent nécessaire de l'acétification, se trouve souvent submergé, et qu'il faut qu'il s'en développe une
nouvelle quantité à la surface du liquide pour que la transformation recommence.

M. Pasteur, pour éviter ces inconvénients, sème le *mycoderma aceti* à la surface d'une eau contenant 20 pour 100
de son volume d'alcool et 1/10 d'acide acétique; il active
son développement en ajoutant à la liqueur des phosphates
qui sont la nourriture minérale de la plante. De cette manière, le mycoderme se développe avec rapidité; les anguillules n'ont pas le temps d'apparaître et d'exercer leur action
nuisible. A mesure que l'acétification s'opère, on ajoute de
nouvelles quantités de vin.

Par ce procédé, une cuve de 1 mètre carré de surface,
contenant 50 à 100 litres, fournit par jour 5 à 6 litres de vi-

naigre. M. Pasteur opère à une basse température, ce qu
permet la conservation des principes qui donnent du mon-
tant au vinaigre.

363. 2° **Par la méthode allemande.** — Ce procédé est
plus rapide que le procédé d'Orléans, mais il donne un vinaigre de qualité inférieure. L'appareil inventé par Wage-
mann et de Schulzenbach est d'une grande simplicité. A la
partie supérieure d'un tonneau de 2 mètres de haut et 1 mètre de diamètre se trouve un double fond *ii* (fig. 121) percé
de trous à travers lesquels
passent des bouts de ficelle
qui les bouchent partiellement ; le tonneau est rempli
de copeaux de hêtre et présente des trous *a* sur sa surface latérale. Le liquide alcoolique, composé de 1 partie
d'alcool, 5 parties d'eau et
1 millième de levûre de bière,
est versé par le tube *d* qui
traverse le couvercle, s'écoule
lentement le long des ficelles,
traverse les copeaux sur lesquels il s'étale et présente

Fig. 121.

une large surface à l'oxydation. L'air entre par les trous *a*,
traverse le tonneau en sens inverse, transforme l'alcool en
vinaigre et s'échappe par le tube *t*.

364. 3° **Par la distillation du bois.** — On peut aussi fabriquer le vinaigre par la distillation du bois. L'acide acétique obtenu par cette distillation est impur, il est appelé acide
pyroligneux ; on le transforme en acétate de soude que l'on
traite ensuite par l'acide sulfurique qui transforme l'acétate
de soude en sulfate de soude, et chasse l'acide acétique que
l'on recueille par distillation.

365. **Usages de l'acide acétique et des acétates.** — Le
vinaigre est surtout employé pour l'assaisonnement des
mets et pour la conservation des condiments ; il n'est que
peu utilisé dans l'industrie. L'acide pyroligneux, soit brut,

soit rectifié, est rarement employé à l'état libre; il sert pour
la conservation de quelques substances, mais son importance lui vient de l'emploi qu'on en fait dans la fabrication
des acétates.

Les acétates d'alumine et de fer sont d'une grande utilité
dans la teinture et dans l'impression des tissus; l'acétate
de cuivre, ou *vert-de-gris*, est employé en quantité considérable pour la peinture et pour la fabrication des papiers
peints.

ACIDE OXALIQUE.

366. **État naturel.** — Cet acide est très-répandu dans
le règne végétal, notamment à l'état de bioxalate de potasse
dans la grande oseille.

367. **Préparation.** — 1° Dans la Souabe et en Suisse on
l'extrait de la grande oseille, dont on presse les feuilles
pour en faire écouler un jus dont on retire le *sel d'oseille*,
qui n'est qu'un mélange de biooxalate et de quadroxalate de
potasse. Ce sel, dissous et traité par l'acétate de plomb,
donne un précipité d'oxalate de plomb insoluble, que l'on
décompose par une quantité convenable d'acide sulfurique
étendu, qui donne du sulfate de plomb insoluble et de l'a-
cide oxalique en dissolution. La dissolution laisse cristalliser l'acide oxalique.

2° On peut aussi préparer l'acide oxalique en oxydant
le sucre par l'acide azotique.

368. **Propriétés.** — L'acide oxalique se présente sous la
forme de cristaux blancs. Il a une telle acidité que sa saveur est insupportable : il agit sur les animaux comme un
poison très-corrosif et partage ces propriétés vénéneuses
avec le *sel d'oseille*. Aussi ne doit-on jamais laisser ces substances à la portée des enfants : cette sorte d'empoisonnement doit être combattue par la magnésie délayée dans
l'eau.

369. **Usages.** — L'acide oxalique est employé en teinture, les imprimeurs sur tissus s'en servent pour dissoudre
en certains points les oxydes dont les étoffes sont impré-

gnées; aux points rongés le tissu devient blanc, tandis qu'à
côté il conserve la couleur de l'oxyde métallique. On s'en
sert aussi pour récurer les ustensiles en cuivre (sa dissolution porte alors le nom d'*eau de cuivre*), et pour effacer sur
le linge les taches de rouille et d'encre. Ces dernières applications reposent sur la faculté qu'a l'acide oxalique de former des sels solubles avec les oxydes de cuivre et de fer. Le
sel d'oseille jouit de la même propriété.

ACIDE CITRIQUE.

370. État naturel. — L'acide citrique existe principalement à l'état libre dans le jus de citron, d'où Scheele l'a
extrait en 1704. Il existe aussi dans les groseilles et dans
plusieurs autres fruits acidulés et sucrés, les oranges, les
cédrats, les cerises, les fraises et les framboises, etc.

371. Préparation. — Le jus de citron est clarifié par du
blanc d'œuf, puis mis à bouillir avec de la craie en poudre.
Il se forme du citrate de chaux insoluble qu'on décompose
par l'acide sulfurique; la liqueur filtrée dépose le sulfate
de chaux sur le filtre et, soumise à l'évaporation, elle laisse
cristalliser l'acide citrique.

372. Propriétés. — L'acide citrique est solide, il se présente sous la forme de cristaux incolores, transparents,
d'une saveur très-agréable, très-solubles dans l'alcool.

373. Usages. — Ses usages sont fort nombreux. Il est employé par les teinturiers; les indienneurs l'utilisent comme
rongeant. On s'en sert pour enlever les taches de rouille et
les taches alcalines sur l'écarlate, pour préparer une dissolution de fer qui est en usage chez les relieurs de livre et
donne à la surface de la peau une apparence marbrée. Il
est souvent employé dans la préparation de la limonade.
Le citrate de fer et le citrate de magnésie sont d'un usage
fréquent en médecine.

Il faut avoir bien soin de ne jamais laisser des liqueurs
contenant de l'acide citrique en contact avec des vases en
cuivre, car il se formerait un citrate de cuivre soluble qui
constituerait un poison violent. Une cuiller en ruoltz, par

exemple, désargentée en un de ses points et abandonnée dans la limonade, transformerait celle-ci en un poison énergique.

ACIDE TANNIQUE OU TANNIN.

374. État naturel. — Le tannin se trouve dans les arbres du genre chêne, notamment dans l'écorce et dans la noix de galle. La noix de galle est une excroissance qui se développe sur les rameaux et sur les feuilles des chênes, par suite de la piqûre de petits insectes.

375. Préparation. — On fait passer de l'éther sur de la noix de galle concassée, maintenue au moyen d'un tampon de coton dans une allonge qui s'engage dans le col d'une carafe, et que l'on ferme avec un bouchon (fig. 122). L'eau de l'éther dissout le tannin, et cette dissolution tombe goutte à goutte dans le fond de la carafe, sans se mélanger à l'éther qui surnage. La dissolution de tannin évaporée doucement donne un résidu spongieux très-brillant qui est le tannin pur.

Fig. 122.

376. Propriétés. — Le tannin est solide, se présente sous forme d'une masse spongieuse, amorphe, rarement incolore et le plus souvent jaunâtre. Il est très-soluble dans l'eau, sa dissolution a une réaction faiblement acide.

L'acide tannique précipite la plupart des dissolutions métalliques; il précipite en noir bleuâtre les sels de sesquioxyde de fer. C'est ce précipité, tenu en suspension dans une eau gommeuse, qui constitue la matière colorante de l'encre ordinaire. Le tannin ne précipite pas les sels de protoxyde de fer, mais, à la longue et sous l'influence de l'air, le protoxyde de fer se suroxyde et le précipité apparaît. C'est ce qui explique pourquoi l'encre ordinaire, qui est faite avec du tannin et du sulfate de protoxyde de fer dissous dans une eau gommeuse, donne des caractères qui sont d'abord blanchâtres, mais qui noircissent avec le temps.

377. **Encres.** — Voici la formule d'une très-bonne encre noire :

Noix de galle concassée.	1 kilogr.
Sulfate de fer ou couperose verte.........	500 gr.
Gomme arabique.......................	500 gr.
Eau	16 litres.

L'encre d'imprimerie est composée de charbon tenu en suspension dans un liquide gras. Aussi résiste-t-elle à l'action du chlore, tandis que les autres encres sont décolorées par lui. C'est ce qui permet d'enlever une tache d'encre sur un livre sans détruire les caractères imprimés. Il suffit pour cela de tremper la partie tachée dans une dissolution de chlore ; le chlore forme, avec le fer de l'encre ordinaire, du chlorure de fer soluble, mais n'a pas d'action sur le charbon de l'encre d'imprimerie. Pour éviter qu'il ne reste à la surface du papier une teinte jaunâtre, on lave dans l'eau aiguisée d'acide chlorhydrique.

TANNAGE DES PEAUX.

378. Les peaux des animaux dont on se sert pour la confection des chaussures, des harnais, etc., doivent, avant d'être employées, subir un traitement qui les rende imputrescibles et les empêche de s'imprégner facilement d'humidité. Ce traitement est désigné sous le nom de tannage, parce qu'il consiste à utiliser la propriété qu'a le tannin de pouvoir se combiner avec les peaux des animaux, et de contracter avec elles une combinaison imputrescible, insoluble et capable de supporter les alternatives de sécheresse et d'humidité sans absorber l'eau. Le tannin est emprunté

pour cela à l'écorce des chênes réduite en poussière, et spécialement à celle du *chêne à crochets*. Cette poussière porte le nom de *tan*.

Le tannage des peaux comporte plusieurs opérations.

La première est celle du *pelanage*, qui a pour but de disposer les poils et les lambeaux de chair à abandonner facilement la peau. Elle consiste à faire passer successivement les peaux dans quatre à cinq cuves (*pelain*) contenant un lait de chaux. Le pelanage dure de trois à quatre semaines.

Le pelanage terminé, on procède au *débourrage* ou *épilage*, opération qui consiste : 1° à enlever le poil en raclant la peau de haut en bas avec un couteau émoussé, dit couteau rond; 2° à frotter la peau avec une pierre en grès bien unie, de manière à faire disparaître les aspérités qui se trouvent du côté des poils; 3° à nettoyer complétement avec le couteau les deux côtés de la peau jusqu'à ce qu'elle soit bien blanche.

L'épilage se fait plus facilement quand on s'est servi, comme l'a indiqué M. Félix Boudet, de la soude caustique dans le pelanage.

Les peaux ne sont pas encore suffisamment gonflées pour être soumises au tannage proprement dit. On produit ce gonflement en les plongeant quinze jours dans des cuves contenant une infusion de *tannée* (tan épuisé et altéré par un long séjour à l'air). Cette dissolution, qui est acide et faible, est appelée *jusée*. Pendant cette opération, les peaux subissent un commencement de *tannage*.

Le tannage proprement dit est la dernière opération. Il a lieu dans des fosses en maçonnerie où l'on dispose par couches alternatives les peaux et le tan. Toute la masse est ensuite humectée avec de l'eau déjà chargée de tan. Les fosses remplies renferment en général sept à huit cents peaux, et sont abandonnées à elles-mêmes pendant quatre à huit mois; pendant cet intervalle on ne relève les peaux qu'une seule fois pour mettre celles de dessus en dessous et réciproquement, et pour renouveler le tan.

Au sortir des fosses, les cuirs forts ont une consistance spongieuse. On leur donne de la compacité en les martelant.

Toutes les peaux ne sont pas tannées par l'écorce de chêne; celles qui sont destinées à la confection des maroquins sont tannées par le *sumac;* les cuirs de Russie le sont par l'*écorce de bouleau.*

Les opérations du tannage sont fort longues, comme on a pu le voir par la description que nous venons d'en donner; on a proposé plusieurs modifications destinées à les rendre plus rapides, mais jusqu'ici il n'en est pas dont le succès ait été consacré par l'expérience.

Nous ajouterons enfin qu'on peut rendre les peaux imputrescibles sans avoir recours au tannage : le mégissier et le chamoiseur emploient des peaux rendues imputrescibles par d'autres procédés.

379. Nous citerons encore, parmi les acides organiques, l'acide tartrique que l'on extrait du sel, appelé bitartrate de potasse, que les vins laissent déposer dans les futailles après la fermentation, l'acide malique que l'on rencontre dans tous les fruits et qui leur communique leur acidité.

BASES ORGANIQUES.

380. On rencontre dans certains végétaux des principes immédiats, qui ont pour caractères distinctifs d'agir sur le tournesol comme les alcalis minéraux, et qui sont capables de neutraliser les acides en donnant naissance à des sels cristallisables. Ils sont, en général, assez peu solubles dans l'eau, mais beaucoup plus solubles dans l'alcool : leur saveur est amère; leurs réactions ont beaucoup d'analogie avec celles de l'ammoniaque.

Nous citerons la quinine et la cinchonine que l'on retire de l'écorce du quinquina, la morphine et la codéine que l'on extrait de l'opium, la nicotine que l'on rencontre dans le tabac, et la strychnine, poison violent, que l'on trouve dans la noix vomique.

On n'a pu reproduire artificiellement aucun alcaloïde naturel, mais on a pu obtenir un nombre considérable de bases organiques artificielles.

CHAPITRE II

MATIÈRES ORGANIQUES NEUTRES.
CELLULOSE. — BOIS. — LEUR CONSERVATION.
FABRICATION DU PAPIER.

CELLULOSE.

381. Propriétés.. — La trame du tissu solide de tous les végétaux est formée par une substance que l'on appelle *cellulose*. Lorsqu'elle est débarrassée des matières que renferment les cellules ou les vaisseaux des végétaux, elle est blanche, solide, diaphane, insoluble dans l'eau, l'alcool, l'éther, les huiles grasses ou essentielles, les acides et les alcalis étendus. Aussi la prépare-t-on en traitant successivement par ces divers réactifs la moelle de sureau, les fibres du coton, qui sont de la cellulose à peu près pure.

La cellulose ne s'altère pas au contact de l'air. L'acide sulfurique concentré la transforme d'abord en amidon, puis en dextrine et en glucose. L'acide azotique la transforme en une substance explosive appelée *coton-poudre*, qui s'enflamme à 170° et brûle en se transformant complétement en gaz. La facilité avec laquelle il s'enflamme, et ses facultés explosives l'ont fait considérer comme pouvant remplacer la poudre; mais on y a renoncé à cause de son prix élevé et de ses effets brisants sur les armes, qu'il fatigue beaucoup plus que la poudre ordinaire.

Le coton-poudre est soluble dans un mélange d'éther et d'alcool; il forme alors un liquide sirupeux que l'on appelle *collodion*. Ce liquide, étendu en couche mince sur un corps solide, y forme, par l'évaporation de l'éther et de l'alcool, une pellicule imperméable très-adhérente. Il est employé en chirurgie pour préserver les plaies du contact de l'air et en photographie.

382. Usages. — La cellulose sert à fabriquer les cordes, les fils, les tissus de lin, de chanvre, de coton, les papiers ordinaires, le parchemin végétal.

PAPIER.

383. Le papier peut être considéré comme formé par l'entre-croisement des fibres végétales formées par la cellulose presque pure. Les chiffons ou les substances filamenteuses végétales mises hors d'usage, sont les matières premières avec lesquelles on fabrique le papier.

Les deux principales phases de la fabrication du papier sont la préparation de la pâte et la conversion de celle-ci en papier.

384. La pâte de chiffons (nous comprenons sous ce nom seulement celle qui provient des chiffons proprement dits, neufs ou vieux, des déchets de filature, des filets hors de service, des vieux cordages, etc.) se prépare de la manière suivante.

La première opération consiste dans le triage qui est souvent fait par le marchand de chiffons lui-même; puis vient le *délissage*, opération qui consiste à séparer les coutures, les parties les plus dures à attaquer de celles qui s'attaquent plus facilement. Le délissage se fait à la main par un ouvrier qui, assis devant un long couteau vertical, prend les chiffons un à un, et en sépare, à l'aide de ce couteau, les parties difficiles à attaquer par les agents chimiques.

Les chiffons délissés et assortis sont soumis aux opérations du *lessivage*, de l'*effilochage* et du *blanchiment*.

Le lessivage se fait ordinairement au moyen du sel de soude; quelquefois on emploie la chaux, mais les fabricants tendent de plus en plus à l'abandonner. Les chiffons, d'abord humectés, sont placés dans un cuvier à double fond percé de trous. La vapeur, qui arrive par le tuyau M (fig. 123), chauffe la lessive qui est en OO entre les deux fonds, et la pousse dans le tube vertical *tt'*, d'où elle déborde sur les chiffons et les traverse pour retourner en O. Après un lessivage de 5 à 6 heures, on soutire la liqueur alcaline, par le robinet *r*, on la remplace par de l'eau, puis on opère le rinçage de la même manière.

Au lessivage succède l'*effilochage*, opération qui a pour but de diviser les chiffons et de les réduire en fibrilles semblables à la charpie. Autrefois on parvenait à ce résultat au moyen d'un pilon, ce qui donnait une pâte homogène; aujourd'hui on fait usage d'un cylindre armé de lames, qui

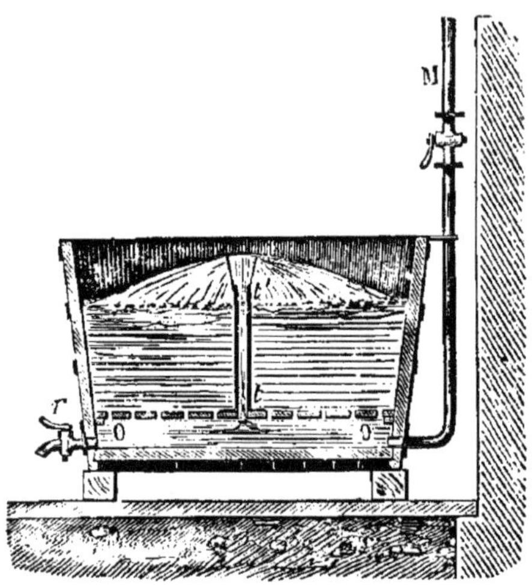

Fig. 123.

agissent sur les chiffons immergés dans l'eau et les réduisent en pâte. Le cylindre a l'inconvénient de pulvériser le chiffon; aussi le papier fabriqué est-il de moins bonne qualité.

Après l'effilochage, les chiffons sont blanchis, soit au chlorure de chaux, soit au chlore gazeux. Après le blanchiment vient l'*affinage*, que l'on peut considérer comme le complément de l'effilochage. Les chiffons blanchis sont en effet reportés au cylindre qui achève la division des fibres végétales, et les réduit en pâte susceptible d'être étendue en couches minces uniformes. La pâte, arrivée à cet état, est mise en feuilles, soit à la main, soit à la mécanique.

385. Dans le premier cas, la pâte à papier étant mise en suspension dans l'eau, l'ouvrier y plonge un châssis en bois dont le fond est fait soit par une toile métallique très-serrée,

soit par des fils de laiton entre-croisés. Pour régulariser la couche de pâte qui se dépose sur le fond du châssis, l'ouvrier, en soulevant celui-ci, lui imprime un mouvement de va-et-vient. On laisse égoutter, et la pâte, prenant une certaine consistance, forme une feuille que l'on presse entre des draps de laine, qui la dessèchent plus complétement. Les feuilles ainsi fabriquées sont superposées, pressées de nouveau, puis séchées sur des cordes dans un grenier.

386. Quand le châssis est en toile métallique assez serrée pour ne laisser aucune trace sensible dans l'épaisseur de la feuille, le papier est appelé *vélin*. Il est *vergé*, au contraire, lorsqu'il présente par transparence des lignes verticales que l'on nomme *pontuseaux*, et un grand nombre de petites lignes horizontales extrêmement serrées, que l'on nomme *vergeures*. Les unes et les autres sont produites par le fond du châssis, lorsque celui-ci est constitué par des fils de laiton qui s'impriment en quelque sorte dans la pâte.

La marque du fabricant est imprimée aussi dans la pâte à l'aide d'autres fils de cuivre, que l'on pose sur les autres, et auxquels on donne le nom de *filigrane*.

Pour donner au papier une imperméabilité qui permette d'écrire à sa surface, pour l'empêcher de boire l'encre, on plonge les feuilles dans une dissolution faible et tiède de colle d'amidon, d'un savon résineux et d'alun. Après le collage, les feuilles sont pressées et séchées de nouveau, puis soumises à l'action de presses pour donner de la fermeté au papier et rendre sa surface plus douce et plus polie.

387. Le papier à la mécanique se fabrique à l'aide d'une machine dont nous n'exposerons que le principe, sans entrer dans sa description détaillée.

La pâte tombe en bouillie sur une toile métallique sans fin, qui l'entraîne avec elle et qui est animée, dans le sens transversal, d'un mouvement de va-et-vient destiné à la répartir uniformément et à la faire égoutter. Sur cette toile, la feuille prend déjà une certaine consistance; en la quittant, elle passe d'abord entre deux cylindres garnis de feutre qui lui enlèvent une grande partie de son eau, puis sur une série de cylindres chauds et polis, qui achèvent de la dessécher et font disparaître les inégalités de la surface. Le papier sort fabriqué de la machine deux minutes après que la pâte a été versée sur la toile métallique, et forme un immense rouleau que l'on découpe en feuilles.

Le collage du papier fabriqué à la mécanique et destiné à l'écriture se fait en versant la colle dans la pâte, c'est ce qui fait que ce papier conserve son imperméabilité lorsqu'on gratte sa surface, tandis que le papier à la main, n'étant collé qu'à la surface, ne présente pas cet avantage.

BOIS.

388. Le bois est formé par de la cellulose dont chaque cellule a ses parois intérieures recouvertes d'une matière incrustante qui est dure, cassante, et que l'on appelle *ligneux*. Le ligneux est plus riche en carbone et en hydrogène que la cellulose. La proportion de ligneux qui se trouve dans le bois varie d'une espèce de bois à l'autre, et l'on peut dire que le bois est d'autant plus dur qu'il en contient plus. Cette proportion varie aussi dans un même bois; il y en a plus dans le *cœur* que dans l'*aubier*. Le ligneux dégage plus de chaleur en brûlant que la cellulose, parce qu'il contient plus de carbone et d'hydrogène : c'est ce qui explique pourquoi les bois durs donnent plus de chaleurs que les bois tendres.

Le bois contient une certaine quantité d'azote et des sels minéraux qui forment, après la combustion, les cendres du bois. Ces cendres sont composées de carbonate, de sulfate, de phosphate de potasse et de soude, de carbonate et de phosphate de chaux, de silice et d'oxyde de fer. Le bois chauffé en présence de l'air commence à s'altérer vers 150°. Sa décomposition devient plus profonde à mesure que la température s'élève; les produits gazeux s'enflamment, brûlent, et il ne reste bientôt plus que la cendre.

Le bois est plus dense que l'eau; s'il flotte à la surface de ce liquide, c'est à cause de l'air qu'il contient dans ses pores.

CONSERVATION DES BOIS.

389. — Causes d'altération des bois. — Lorsque le bois
est exposé aux influences atmosphériques, il éprouve, à la
longue, une espèce de combustion lente, qui a pour effet de
le transformer en une matière brune qu'on appelle *terreau*
ou *humus*. Cette matière, qui est plus riche en carbone que
le bois, est susceptible de céder aux alcalis une substance
soluble, brune, qu'on appelle *acide ulmique*.

390. Le bois est encore exposé à une autre cause d'altération : c'est l'action destructive qu'exercent sur lui certains
insectes ou certains mollusques qui, trouvant leur nourriture dans la matière azotée du bois, le perforent, en détrui-
sent la solidité et finissent même par le faire tomber en
poussière.

391. La peinture dont on recouvre les boiseries les préserve de ces causes d'altération ; mais ce moyen ne peut
être employé dans tous les cas, et, du reste, il est moins
efficace que ceux qui consistent à faire pénétrer dans le
tissu ligneux des agents très-divers, tels que le goudron, la
créosote, les dissolutions de sulfate de cuivre et de sulfate
de zinc, etc. Les propriétés antiseptiques du goudron et de
la créosote, quoique connues depuis longtemps, ne sont
pas bien expliquées. Le sulfate de cuivre, le sulfate de zinc,
ont un mode d'action plus connu ; ils décomposent les principes azotés des tissus organiques et les transforment en
produits imputrescibles ; ils empêchent en outre les insectes
d'attaquer le bois.

Nous ne décrirons pas les procédés employés pour in-
jecter dans les bois ces substances conservatrices.

AMIDON. — FÉCULE.

392. On rencontre en abondance, dans les organes d'un
grand nombre de végétaux, une substance neutre, la *matière
amylacée*. Elle existe plus particulièrement dans les graines
des céréales (blé, orge, seigle), dans celle des légumineuses

(fèves, haricots, pois, lentilles), dans les tubercules de la pomme de terre, de la patate, des ignames, dans les racines de carotte, de guimauve, etc.

La matière amylacée que l'on retire du blé et des graines des légumineuses s'appelle *amidon*; celle que l'on extrait de la pomme de terre et de diverses racines tuberculeuses porte le nom de *fécule*.

La composition de la matière amylacée est la même que celle de la cellulose.

Tous les grains de matière amylacée examinés au microscope constituent de petites sphères ou ovoïdes plus ou

Fig. 124.

moins réguliers, qui présentent un petit point noir ou tache appelée *hile*. Les dimensions de ces grains varient avec la provenance; mais ils sont toujours formés de couches concentriques solidifiées, représentant en quelque sorte des sacs emboîtés les uns dans les autres. On rend cette structure évidente en chauffant de la fécule jusqu'à 200°, en l'imbibant d'eau, et en l'examinant au microscope. La figure 124 représente l'aspect que l'on observe.

La matière amylacée est blanche, insipide, insoluble dans l'eau froide. Lorsqu'on la chauffe jusqu'à 60° au contact de l'eau, les enveloppes des grains crèvent et se prennent en une masse gélatineuse que l'on appelle *empois*; mais l'amidon ne se dissout pas, quelle que soit l'apparence de limpidité que l'on donne à la liqueur en l'étendant d'eau.

La matière amylacée se transforme sous l'influence des acides ou de la chaleur, d'abord en *dextrine* (matière gommeuse), puis en *glucose* (matière sucrée).

393. Extraction de l'amidon. — L'amidon s'extrait du blé en faisant avec la farine de blé une pâte que l'on triture mécaniquement dans un courant d'eau qui entraîne l'amidon à travers les mailles d'une toile métallique destinée à retenir le reste des substances qui composent la farine.

394. Extraction de la fécule. — Jusqu'à la fin du siècle dernier, les céréales ont été employées exclusivement à la fabrication de la matière amylacée. Les premières tentatives faites pour trouver une substance capable de les remplacer remontent à 1710, mais c'est seulement vers les premières années de ce siècle que l'extraction de la fécule de pommes de terre est devenue l'objet d'une industrie sérieuse ; depuis cette époque elle a pris une très-grande importance.

L'extraction se fait en écrasant les pommes de terre à l'aide d'une râpe mue à la vapeur, et en lavant ensuite mécaniquement sur des tamis en toile métallique la pulpe ainsi obtenue. Le courant d'eau qui coule sur ces toiles entraîne la fécule à travers des tamis de plus en plus fins.

USAGES DES MATIÈRES AMYLACÉES.

395. L'amidon du blé sert d'une manière presque exclusive à la confection de l'empois employé pour apprêter le linge blanchi. La fécule sert au collage des papiers à la cuve, à la fabrication des sirops de fécule ; la teinture et l'impression des tissus l'emploient pour certains apprêts et pour épaissir les couleurs.

Elle sert à la préparation de la dextrine, qui est elle-même employée pour les apprêts des tissus, pour parer les fils de chaîne destinés au tissage des étoffes, pour la fabrication des étiquettes gommées et celle des bandes agglutinatives employées par la chirurgie pour consolider la réduction des fractures.

GOMMES.

396. On désigne sous le nom de *gommes* des substances qui se rattachent à la cellulose par leur composition chimique, et qui ont la propriété caractéristique de former avec l'eau un liquide épais et visqueux. Elles sont insolubles dans l'alcool, qui les précipite de leur dissolution aqueuse.

CHAPITRE III

SUCRES.

397. On appelle *sucres* des substances qui, sous l'influence de l'eau et d'un ferment, comme la levûre de bière, peuvent fermenter, c'est-à-dire se transformer en alcool et en acide carbonique.

Nous ne nous occuperons que du sucre ordinaire extrait de la canne à sucre ou de la betterave.

SUCRE ORDINAIRE.

398. Le sucre ordinaire est très-répandu dans le règne végétal; il se montre surtout dans la canne à sucre, dans la racine de betteraves, de carottes, de navets, dans les melons, les citronnelles, etc., etc.

C'est principalement de la canne et de la betterave qu'on extrait le sucre pour les besoins de l'économie domestique.

399. **Propriétés du sucre ordinaire.** — Le sucre cristallise en prismes; sa densité est 1, 6. Lorsqu'on le brise ou qu'on le frotte contre un corps dur dans l'obscurité, il devient phosphorescent. L'eau froide en dissout le double de son poids, l'alcool très-concentré en dissout à peine. Il fond à 160°, et se décompose au-dessus en perdant 2 équivalents d'eau, et en se transformant en sucre incristallisable déliquescent, le *caramel*.

Le sucre s'unit aux bases : une dissolution sucrée est capable de dissoudre une grande quantité de chaux ou de baryte, ou d'oxyde de plomb, avec lesquels elle forme un sucrate. La dissolution perd alors toute saveur sucrée.

Le sucre ordinaire, sous l'influence des acides minéraux étendus, se transforme, à chaud, en sucre incristallisable.

Les chlorures de potassium et de sodium, le chlorhydrate

d’ammoniaque, se combinent au sucre et forment avec lui des combinaisons solubles dans l’eau et cristallisables. Ce fait occasionne des pertes considérables pour les betteraves cultivées sur le bord de la mer.

EXTRACTION DU SUCRE DE CANNE.

400. La canne à sucre est la plante qui contient le plus de sucre et le moins de matières étrangères. Elle en contient jusqu’à 18 pour 100, mais les procédés autrefois employés, et qui se perfectionnent chaque jour, ne permettaient d’en retirer que 5 à 6 pour 100.

La canne à sucre demande pour sa culture un climat chaud, un sol meuble et sain : l’humidité la fait pourrir et la rend plus sensible au froid. Plus le climat est chaud, plus les plants de canne peuvent durer longtemps. A la Louisiane, on replante tous les trois ou quatre ans ; aux Indes, tous les cinq ans.

Lorsque la canne a pris son développement (ce qui a lieu au bout de douze à quinze mois), elle a la forme d’une tige ronde, droite, de 3 à 4 mètres de hauteur, et de 3 à 4 décimètres de diamètre, portant des nœuds régulièrement espacés ; un jet allongé, appelé *flèche* et terminé par des fleurs, s’élance de son sommet.

On coupe la tige près de la racine ; après lui avoir enlevé la flèche et les quatre premiers nœuds d’en haut, on la soumet à l’action d’une machine qui en extrait 80 pour 100 de jus. Cette machine se compose de trois cylindres horizontaux A, B, C (fig. 25) : deux, A et C, sont sur le même niveau ; le troisième, B, repose sur les deux premiers ; une roue dentée F met en mouvement les cylindres entre lesquels on engage les cannes. Pressées par eux, celles-ci s’écrasent et le jus sucré (*vesou*) qu’elles produisent se rend dans un réservoir où il doit séjourner le moins longtemps possible ; puis successivement dans une série de chaudières, ordinairement au nombre de cinq, chauffées par le même foyer.

Dans la première, appelée la *grande*, le jus subit la *défé-*

cation. Cette opération a pour but de précipiter les matières albuminoïdes qui faciliteraient la fermentation : pour cela on ajoute au jus quelques millièmes de son poids de chaux, qui se combine avec ces matières et forme avec elles un produit insoluble. Le liquide est porté à l'ébulli-

Fig. 125.

tion, afin d'activer la défécation et de faciliter la réunion des écumes à la partie supérieure ; ces écumes sont enlevées, et le jus est transvasé dans une seconde chaudière (la *propre*), où l'on continue à le faire bouillir. De là il passe dans une troisième chaudière appelée *flambeau*, parce qu'on y juge, d'après l'apparence du liquide, si la défécation est bonne. Dans la quatrième chaudière, appelée *sirop*, on amène le jus à consistance sirupeuse. De là il passe dans la dernière appelée *batterie*. Lorsqu'il est convenablement cuit et suffisamment concentré, il est versé dans des cristallisoirs, où on l'abandonne pendant vingt-quatre heures : il est ensuite mis dans des formes où il se solidifie en masse granuleuse, d'un jaune brunâtre, et appelée *sucre brut* ou *cassonade*, que l'on égoutte pour en faire écouler la mélasse ou partie incristallisable.

EXTRACTION DU SUCRE DE BETTERAVE

401. La qualité de la betterave au point de vue de sa richesse en sucre dépend de la culture qu'elle a reçue. Cette culture exige que le sol soit meuble, qu'il soit labouré profondément et bien fumé. La betterave ordinairement cultivée pour la fabrication du sucre est la betterave blanche de Silésie.

402. Lorsque les betteraves ont acquis tout leur développement, on les arrache, on met à part celles qui sont endommagées et qui ne se conserveraient pas, et on coupe la partie de la racine qui était sortie de terre et portait des feuilles. Cette partie ne contient pas de sucre. Les betteraves ainsi émondées sont portées dans des silos, où on les conserve jusqu'à l'époque où elles sont soumises au traitement que nous allons décrire.

Les betteraves, après avoir été nettoyées et lavées, sont passées au *cylindre dévorateur*, espèce de râpe analogue à celle qui sert à déchirer les pommes de terre destinées à l'extraction de la fécule.

La pulpe obtenue est enfermée dans des sacs de laine, que l'on empile, en y intercalant des plaques ou claies métalliques. On comprime ces piles, d'abord avec une presse à vis, puis avec une presse hydraulique; on extrait ainsi un jus sucré formé d'eau, de sucre et de matières albuminoïdes, comme le vesou de la canne à sucre. La proportion de ce jus est environ de 75 à 80 pour 100 de betteraves. La pulpe réduite en gâteaux plats bien secs est livrée aux cultivateurs pour la nourriture des bestiaux.

On emploie souvent la méthode dite de *diffusion*, qui consiste à soumettre la betterave coupée en tranches appelées *cossettes* à un lavage à l'eau, qui fournit un jus sucré plus limpide et plus facile à traiter. On obtient ainsi un rendement plus grand que par la pression.

403. Le jus obtenu, par l'une ou l'autre des deux méthodes, doit être rapidement déféqué, parce qu'il s'altérerait promptement.

La défécation s'effectue au moyen de la chaux qui se
combine aux acides libres du jus (acides malique, pec-
tique, etc.), aux matières albuminoïdes, et forme avec ces
corps des produits insolubles. La défécation s'opère dans
une chaudière à double fond (fig. 126). Dans l'intervalle D,

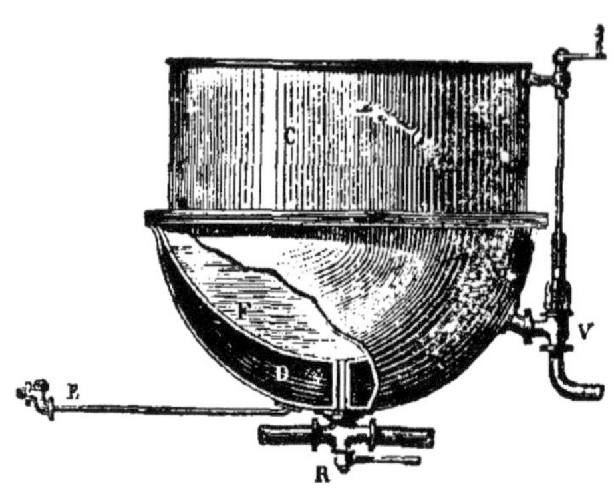

Fig. 126.

compris entre les deux fonds, circule de la vapeur qui
arrive par le tuyau E. V est le tuyau de départ des jus dé-
féqués, R le robinet de vidange des matières insolubles.
Dès que la chaudière est remplie de jus, on ouvre le robinet de vapeur E; lorsque la température est de 60 à 85°,
on verse le lait de chaux en brassant la masse afin d'obtenir
un mélange parfait. On chauffe graduellement jusqu'à l'é-
bullition, et au premier bouillon, on ferme l'entrée de
vapeur, pour éviter que l'ébullition se continuant ne divise les écumes réunies à la surface et ne les répartisse dans
la masse en troublant la liqueur.

404. Pour que la défécation se fasse dans de bonnes
conditions, il est nécessaire que la chaux soit dosée d'une
manière exacte. Pour éviter les inconvénients d'un dosage
inexact, M. Rousseau a imaginé d'employer une quantité
de chaux assez considérable pour que tout le sucre passe à
l'état de combinaison avec la chaux. Le jus est ensuite
porté dans une seconde chaudière à déféquer et soumis
à un courant d'acide carbonique, qui décompose le su-

crate de chaux, forme du carbonate de chaux et met le sucre en liberté.

Cet acide carbonique provient des fours à chaux dans lesquels on fabrique la chaux destinée à la défécation. On obtient ainsi un précipité grenu de carbonate de chaux et une dissolution de sucre que l'on fait bouillir pour chasser l'excès d'acide carbonique. Cette dissolution, encore colorée, est filtrée sur du noir en grains qui la décolore.

. La liqueur décolorée est ensuite évaporée jusqu'à 30° ou 31° Baumé, puis filtrée de nouveau sur du noir; enfin, la concentration est poussée jusqu'au moment où le sirop peut cristalliser.

La concentration du sirop est, pour le sucre, une cause d'altération d'autant plus active que la température est plus élevée et que l'opération dure plus longtemps; car c'est pendant cette opération que se forme la *mélasse* ou sucre incristallisable. Pour éviter cet inconvénient, on a remplacé, dans la plupart des usines, l'évaporation à l'air libre par l'évaporation dans le vide, ce qui permet d'opérer plus rapidement et à une température beaucoup plus basse, 65 à 70° environ.

Lorsque la cuite est terminée, on fait passer le sirop dans de grands vases, où on le refroidit s'il a été évaporé à l'air libre; s'il a été évaporé dans le vide, on le réchauffe à 80°, afin d'empêcher une cristallisation trop rapide. Dès que la température est amenée à 55 ou 60°, on verse le sirop dans des cristallisoirs en tôle, contenant 55 ou 60 kilogrammes de matière cuite. Lorsque le sucre a cristallisé, on l'égoutte et on le débarrasse des mélasses par l'emploi des *turbines* ou *toupies*.

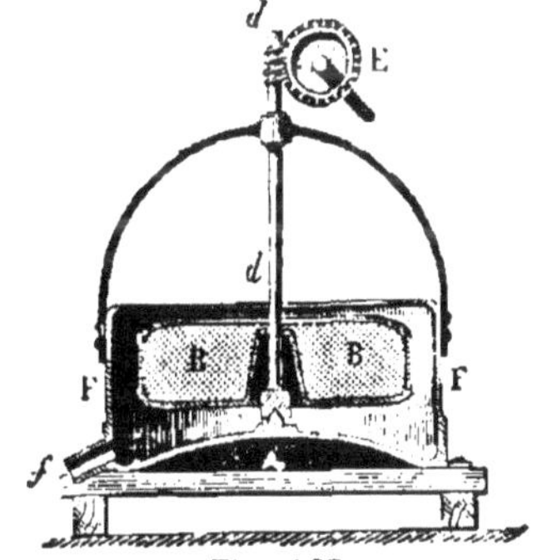

Fig. 127.

Ces appareils consistent en un récipient BB (fig. 127), dont la surface latérale est en toile métallique et qui peut tourner d'un mouvement très-rapide autour de l'axe *dd*,

dans une enveloppe en fonte FF. Le sucre est placé dans
le récipient B. La force centrifuge développée dans la rotation, applique la masse contre la toile métallique, qui retient le sucre, mais laisse passer l'eau et les mélasses qui
se rendent dans l'enveloppe F, d'où elles sont extraites par
le tube *f*. Ce mode d'égouttage est très-efficace et très-
rapide.

RAFFINAGE DU SUCRE.

405. Les sucres bruts ou cassonades, de canne ou de
betterave, se présentent sous forme de poudre sableuse
plus ou moins colorée; ils contiennent encore de la mélasse et 3 à 4 pour 100 de matières étrangères (eau, sable,
terre, débris organiques, sels de chaux, de potasse, de
soude, de magnésie et d'ammoniaque). Aussi ont-ils un
goût plus ou moins désagréable et la propriété de fermenter
facilement.

Pour les amener à l'état de sucre blanc et en pain, on
les soumet au raffinage. A cet effet on les dissout dans
30 pour 100 de leur poids d'eau. Pour éclaircir la dissolution, qui renferme des matières terreuses, des débris de plantes, etc., on y verse du sang de bœuf et du
noir fin (3 à 5 kilogrammes de noir fin et 1 à 2 litres de
sang de bœuf pour 100 kilogrammes de sirop). Le noir et
le sang sont mélangés au sirop dans la chaudière à fondre,
puis envoyés dans une chaudière à clarifier au moyen d'un
monte-jus. Cette chaudière est chauffée par un serpentin
où circule la vapeur; l'albumine du sang se coagule par la
chaleur et emprisonne, en se solidifiant, tout ce que le liquide tient en suspension; le noir animal absorbe de son
côté les matières colorantes, aromatiques ou salines. Il se
forme bientôt à sa surface une couche de noir qui s'épaissit
et se gonfle.

Le liquide clarifié est ensuite soutiré, puis filtré sur du
noir en grains; et, après avoir concentré le sirop dans des
appareils identiques à ceux que nous avons décrits plus
haut, on le verse dans des formes coniques en tôle peinte

ou émaillée, trouées à leur sommet; il y cristallise. Au bout
de huit à dix heures, le sucre est monté dans des greniers
dont la température doit être de 28 à 30° jour et nuit; les
pains s'égouttent dans ces greniers, et, pour les débarrasser de la mélasse qu'ils peuvent encore contenir, on les
soumet à l'opération suivante, appelée *clairçage*.

Le pain étant placé la base en haut, on verse sur cette
base un sirop de plus en plus pur, appelé *clairce*. Ce sirop
coule à travers le pain et déplace les mélasses, qui sortent
avec la clairce par le sommet de la forme. Après trois ou
quatre clairces, on finit par une clairce faite avec des sucres
purs; puis on laisse égoutter.

L'égouttage des dernières parties de clairce durait autrefois cinq ou six jours : on le remplace aujourd'hui par
l'emploi de la *sucette*, qui opère plus complétement en une
heure au plus.

Cet appareil se compose d'un tuyau TT (fig. 128) qui
porte des tubulures munies de robinets. Les tubulures se
terminent par des entonnoirs garnis d'une rondelle en

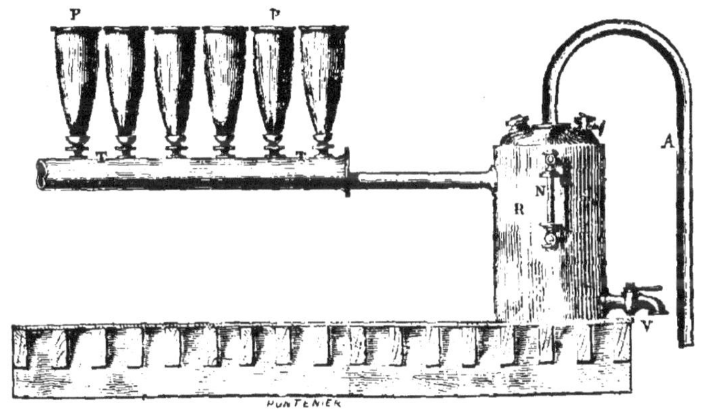

Fig. 128.

caoutchouc; on place la pointe des pains sur cette tubulure, et une pompe à air, dont le tuyau d'aspiration se voit
en A, fait le vide dans le tuyau et aspire toute la clairce qui
est encore dans les pains et qui se rend dans un réservoir R

interposé entre la pompe et les tuyaux. Quand les pains sont complétement égouttés, on nettoie leurs bases soit à la main, soit avec une machine spéciale; puis on les *loche* en frappant la forme sur un billot de bois et en renversant le pain sur la main.

Le sucre est encore humide et friable; pour le rendre solide et sonore, on le met à l'étuve; la température ne doit pas dépasser 50 à 55°. L'étuvage dure six à huit jours, suivant la grosseur des pains et l'état hygrométrique de l'atmosphère. Au sortir de l'étuve, on place les pains dans un magasin chauffé, où l'on procède au triage et à la mise en papier (habillage).

CHAPITRE IV

FERMENTATION ALCOOLIQUE.

ARTS QUI S'Y RATTACHENT. — FABRICATION DU PAIN, DU VIN, DE LA BIÈRE, DU CIDRE, DU POIRÉ

406. Fermentation. — Depuis les découvertes de M. Pasteur, on désigne sous le nom de *ferments* des êtres organisés qui, placés dans des conditions convenables, vivent et s'accroissent aux dépens de certaines matières organiques qu'ils décomposent en principes constants et définis. Le nom de *fermentation* est donné à ce phénomène de décomposition.

Il y a plusieurs espèces de fermentation, et l'on désigne ordinairement chacune d'elles par le nom du produit principal auquel elle donne naissance. De là les noms de fermentation *alcoolique, acétique, lactique, butyrique,* donnés aux décompositions de ce genre dans lesquelles il se produit de l'alcool ou les acides acétique, lactique et butyrique.

Chaque espèce de fermentation correspond à un ferment spécial : ainsi, c'est la levûre de bière qui, en faisant fermenter le sucre, le transforme en alcool et en acide carbonique; c'est un autre ferment qui transforme le sucre en acide lactique; c'est enfin un ferment différent des deux précédents qui transforme l'acide lactique en acide butyrique. Ces résultats ont été établis par l'étude microscopique des liqueurs dans lesquelles se développent ces phénomènes de fermentation.

Nous ne nous occuperons que de la fermentation alcoolique.

407. Fermentation alcoolique. — Lorsqu'on introduit un peu de levûre de bière dans une dissolution d'un sucre ou mieux de glucose, et qu'on maintient la liqueur à une température de 20 à 25°, on ne tarde pas à voir se développer au milieu d'elle une effervescence due au dégagement d'acide carbonique. L'expérience peut se faire dans un flacon tubulé d'où part un tube abducteur destiné à conduire le gaz sous des éprouvettes. Quand le dégagement gazeux a cessé, le sucre a disparu; il reste dans la liqueur un liquide que nous étudierons sous le nom d'*alcool*.

Voici comment, d'après les recherches de M. Pasteur, on explique ces phénomènes. La levûre de bière est un végétal composé de globules disposés en chapelets, qui s'accroissent par bourgeonnement et sont constitués par de la cellulose, des matières azotées, des sels minéraux, ordinairement des phosphates alcalins et terreux. Lorsque ces globules trouvent, dans le liquide sucré où on les place, les matières azotées et minérales nécessaires à leur développement, ils vivent et décomposent le sucre pour lui emprunter les éléments nécessaires à la formation de nouveaux globules; ce qui reste du sucre est transformé en alcool, acide carbonique, etc.

FARINES. — FABRICATION DU PAIN.

408. Farine. — On appelle *farine* le produit de la mouture de diverses graines débarrassées des parties corticales par le tamisage. Ces parties corticales constituent le *son,*

15.

qui entraîne toujours avec lui une certaine quantité des
éléments constitutifs de la farine.

La farine employée de préférence dans la fabrication du
pain est la farine de froment. Les farines d'orge et de seigle
sont moins estimées ; mais on les mélange avec la farine de
froment pour la fabrication du pain de qualité inférieure.
Ce mélange prend le nom de *méteil*.

Les farines de céréales se composent d'amidon, d'une
matière azotée, le gluten, de glucose, de dextrine et d'eau.
Le gluten et l'amidon peuvent s'extraire facilement de la
farine, et on la malaxe à la main sous un filet d'eau continu ; l'amidon se sépare du gluten, est entraîné par le courant d'eau, et, au bout d'un certain temps, on n'a plus
dans la main qu'une substance molle, élastique, qui est le
gluten.

409. **Fabrication du pain**. — On appelle pain une pâte
de farine de blé, pétrie avec soin, mise à fermenter pendant
quelque temps et cuite au four. Le *levain* est un ferment
qu'on ajoute à la pâte pour provoquer chez elle une fermentation, qui donne naissance à de l'acide carbonique et
à de l'alcool. Le dégagement du gaz augmente le volume
de la pâte en y produisant de nombreuses cellules dont la
capacité augmente encore par la cuisson, qui détermine la
dilatation des bulles de gaz et la production de vapeurs.
Le gonflement est d'autant plus grand, et, par suite, le pain
d'autant plus léger que la farine contient plus de gluten.
Le pouvoir nutritif du pain augmente d'ailleurs avec la
quantité de gluten contenue dans la farine.

Le levain employé peut être de la levûre de bière, mais il
ne faut pas en mettre de trop fortes proportions, car cette
substance donne au pain une saveur désagréable ; elle a
aussi l'inconvénient de s'altérer avec une grande rapidité,
de sorte que ce n'est que dans les lieux à portée des bras-
series qu'on peut s'en servir avec un véritable avantage. La
levûre de bière est presque toujours remplacée par un levain
que l'on prépare en prélevant une portion de la pâte à la fin
de chaque opération. Abandonnée dans un endroit chaud,
cette portion fermente et devient elle-même un véritable

ferment, capable de provoquer la fermentation de la pâte
dans laquelle on la mettra.

410. Voyons maintenant comment on fait le pain. A
chaque opération, le boulanger verse dans le pétrin, espèce
de coffre en bois de chêne, le levain gardé d'un précédent
pétrissage, et ajoute la quantité d'eau que l'habitude lui
fait juger nécessaire. Il divise le levain avec les mains, puis
introduit dans la masse liquide la quantité de farine destinée à la fabrication de la pâte et en fait un mélange homogène. Cette opération s'appelle la *frase*. Elle est suivie
de la *contre-frase*, qui consiste à retourner la pâte de droite
à gauche et de gauche à droite, à la soulever et à la laisser re-
tomber ensuite de manière à y introduire de l'air. Ce travail
de la pâte a pour effet de faire un mélange très-homogène, de
bien répartir l'eau dans la masse, de lui permettre d'hydrater l'amidon, d'en faire crever les grains, d'hydrater le gluten et de dissoudre le sucre et les autres matières solubles.

411. Depuis une vingtaine d'années, le pétrissage mécanique tend à se substituer au pétrissage à bras, sur lequel

Fig. 129.

il présente des avantages incontestables, sous le rapport de
l'hygiène, de la propreté et de la régularité du travail. Le
pétrin de M. Boland est le seul que nous décrirons. Il se
compose (fig. 129) d'un demi-cylindre CC dans lequel se
meut, sous l'influence de la vapeur ou de tout autre moteur, un système de lames de fer tournées en spirales D, D,
et disposées de telle sorte que leurs différentes parties en

tournant soulèvent, allongent, élèvent la pâte et la déplacent avec lenteur, ce qui est préférable à un mouvement rapide qui la déchire.

412. Lorsque le pétrissage est terminé, soit à bras, soit mécaniquement, on *tourne* la pâte, c'est-à-dire qu'on la divise en *pâtons*, qui sont pesés et placés dans des corbeilles garnies de toiles saupoudrées de farine; ces corbeilles sont disposées en avant du four pour que le pain y soit soumis à une température convenable. Dans ces circonstances la fermentation se produit : une partie de la dextrine que renferme la farine est transformée en glucose sous l'influence du gluten, et ce glucose, se joignant à celui que contient déjà la pâte, subit sous l'action du levain la fermentation alcoolique, qui le transforme en alcool et en acide carbonique. Les pâtons se gonflent sous l'influence des gaz et des vapeurs produites; c'est à ce moment de l'opération qu'il faut surveiller le phénomène et avoir assez d'expérience pour ne pas laisser faire trop de progrès à la fermentation qui, d'alcoolique qu'elle est d'abord, deviendrait acétique; or, l'acide acétique liquéfiant le gluten, la masse perdrait sa ténacité, les gaz s'échapperaient, et, la pâte s'affaissant, la panification serait manquée.

413. Lorsque les pâtons sont convenablement levés, il n'y a plus qu'à les cuire. Pour cela ils sont introduits dans un four chauffé à l'avance et y restent environ trente-cinq à soixante minutes, suivant leur grosseur. L'enfournement s'opère avec une pelle à long manche saupoudrée de petit son.

Le pain bien cuit doit présenter les caractères suivants : être ferme, avoir une couleur d'un jaune doré, une odeur agréable et aromatique, et résonner quand on frappe le dessous avec les doigts.

VIN.

415. Le vin est la liqueur obtenue par la fermentation du jus des raisins. Le raisin contient du sucre, des matières albuminoïdes, des principes colorants, du tannin, des sels,

et en particulier du tartrate de potasse. La nature de la
vigne, celle du sol sur lequel elle a été cultivée, le mode de
culture, le climat, sont autant de causes qui influent sur la
qualité du vin.

416. La fabrication du vin proprement dite comprend
quatre opérations distinctes : nous parlons ici du **vin rouge**,
qui est généralement connu en France ;

1° Récolte de la matière première ou vendange ;

2° Foulage ou expression du jus ;

3° Fermentation du moût ;

4° Décuvage, pressurage.

La vendange se fait ordinairement à la fin du mois de
septembre, et au plus tard dans la première quinzaine d'oc-
tobre. On doit, autant que possible, choisir pour cette opération un temps sec, s'assurer de la maturité des raisins, et
éviter de les meurtrir en les cueillant ou en les transportant de la vigne à l'atelier de fabrication.

Aussitôt que le raisin est arrivé au lieu où il doit être
traité, il est nécessaire de le mettre dans des conditions telles que la fermentation puisse s'établir uniformément dans
toutes ses parties. Le foulage est destiné à atteindre ce but ;
il se fait généralement par des hommes qui trépignent le
raisin dans des cuves, et il se répète plusieurs fois, d'abord
au fur et à mesure que la cuve s'emplit, ensuite lorsque la
macération et un premier mouvement de fermentation ont
affaibli la consistance de la peau et du tissu intérieur du
grain.

Dans les grandes exploitations, le raisin est écrasé dans
un grand fouloir en maçonnerie ; c'est une sorte de cellier dont le sol est recouvert de dalles bien cimentées ; une
porte placée à chaque extrémité facilite l'accès du raisin,
qui est étendu sur le sol et trépigné.

Le jus coule dans un cuvier placé dans une pièce conti-
guë, où se trouvent les cuves à fermentation que l'on remplit du jus puisé dans le cuvier.

Le foulage est quelquefois précédé d'une opération appelée *égrappage*, qui a pour but de séparer les grains de
raisin de la rafle. L'égrappage se fait au moyen d'une four-

che à trois dents, que l'on agite dans un cuvier contenant les grappes ; la séparation étant faite, on enlève les rafles à la main.

Le raisin foulé et encuvé ne tarde pas à entrer en fermentation, si toutefois la température n'est pas inférieure à 15 degrés. Il y a deux méthodes générales pour opérer la fermentation : d'après l'une, la plus ancienne, on fait fermenter au libre contact de l'air atmosphérique, tandis que dans la seconde on interdit plus ou moins le contact de l'air.

417. Dans la première méthode, au deuxième jour d'encuvage, la fermentation commence, la température s'élève et le sucre se transforme en alcool et en acide carbonique. Les matières solides soulevées par le dégagement d'acide carbonique s'accumulent à la surface et forment une croûte d'écume qu'on appelle le *chapeau.* Au bout de quelques jours, la fermentation devient d'abord moins tumultueuse, puis s'arrête. On foule alors et on brasse le mélange de manière à immerger entièrement le chapeau, et remettre de nouveau en contact le jus sucré et les matières solides : la fermentation recommence moins tumultueuse que la première fois et finit par s'arrêter. On procède alors au *décuvage.*

Il est important, lorsque la fermentation a lieu à l'air libre, de bien saisir le moment où doit se faire le décuvage, car si l'on décuve trop tôt, le sucre de raisin n'est pas complétement transformé en alcool et en acide carbonique, et si l'on attend trop tard, le vin peut s'aigrir, ou tout au moins s'appauvrir par l'évaporation de son alcool.

418. Pour éviter ces inconvénients, il est préférable d'employer la seconde méthode dont nous avons parlé, et de faire fermenter le jus à l'abri du contact de l'air. Pour cela, dès que la fermentation commence, on lute un couvercle sur la cuve au moyen d'une pâte adhésive ; ce couvercle porte un tube qui mène l'acide carbonique au dehors du cellier.

L'emploi des cuves couvertes a plusieurs avantages : 1° le couvercle empêche le refroidissement qui retarderait le développement de la fermentation ; 2° il s'oppose à l'évaporation de l'esprit et du bouquet du vin ; 3° il permet au gaz acide carbonique d'occuper entièrement le vide de la cuve, et d'intercepter tout contact avec l'air : on évite ainsi les inconvénients que nous signalions tout à l'heure et qui résultent de l'action de l'air.

419. Quel que soit le mode de fermentation employé, il faut procéder au décuvage. Pour cela on enfonce dans la cuve un panier en osier, le liquide y afflue, et on l'y puise pour le verser dans des tonneaux munis d'un large entonnoir. Mais ce procédé est mauvais, il expose trop le vin à l'action acidifiante de l'air ; il est préférable d'adapter une grosse cannelle près du fond de la cuve, et, à l'aide d'un tuyau, de diriger dans des tonneaux le liquide soutiré.

Lorsque l'on a soutiré tout le vin qui peut s'écouler spontanément, on procède au pressurage. Cette opération consiste à presser le marc à l'aide d'un pressoir, de manière à en extraire le jus que retiennent encore les rafles.

420. Quand on veut faire du vin blanc, on doit faire précéder la fermentation par le pressurage. Voici pourquoi : la matière colorante du raisin se trouve dans la pellicule du grain, et ne peut se dissoudre qu'à la faveur de l'alcool produit dans la fermentation ; si donc, avant la fermentation, on sépare par le pressurage la pellicule et le jus, il ne pourra y avoir de coloration, puisque la matière colorante sera restée dans la pellicule.

421. **Collage des vins.** — Le vin séparé du marc par le décuvage et le pressurage continue à fermenter lentement et à dégager de l'acide carbonique ; en même temps il s'éclaircit et les matières en suspension déposent et forment ce qu'on appelle la *lie*. On le soutire plusieurs fois et au printemps suivant on procède au *collage*.

Cette opération a pour but de rendre le vin limpide et de lui enlever le principe albuminoïde qu'il tient en suspension. On élimine ainsi la cause d'une fermentation qui tend à se développer à l'époque où la température s'élève dans les celliers. Le collage se fait en versant dans le vin du blanc d'œuf, du sang ou de la gélatine. Ces substances s'unissent au principe astringent du vin, le tannin, et forment avec lui un composé insoluble qui, se déposant sous forme de flocons, entraîne avec lui un peu de matière colorante et en même temps tout ce qui trouble le vin. La colle de poisson est préférée pour coller le vin blanc. Pour prévenir l'acidité du vin on ajoute souvent un peu de sel marin aux substances clarifiantes.

422. Fabrication du vin de Champagne. — Quant aux vins blancs mousseux de Champagne, ils doivent la propriété de mousser à la grande quantité d'acide carbonique qu'ils contiennent en dissolution, et qui provient de ce que le vin est mis en bouteilles avant que la fermentation soit achevée.

La plupart des vins de Champagne se préparent avec du raisin rouge, dont le jus est généralement plus sucré que celui du raisin blanc. Le jus extrait par une première pression donne le vin blanc : le marc foulé et soumis à une pression donne le vin rosé.

Après vingt-quatre heures de fermentation dans les cuves, on soutire dans des tonneaux que l'on conserve pleins et fermés avec une bonde hydraulique On soutire et on colle successivement trois fois à un mois d'intervalle, puis on met en bouteilles après y avoir ajouté de 3 à 5 pour 100 de sucre candi.

Les bouchons doivent être maintenus avec des fils de fer, et les bouteilles conservées dans une position horizontale. Le sucre ajouté lors de l'embouteillage éprouve la fermentation alcoolique, et le gaze acide carbonique qui en résulte rend le vin mousseux.

Pendant cette fermentation le vin se trouble et forme un dépôt, que l'on enlève au bout de six mois par le *dégorgeage*. Cette opération très-délicate se fait de la manière suivante. On agite un peu la bouteille de manière à détacher le dépôt, et on la renverse graduellement jusqu'à la mettre dans la position verticale, le goulot en bas : le dépôt descend alors sur le bouchon. On ouvre les bouteilles avec précaution, et, lorsque la pression extérieure a chassé un peu de liquide et a fait sortir le dépôt, on la rebouche immédiatement.

BIÈRE.

423. La bière est une boisson légèrement alcoolique, provenant de la fermentation du sucre d'amidon, et aromatisée avec les fleurs du houblon.

La bière se fabrique ordinairement avec l'orge, que l'on soumet aux opérations suivantes : 1° le *maltage*, 2° la *saccharification du malt*, 3° le *houblonnage*, 4° la *fermentation alcoolique*.

424. 1° Maltage. — Le maltage a pour but de développer dans l'orge un ferment végétal, appelé *diastase*, qui, agissant plus tard sur la matière amylacée qu'elle renferme, la transformera en sucre d'amidon. L'orge est introduite dans de grandes cuves en maçonnerie, avec un volume d'eau quadruple du sien ; elle s'y gonfle et au bout de vingt-quatre heures en été et trente-six heures en hiver, elle est portée au *germoir* qui est un cellier dallé et maintenu dans un parfait état de propreté. La germination s'y effectue par le concours de l'humidité de l'air et d'une température de 13 à 17°. C'est au printemps que l'opération marche le mieux ; aussi la *bière de mars* est regardée comme supérieure à celle que l'on fabrique à une autre époque de l'année. Pendant la germination la diastase se développe, et, lorsque le germe commence à apparaître, l'épaisseur de la couche d'orge, qui était de $0^m,5$ environ, est successivement réduite à $0^m,1$. Pendant la saison chaude, la germination dure environ dix a douze jours ; à la fin de l'automne, sa durée peut aller jusqu'à vingt jours.

L'orge germée est rapidement desséchée d'abord dans un grenier à air, puis dans une étuve à courant d'air appelée *touraille*, afin d'arrêter les progrès de la germination, qui entraîneraient une perte notable de matière amylacée. L'orge, une fois desséchée, est remuée de manière que les radicelles, qui sont devenues cassantes, se détachent facilement du grain ; elles en sont ensuite séparées par une espèce de tamisage. Les grains concassés et déchirés constituent le *malt*, qui est emmagasiné.

425. 2° Saccharification du malt.— La saccharification consiste dans la transformation de l'amidon de l'orge en dextrine, puis en glucose. Cette transformation s'opère sous l'influence de la diastase, qui s'est développée pendant le maltage.

Pour cela, le malt est porté dans de grandes cuves à double fond. Le faux fond, sur lequel repose l'orge, est percé de trous. Dans l'intervalle qui sépare les deux fonds se trouvent le robinet de vidange et un tube qui amène de l'eau chaude. L'eau doit d'abord être à 60°, et son poids égal à une fois et demie celui du malt. Le mélange est brassé avec des fourches appellées *fourquettes*; on laisse reposer pendant une demi-heure, puis on fait arriver dans la cuve de l'eau à 90°, jusqu'à ce que la température de la masse ait atteint 75°. On brasse de nouveau, puis on ferme la cuve, et on abandonne au repos pendant trois heures. Ce temps suffit pour achever la transformation de l'amidon en sucre ; celui-ci se dissout dans l'eau de la cuve. Le liquide, qui à ce moment prend le nom de moût, est soutiré et transporté dans des chaudières pour y être soumis au *houblonnage*.

Quant à l'orge qui reste dans la cuve, comme elle n'a cédé à la première affusion d'eau chaude que les 0,6 de la matière sucrée qu'elle peut fournir, elle est soumise de nouveau à l'action de l'eau à 80°, mais en quantité moitié moindre que la première fois.

Enfin le malt est épuisé par de l'eau à 100°, que l'on emploie à préparer la *petite bière*.

Le malt épuisé est appelé *drêche*, et sert à la nourriture des bestiaux, principalement des vaches laitières.

426. 3° Houblonnage. — Le moût est ensuite mis à bouillir, avec des fleurs de houblon, dans des chaudières closes; la masse est continuellement remuée par un agitateur mécanique. Pendant cette ébullition, les fleurs de houblon cèdent au liquide un principe amer et un principe aromatique : le premier communique à la bière un goût particulier, le second l'aromatise et facilite sa conservation.

427. 4° Fermentation. — Lorsque le moût est hou-

blonné, on le refroidit aussi vite que possible; puis, lorsqu'il est clarifié par le repos, on le verse dans une cuve
appelée *guilloir*, où on le fait entrer en fermentation en y
ajoutant de la levûre de bière. La température étant de 20°,
la levûre de bière transforme le sucre en alcool et en acide
carbonique : ce gaz se dégage des cuves, et asphyxierait les
hommes de service, si le local n'était suffisamment aéré.
Cette première fermentation dure de vingt-quatre à quarante-
huit heures.

Pour la *bière de table*, la fermentation s'achève dans des
quarts portés sur des chantiers et remplis jusqu'à la bonde :
l'écume qui s'en échappe est reçue dans une rigole située
au bas des chantiers. Toutes les écumes sont réunies dans
des sacs que l'on comprime; le résidu que contiennent ces
sacs, après la pression, constitue ce que les boulangers
emploient sous le nom de *levûre*.

Après la fermentation, la bière est clarifiée à la colle de
poisson.

428. La bière, ainsi préparée, se conserve d'autant plus
longtemps qu'elle est plus forte, c'est-à-dire qu'elle contient
plus de houblon et d'alcool. Toutefois, au bout d'un certain
temps, qui le plus souvent ne dépasse pas trois ou quatre
mois, elle s'aigrit, c'est-à-dire que son alcool se transforme
en vinaigre, sous l'influence du gluten soluble qu'elle renferme.

Certaines bières, comme la bière de Bavière, peuvent,
au contraire, être conservées fort longtemps, parce qu'au
lieu de les faire fermenter tumultueusement à 20° on les a
fait fermenter lentement à 8°, et que, dans ces conditions,
le gluten soluble s'est altéré, est devenu insoluble, et s'est
déposé sous forme de *lie*.

429. La bière, considérée chimiquement, renferme beaucoup d'eau, de petites quantités d'alcool, de sucre, de
dextrine, de matières azotées, etc... C'est une boisson
très-saine, nourrissante et qui engraisse ceux qui en boi-
vent.

CIDRE ET POIRÉ.

430. Le cidre est une liqueur alcoolique provenant de la fermentation du jus de pommes. Le procédé de fabrication est très-simple. On écrase les pommes sous une meule verticale, en les faisant passer à deux reprises entre deux cylindres cannelés, qui peuvent se rapprocher à volonté. Pendant qu'on écrase les fruits, on leur ajoute de l'eau, environ 10 à 15 pour 100. Une fois écrasées, les pommes sont mises en tas et abandonnées à elles-mêmes pendant vingt-quatre heures; il s'y développe alors la couleur jaune que présente le cidre. La pulpe, ainsi préparée, est soumise au pressoir, qui en extrait environ 300 litres de jus par 1 000 kilogrammes de pommes.

Le liquide ainsi obtenu est mis ensuite à fermenter dans des cuves, et une partie du sucre se transforme en alcool et en acide carbonique. La fermentation tumultueuse est achevée, on soutire le liquide, et, si l'on veut en faire une boisson d'agrément, sucrée et mousseuse, on le met en bouteilles. Mais dans les pays où on le boit pendant les repas, on laisse sa fermentation s'achever dans de grandes tonnes, ce qui lui donne une saveur légèrement aigre et amère.

431. **Fabrication du poiré.** — Le poiré se fabrique par le même procédé que le cidre; on substitue seulement les poires aux pommes.

EAUX-DE-VIE.

432. Toutes les boissons fermentées que nous avons précédemment étudiées (vin, bière, cidre et poiré), soumises à la distillation, donnent un liquide plus ou moins riche en *alcool*, que l'on appelle eau-de-vie. L'eau-de-vie que l'on obtient par une première distillation est toujours très-faible; ce n'est que par une rectification nouvelle qu'on l'amène à une plus grande richesse alcoolique.

Les appareils de distillation sont variables dans leur

forme. C'est à Édouard Adam que l'on doit les premiers moyens d'extraire économiquement l'alcool du vin; son appareil a été successivement perfectionné par Cellier-Blumenthal, par Derosne et Cail, par Laugier, par Dubrunfaut, etc.

Nous n'entrerons pas dans la description détaillée de ces différents appareils, dont le but commun est l'économie du combustible.

433. L'eau-de-vie doit être bien claire, très-blanche, lorsqu'elle est nouvelle, un peu ambrée si elle est de trois ou quatre ans, très-jaune si elle est vieille. Les eaux-de-vie les plus estimées sont celles de la *Charente*, qui, avec celles de quelques cantons de la Charente-Inférieure, figurent dans le commerce sous le nom d'*eaux-de-vie de Cognac*, que l'on divise en *fine champagne* et en *eaux-de-vie de bois*. La fine champagne est la plus estimée.

La supériorité que les eaux-de-vie de Cognac ont sur toutes les autres tient à ce qu'on les fabrique avec des vins blancs, qui, ayant fermenté sans la peau du raisin, n'ont pu se charger du principe âcre qu'elle renferme.

Les eaux-de-vie des Deux-Charentes marquent de 49° à 50° à l'alcoomètre de Gay-Lussac.

Parmi les eaux-de-vie communes, celles d'Armagnac tiennent le premier rang; elles sont expédiées à 50°; celles de Montpellier sont les plus communes; elles marquent de 50° à 60°.

434. **Trois-six.** — On désigne dans le commerce, sous le nom d'*esprit-de-vin* ou *trois-six*, de l'alcool de vin marquant 85°, parce que trois parties, mélangées à poids égal avec de l'eau, produisent 6 parties d'eau-de-vie potable, appelée *preuve de Hollande* et marquant 50°. Le *trois-cinq* serait de l'alcool qui, mélangé dans la proportion de 3 parties en poids d'alcool avec 2 parties d'eau, donnerait 5 parties en poids d'eau-de-vie à 50°.

Très-souvent les débitants fabriquent des eaux-de-vie en coupant les trois-six avec de l'eau pour les ramener à 50°; ils diminuent ainsi les frais de transport et autres. Ils les colorent ensuite avec du caramel, du suc de réglisse et du cachou, puis les aromatisent de diverses manières.

435. Eaux-de-vie de cidre, de poiré, de bière, de marc. — Les eaux-de-vie de cidre, de poiré, de bière, se distinguent de l'eau-de-vie de vin par leur mauvais goût et par leur odeur. Il en est de même de l'eau-de-vie de marc, que l'on obtient en faisant fermenter le marc de raisin avec de l'eau tiède, et en distillant ensuite le liquide alcoolique.

436. Rhum et tafia. — Le rhum et le tafia sont des liquides alcooliques obtenus par la distillation d'une liqueur fermentée préparée avec la mélasse de la canne à sucre. Le rhum est supérieur au tafia : cette supériorité vient des soins apportés à sa fabrication. Il nous vient d'Amérique, principalement des Antilles, de la Jamaïque et de la Guadeloupe. Sa force alcoolique est de 51° à 53°.

437. Kirsch. — Le kirsch (par abréviation du mot allemand *kirschenwasser*, eau de cerises) est le produit de la distillation d'une liqueur fermentée faite avec des cerises sauvages. Cette fabrication se fait en grand dans la forêt Noire, en Allemagne, en Suisse, et dans une partie des départements de la Haute-Saône, des Vosges et du Doubs.

438. Alcool de betterave. — L'alcool de betterave provient de la distillation d'un liquide alcoolique que l'on obtient en faisant fermenter le jus sucré de la betterave. Cet alcool contient souvent une huile essentielle qui lui communique une odeur et une âcreté particulières. On peut le débarrasser de ce principe par une rectification convenablement dirigée.

439. Alcool de grains. — Les alcools de grains sont obtenus par la distillation de liqueurs alcooliques provenant de la fermentation de liquides sucrés que produit la fermentation du sucre d'amidon. Deux modes de saccharification sont employés : l'un consiste dans l'emploi de la diastase et s'applique principalement à l'orge, au seigle ou au blé ; dans l'autre, la transformation en sucre de la matière amylacée des grains est produite par l'action des acides : c'est ainsi qu'on agit pour le riz et le dari.

440. Alcool de pommes de terre. — L'alcool de pommes de terre a une origine toute semblable. La fécule que renferment les pommes de terre est transformée en sucre par l'action des acides; le liquide sucré est mis à fermenter, puis distillé.

ALCOOL ABSOLU OU ANHYDRE.

441. Préparation de l'alcool absolu. — L'alcool le plus concentré que l'on a obtenu dans le commerce contient de 90 à 92 pour 100 d'alcool pur. Pour le priver d'eau et l'obtenir à l'état anhydre, on laisse digérer pendant vingt-quatre heures, sur de la chaux vive, une certaine quantité d'alcool à 90 degrés de l'alcoomètre de Gay-Lussac, puis on distille au bain-marie. La distillation doit être répétée deux à trois fois sur l'alcool obtenu.

442. Propriétés. — L'alcool pur est un liquide transparent, très-fluide, incolore, ayant une saveur brûlante et une odeur aromatique. Sa densité, à 15°, est de 0,795, il bout à 78°. Il est très-avide d'eau, et, lorsqu'on le mélange avec elle, la température s'élève et le volume diminue. C'est le dissolvant par excellence des substances très-hydrogénées, comme les résines, les essences, les corps gras, les matières colorantes, etc... Il est inflammable et brûle avec une flamme bleue; sa vapeur, mélangée à l'oxygène, détone avec violence sous l'influence de la chaleur ou de l'étincelle électrique. Il se produit alors de l'eau et de l'acide carbonique.

L'alcool peut par son oxydation produire de l'acide acétique.

Chauffé à 114° avec de l'acide sulfurique, il se transforme en éther sulfurique.

CHAPITRE V

CORPS GRAS. — CHANDELLES. — BOUGIES STÉARIQUES. SAVONS.

443. On trouve, dans les plantes et dans les animaux, des matières grasses qui diffèrent par leur consistance et que le commerce et l'économie domestique distinguent sous ce rapport en cinq groupes principaux :

Les *huiles*, qui sont liquides à la température ordinaire;

Les *beurres*, qui sont mous à 18° et fondent à 36°;

Les *graisses* ou corps gras, qui proviennent des animaux, et qui sont mous et très-fusibles;

Les *suifs* ou corps gras de même origine, mais plus solides et ne fondant qu'à 38°;

Les *cires*, qui sont dures et cassantes, ne se ramollissent qu'à partir de 35° et ne fondent qu'à partir de 60°.

444. Les corps gras sont des substances neutres, sans odeur ni saveur bien prononcées, insolubles dans l'eau, onctueuses au toucher, s'enflammant à une température élevée, tachant le papier, c'est-à-dire le rendant transparent, sans qu'il puisse retrouver par l'action de la chaleur son opacité primitive. Les corps gras sont capables de se *saponifier*, c'est-à-dire de se décomposer sous l'influence des alcalis en un corps neutre et en un acide qui reste combiné à l'alcali et forme avec lui un *savon*. Tous les corps gras ne jouissent pas au même degré de la propriété de se saponifier, aussi les distingue-t-on :

1° *En corps gras facilement saponifiables*, qui, en se saponifiant, mettent en liberté un corps neutre et sucré, appelé glycérine : tels sont les huiles, les graisses, les suifs et les beurres;

2° *En corps gras difficilement saponifiables*, qui engendrent, par la saponification, un corps neutre différent de la glycérine, mais qui paraît en jouer le rôle chimique : tels sont les cires et le blanc de baleine que nous n'étudierons pas.

CORPS GRAS FACILEMENT SAPONIFIABLES.

445. On doit à Braconnot et à M. Chevreul la connaissance des principes qui entrent dans la composition des corps gras facilement saponifiables. Avant eux on croyait que les huiles et les graisses étaient des principes immédiats purs, dont les propriétés physiques différaient. Aujourd'hui, les chimistes admettent que :

1° Les huiles végétales et le beurre de vache sont essentiellement formés de deux substances : l'une liquide, d'apparence huileuse, analogue par son aspect à l'huile d'olive blanche : on l'appelle *oléine;* l'autre, appelée *margarine,* solide, dure comme le suif, se présentant en petites lames blanches et nacrées, insipide, inodore et fusible à 28°. L'huile d'olive peut être considérée comme composée de margarine tenue en dissolution par l'oléine. Lorsqu'on refroidit l'huile d'olive, elle se congèle, et cette congélation est due à la précipitation de la margarine, qui n'est pas soluble dans l'oléine à une basse température.

2° Les corps gras d'origine animale, comme les graisses et les suifs, sont essentiellement formés d'oléine et de deux corps solides, la margarine et la stéarine. La consistance des corps gras est en raison directe de la quantité de substance solide (stéarine et margarine) qu'ils renferment.

3° Indépendamment de ces principes immédiats, on rencontre dans les corps gras des principes colorants ou odorants, qui varient d'une espèce à l'autre.

4° L'oléine, la margarine et la stéarine peuvent être considérées comme le résultat de la combinaison d'une même substance, la glycérine, avec des acides variant de l'une à l'autre, et qui sont l'acide oléique dans l'oléine, l'acide margarique dans la margarine, et l'acide stéarique dans la stéarine.

446. Les corps gras, quelle que soit leur origine, présentent de grandes analogies dans leurs propriétés.

Ils ont tous une densité inférieure à celle de l'eau, une saveur et une odeur peu prononcées, et sont incolores quand ils sont purs. Ils ne sont pas volatils, bouillent à des températures élevées, mais différentes pour chacun d'eux. Ainsi l'huile d'olive bout à 320° et l'huile de ricin à 265°. Chauffés au contact de l'air, à une température supérieure à leur point d'ébullition, ils se décomposent en acide carbonique, en gaz inflammable et en une huile volatile très-âcre et très-irritante, que l'on appelle acroléine; puis ils s'épaississent, se colorent et s'enflamment.

Lorsque les huiles et les graisses sont à l'abri de l'air, elles se conservent fort longtemps ; mais à son contact elles acquièrent une saveur âcre et désagréable, deviennent acides et rances. En même temps qu'elles subissent ces phénomènes d'oxydation, plusieurs huiles végétales perdent peu à peu leur liquidité et finissent même par se solidifier. Les huiles qui éprouvent cette transformation sont appelées *huiles siccatives* : telles sont les huiles de lin, de noix, d'œillette, etc.

La siccatibilité des huiles peut être augmentée en les faisant bouillir avec 7 à 8 pour 100 de litharge en poudre fine; c'est ce que l'on fait avec l'huile de lin employée dans la confection des peintures et des vernis gras.

Les huiles *non siccatives* perdent aussi de leur fluidité au contact de l'air et deviennent moins combustibles.

C'est à l'absorption de l'oxygène par les huiles, au dégagement de chaleur dont elle est accompagnée, que l'on doit attribuer les combustions spontanées et les incendies qui se produisent dans les magasins d'huiles et dans les endroits où l'on accumule des chiffons ou des déchets de coton imbibés d'huile.

447. Extraction des corps gras. — L'industrie extrait les corps gras par des procédés qui varient avec leur nature et avec leur provenance. Ainsi les matières grasses d'origine animale sont enfermées dans une multitude de petites cellules, qui sont elles-mêmes enveloppées de membranes plus ou moins résistantes; l'extraction de ce genre de corps gras suppose donc la séparation de la matière grasse et du

tissu membraneux. Cette séparation s'effectue par plusieurs
moyens que nous allons exposer en étudiant la fabrication
des chandelles. La fabrication des huiles nous fournira
aussi l'occasion d'indiquer comment les corps gras d'origine végétale sont extraits par expression des graines ou
des fruits qui les renferment.

FABRICATION DES CHANDELLES.

448. La graisse employée à la fabrication des chandelles
est presque exclusivement la graisse de bœuf, de mouton
ou de porc. Cette graisse, détachée de la bête dans les abat-
toirs, est livrée au fabricant sous le nom de *suif en
branches.*

449. La fabrication des chandelles se compose de deux
opérations successives : la fonte des suifs, et la fabrication
même de la chandelle.

La fonte des suifs s'opère sous l'influence de la chaleur.
Tantôt la chaleur agit seule, tantôt son action est facilitée
par la présence d'agents chimiques acides ou alcalins, qui
facilitent la séparation du corps gras et des membranes qui
l'enveloppent.

450. Fabrication de la chandelle. —Pour fabriquer la
chandelle avec le suif préparé par l'une des méthodes précédentes, on peut employer deux procédés : soit le procédé
de fabrication à la baguette, soit le *moulage.*

451. *Fabrication à la baguette.* —Cette méthode consiste
à plonger à plusieurs reprises, dans le suif fondu, la mèche
de coton qui doit faire l'axe de la chandelle. Après chaque
immersion, on laisse égoutter ; le suif se solidifie, et on répète l'opération jusqu'à ce que la chandelle, par la superposition des couches successives, ait atteint la grosseur
voulue. Afin d'économiser la main-d'œuvre, l'ouvrier plonge
ordinairement un certain nombre de mèches à la fois, et
pour cela il prépare des baguettes en bois, de 80 centimètres de longueur environ, sur lesquelles il attache et laisse
pendre des mèches espacées de 10 centimètres. Il plonge
ses baguettes deux par deux ou trois par trois ; les mèches

s'étalent dans le bain en gardant leurs positions respectives et se recouvrent de suif.

Pour faire l'extrémité effilée de la chandelle, l'ouvrier procède à une dernière immersion et cette fois enfonce la mèche un peu plus loin que lors des immersions précédentes. Quant à la base, elle se fait en passant la chandelle sur une plaque chauffée.

Ce mode de fabrication peut être rendu plus rapide encore en substituant l'immersion mécanique à l'immersion à la main.

452. *Moulage des chandelles.* — Le moulage consiste à couler le suif fondu dans un moule en étain, suivant l'axe duquel est suspendue la mèche.

Pour rendre le moulage plus rapide, MM. Leroy et Durant, à Paris, emploient le système suivant, qui permet de remplir six moules d'un seul coup. Les moules C, C (fig. 130), sont disposés par rangées de six sur de fortes tables de chêne O ; sur les bords de la table peut rouler, au moyen de galets R, une caisse remplie de suif fondu. Cette caisse porte des trous correspondant à chacun des six moules d'une rangée. Ces trous sont fermés par des bouchons en métal et peuvent être ouverts en soulevant les bouchons à l'aide de la tige T, que fait manœuvrer une manivelle M. En faisant rouler la caisse, on amène les trous successivement au-dessus de chaque rangée de moules, et en soulevant la manivelle, à chaque station, on laisse écouler le suif dans six moules qui se remplissent simultanément.

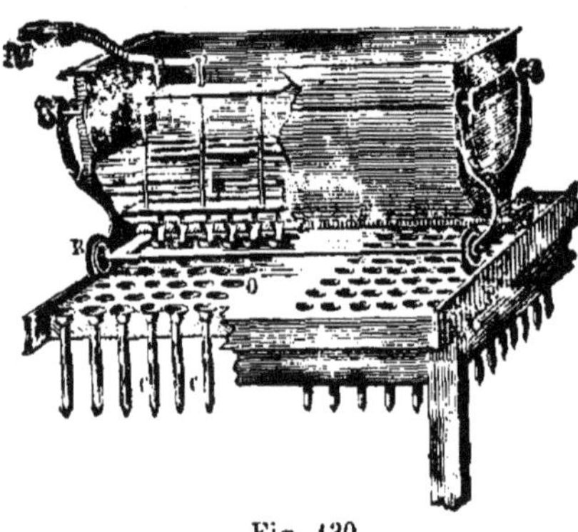

Fig. 130.

453. **Blanchiment des chandelles.** — Les chandelles fabriquées par l'un des procédés précédents doivent être blanchies. Le procédé le plus simple et le plus sûr consiste

à les exposer à la lumière et en plein air pendant quelques jours.

EXTRACTION DES HUILES VÉGÉTALES.

454. Les huiles végétales s'obtiennent en soumettant à l'action des presses les graines ou les fruits des plantes oléagineuses. L'expression se fait à froid pour les huiles très fluides qui sont employées comme aliments (huiles d'olive, d'œillette) ou comme médicaments (huile de ricin, de croton); pour celles qui sont concrètes, l'expression se fait à chaud, en pressant les graines entre des plaques métalliques chaudes. On peut aussi faire bouillir les graines dans l'eau après les avoir écrasées. L'huile vient se rassembler à la surface de l'eau et s'y fige; c'est ainsi qu'on extrait le beurre de cacao, l'huile de laurier, le beurre de muscade, l'huile de palme, etc. Les huiles destinées à l'éclairage et aux autres besoins des arts s'obtiennent aussi par expressions des graines.

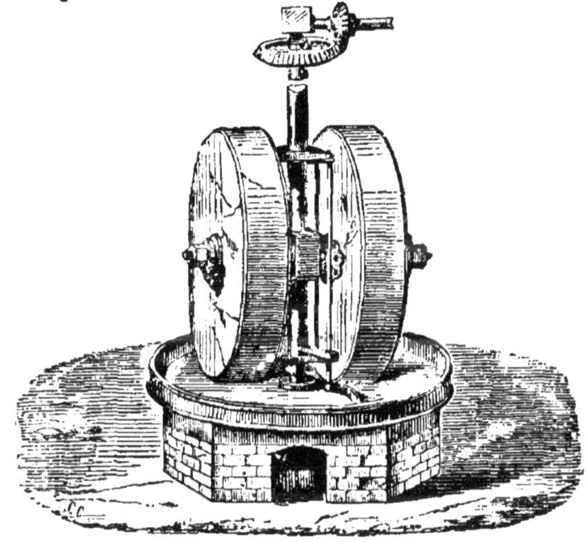

Fig. 151.

455. **Extraction de l'huile d'olive.** — Les olives sont écrasées sous des moulins à meules verticales (fig. 131), et

16.

réduites en une pulpe qu'on renferme dans des cabas ou *scouffins*, que l'on soumet à l'action de presses hydrauliques horizontales.

On appelle huile d'olive *vierge* celle qui est fabriquée avec des olives récoltées à la cueillette et non à la gaule, soigneusement triées et portées sous une presse aussitôt après leur réduction en pulpe. L'huile vierge est verdâtre et, malgré son goût de fruit, elle est très-recherchée pour les aliments.

L'huile *ordinaire* de table s'obtient en délayant dans l'eau bouillante la pulpe des olives qui ont fourni l'huile vierge et en la soumettant à la pression. Elle est d'une belle couleur jaune, moins agréable au goût que la précédente, et se rancit plus facilement. On l'emploie aussi pour graisser les laines et les machines.

Enfin, l'huile dite **huile de recense** ou **huile lampante**, et qui n'est utilisée que dans les savonneries, s'obtient en pressant à nouveau les tourteaux ou *grignons* non entièrement épurés par les deux pressions précédentes, en les broyant, puis en les faisant chauffer avec de l'eau et les exprimant de nouveau.

FABRICATION DES BOUGIES STÉARIQUES.

456. L'emploi des chandelles de suif a été presque exclusivement remplacé par celui des bougies stéariques, dont l'invention est due à Gay-Lussac et à M. Chevreul (1825), et que l'on fabrique avec les acides gras extraits des corps gras neutres. Ces acides ont un point de fusion supérieur à celui des matières d'où ils proviennent, et, à ce titre, sont d'un emploi plus avantageux pour l'éclairage. Les bonnes bougies stéariques fondent à 55°,5 et donnent une lumière plus belle que celle des chandelles ; leur mèche se consume d'elle-même, sans qu'on soit obligé de la couper, comme cela arrive pour les chandelles ; enfin, elles ne répandent pas d'odeur en brûlant.

Il y a plusieurs méthodes pour extraire des corps gras neutres les acides gras servant à la fabrication des bougies stéariques; nous ne décrirons que la saponification calcaire, qui consiste à saponifier le suif avec de la chaux, c'est-à-dire combiner les acides gras avec la chaux qui élimine la glycérine; puis décomposer le savon calcaire par l'acide sulfurique qui précipite la chaux à l'état de sulfate et met les acides gras en liberté.

SAPONIFICATION CALCAIRE.

457. Saponification calcaire. — Pour la saponification calcaire on emploie indistinctement les suifs de bœuf ou de mouton. La saponification s'effectue dans des cuves en bois doublées en plomb, telles que celles que représente la figure 131. Des tuyaux V, V', V" amènent dans chacune d'elles la vapeur nécessaire à l'opération.

Fig. 132.

Après avoir introduit dans chaque cuve 8000 kilogrammes environ de suif en pains, on les recouvre avec de l'eau, puis on donne accès à la vapeur : la matière grasse entre

bientôt en fusion et vient former à la surface une couche
huileuse. Puis, après avoir éteint une quantité de chaux
vive égale à 14 ou 15 pour 100 du poids du suif et l'avoir
amenée à l'état de poudre très-fine, on en fait un lait épais
que l'on verse dans la cuve en deux ou trois fois ; le mélange, toujours maintenu à l'ébullition est agité à l'aide
d'une espèce de râble en bois ou *mouveron*, que l'on voit
sur la cuve C. La saponification s'opère peu à peu, et le
corps gras, au bout de huit heures, est transformé en un
savon calcaire insoluble que l'on divise en morceaux, et
qui nage au milieu d'une solution jaunâtre de glycérine.
On laisse refroidir jusqu'au lendemain, et on vidange par
une soupape placée à la partie infé-
rieure de la chaudière. La solution
glycérique s'écoule en M.

**458. Décomposition du savon et
lavage des acides gras.** — Il faut
alors procéder à la décomposition
du savon calcaire par l'acide sulfurique ; pour cela, on ajoute dans chaque cuve l'acide sulfurique étendu
à 20° Baumé. On chauffe de nouveau par la vapeur, et, au bout de
six à sept heures, la décomposition
est complète. On laisser reposer jusqu'au lendemain ; l'eau et le sulfate
de chaux vont au fond, et les acides
gras encore liquides qui surnagent
sont décantés au moyen d'un tire-
jus B et conduits dans des cuves
doublées de plomb, où ils sont lavés
dans l'acide sulfurique à 20° et mis
en ébullition par un serpentin de vapeur. Ce lavage a pour but d'enlever les dernières traces de chaux ;

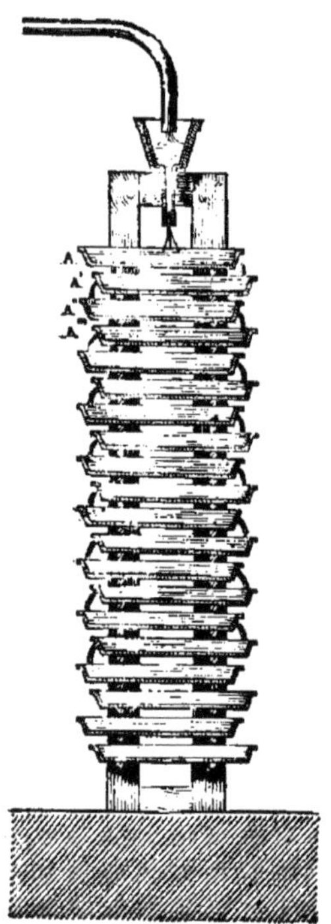

Fig. 133.

il est suivi d'un autre lavage à l'eau bouillante, dont
l'effet est d'emporter l'acide sulfurique en excès. Ainsi
purifiés, les acides gras sont coulés dans des moules en

fer-blanc, disposés, comme le représente la figure 132, de telle sorte que l'excès de liquide qui arrive dans chacun d'eux puisse se déverser dans le moule inférieur. On abandonne la matière dans ces moules, où elle cristallise.

459. Pressurage des acides gras. — La matière solide ainsi obtenue se compose d'acides margarique et stéarique, qui sont solides, et d'acide oléique liquide, qui est dissé-

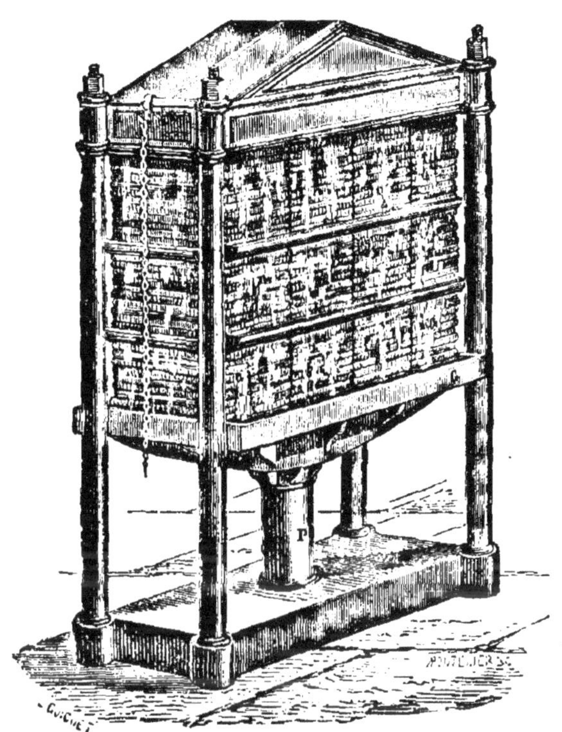

Fig. 134.

miné au milieu des précédents. On sépare ce dernier par deux pressurages faits le premier à froid, le second à chaud.

Le pressurage à froid s'exécute par des presses hydrauliques verticales (fig. 134). Chaque pain est enfermé dans un sac de laine appelée *malfil*. Les sacs sont empilés les uns au-dessus des autres et séparés de distance en distance par des plaques métalliques destinées à régulariser la pression et munies sur leurs bords de rigoles, qui recueillent l'acide oléique et le condensent dans des tuyaux verticaux.

Lorsqu'au bout de cinq à six heures la presse verticale a épuisé son action, les malfils sont vidés et les pains sont mis dans des sacs en crin appelés *étreindelles*, et soumis au pressage à chaud. On se sert pour cela d'une presse hydraulique horizontale : l'eau arrive en R (fig. 135) dans le

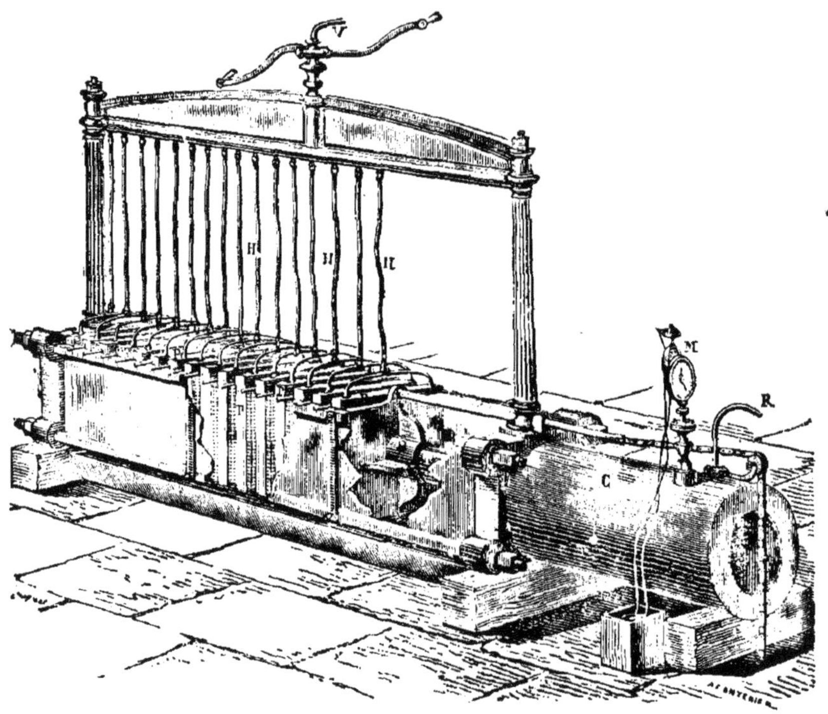

Fig. 135.

cylindre C et agit sur la tige T, qui presse les étreindelles disposées entre des plaques creuses P; ces plaques sont portées à une température qui ne doit pas dépasser 35°, par la vapeur qu'amènent des tuyaux en caoutchouc H, H. L'acide oléique s'écoule, entraînant avec lui une certaine quantité d'acide stéarique, et après l'opération on trouve

dans chaque étreindelle un pain sec et dur d'acides gras.
L'acide oléique, au sortir de la presse à chaud, se rend
dans de vastes réservoirs souterrains, où il laisse déposer,
par le refroidissement, les acides solides qu'il a entraînés,
et qu'on soumet à un nouveau pressurage.

460. **Moulage des bougies.** — L'admirable découverte de
M. Chevreul et de Gay-Lussac fut entravée dans la pratique
par les inconvénients que présentait la mèche de coton
ordinaire, qui absorbait une trop grande quantité de matière grasse. M. Cambacérès eut l'idée d'y substituer une
mèche que l'on forme en nattant trois fils de coton; mais
sa combustion incomplète laisse un résidu charbonneux
qui contrarie l'ascension des corps gras, ou qui, en tom-
bant dans le godet formé par la fusion à la partie supérieure
de la bougie, liquéfie trop rapidement la matière et la fait
couler. Pour remédier à cet inconvénient, M. de Milly a
imaginé d'imprégner la mèche d'acide borique. Celui-ci
vitrifie les cendres de la mèche; il en résulte une petite
perle vitreuse et lourde, qui, courbant la mèche en dehors
de la flamme, lui permet de brûler complétement et rend
inutile l'opération du mouchage.

Dans les grandes usines, le moulage se fait d'une manière
très-expéditive, à l'aide de la machine que nous allons décrire et qui est due à M. Cahouet.

Les moules sont disposés par groupes de seize dans une
grande caisse en tôle, que l'on peut chauffer et refroidir
successivement à l'aide d'un tuyau V' (fig. 136), qui amène
de la vapeur, ou du tuyau V, qui amène un courant d'air
froid lancé par une machine soufflante. Au-dessous de cette
caisse s'en trouve une autre, où les mèches sont enroulées
sur des bobines B; à chaque moule correspond une bobine.
Les mèches, sortant de la caisse inférieure, se rendent dans
la caisse supérieure, et chacune d'elles, après avoir traversé
un moule suivant son axe, est pincée à sa partie supérieure
par une plaque que peut soulever une crémaillère K. La
caisse supérieure étant chauffée à l'aide de la vapeur de V',
on coule dans un groupe les acides gras fondus à part; un
courant d'air froid refroidit ensuite les moules, les acides

se solidifient, et on détache à la fois les seize bougies d'un groupe. Pour cela, on amène au-dessus de lui la crémaillère K, et avec elle on soulève les plaques qui pincent les seize mèches ; les bougies sortent des moules et s'élèvent : la mèche, se déroulant de chaque bobine, les suit dans leur ascension et se trouve disposée pour une opération suivante

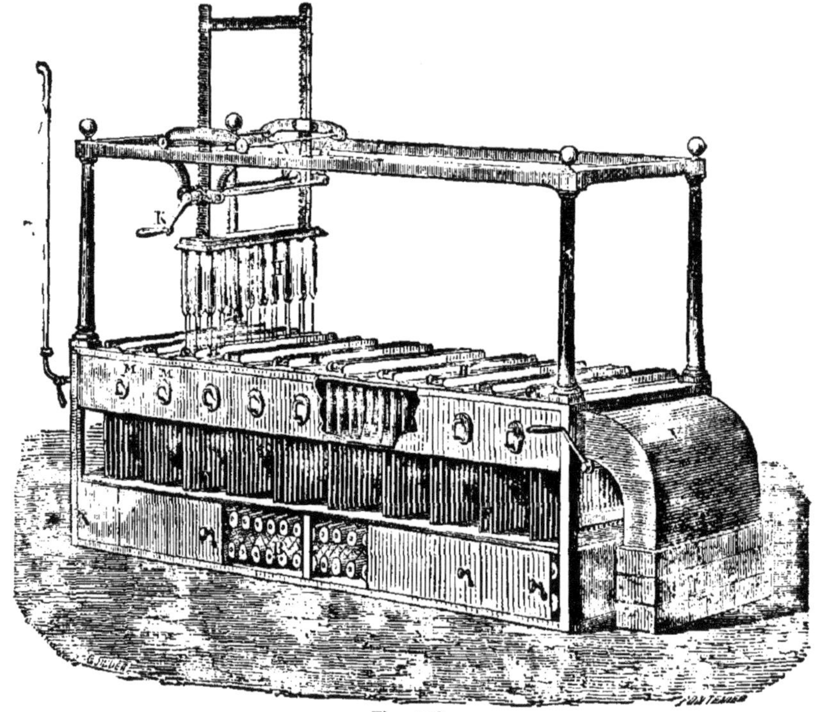

Fig. 136.

dans l'axe du moule. On coupe alors la mèche et on enlève les bougies, qui sont portées au blanchiment. On les expose pour cela dans de vastes cours à l'action simultanée de l'air et de la lumière, sur des grillages où elles sont enfilées verticalement.

461. Après le blanchiment, il ne reste plus qu'à les laver, les rogner et les polir. Le lavage s'effectue dans le baquet U (fig. 137), qui renferme de l'eau de savon ou une solution de carbonate de soude. Les bougies sont ensuite po-

sées sur des roues cannelées R, qui les présentent à un petit couteau circulaire chargé de les couper à la longueur voulue. Elles tombent de là sur une table où sont disposés des

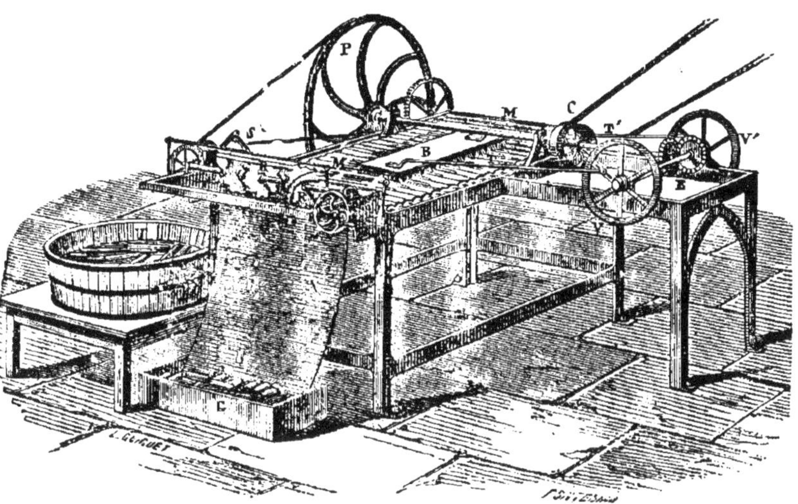

Fig. 137.

rouleaux en bois sur lesquels elles subissent l'action d'une brosse B, qui est animée d'un mouvement de va-et-vient et qui les polit. Elles cheminent sur cette table sous l'action de la brosse, et arrivent à l'extrémité prêtes à être livrées à la consommation.

SAVONS.

462. Les savons sont des combinaisons des acides gras avec les bases. Voici comment on interprète la réaction qui donne lieu à la formation de ces sels. Les principes immédiats des corps gras, la margarine, la stéarine et l'oléine, peuvent être considérés comme de véritables sels anhydres formés d'acides gras et de glycérine anhydre. Dans la formation des savons, on détruit cette combinaison saline par une base plus énergique qui se combine avec l'acide gras.

Les savons à base de potasse et de soude, qui sont solubles dans l'eau, sont les seuls employés dans l'économie domestique. Les savons à base de soude sont plus durs que les savons de potasse, parce que les stéarates, margarates et oléates de soude sont toujours plus consistants et moins attaquables par l'eau que les mêmes genres de sels à base de potasse.

Les stéarates et margarates de potasse et de soude étant toujours plus durs et moins solubles que les oléates des mêmes bases, un savon de potasse ou de soude sera toujours d'autant plus dur qu'il renfermera plus de stéarate ou de margarate, et moins d'oléate. On voit donc que les qualités du savon dépendent non-seulement du choix de la base, mais aussi de celui du corps gras.

Les savons durs sont obtenus avec la soude et les huiles d'olive, d'amandes, d'arachide, de potasse, de coco, le suif et les autres graisses. En France, en Italie et en Espagne, on se sert principalement d'huile d'olive de qualité inférieure; dans les pays du Nord qui n'ont pas d'huile d'olive, on la remplace par le suif ou par la graisse.

Les savons mous sont préparés avec la potasse et les graisses ou les huiles de graines.

463. **Savons durs**. — On obtient les savons durs, à Marseille, en saponifiant par la soude les huiles qu'on désigne sous le nom de *recenses*.

On prépare une dissolution de carbonate de soude dont on précipite l'acide carbonique à l'aide de chaux qui le transforme en carbonate de chaux insoluble. On a alors une lessive de soude qui sert à la saponification.

L'huile n'étant pas miscible à l'eau a besoin d'être très-divisée pour arriver au contact de l'alcali : tel est le but de l'*empâtage*, qui a pour résultat d'opérer la formation d'une émulsion, c'est-à-dire de mettre l'huile, à l'état de division extrême, en suspension dans l'alcali. Pour cela, on introduit dans une grande chaudière, à fond hémisphérique en tôle, 31 hectolitres 1/2 de lessive à 10°, on porte à l'ébullition, et on y verse en plusieurs fois 6000 kilogrammes d'huile ; celle-ci perd bientôt sa transparence et forme avec l'alcali une espèce d'émulsion blanche, qui acquiert peu à peu de la consistance et de l'homogénéité.

Lorsque l'*empâtage* est complet, on procède au *relargage*, afin d'enlever à l'huile empâtée l'eau que la soude y a portée. Cette opération consiste à mettre la masse d'huile empâtée en contact avec une dissolution de soude chargée de sel marin. On brasse continuellement le mélange, et l'émulsion savonneuse avec excès d'huile, ne pouvant se dissoudre dans l'eau salée, lui cède la plus grande partie de son eau, et se rassemble à la surface sous forme d'une pâte consistante et colorée. On laisse alors tomber le feu, et, au bout de quelque temps on ouvre un robinet dit *épine*, situé à la partie inférieure de la cuve; on laisse écouler trois fois plus de liquide qu'on n'en a introduit pour le *relargage*, et on pratique la *coction*.

Cette opération, qui a pour but d'achever la saponification, consiste à faire bouillir le savon, qui contient encore un excès d'huile, avec de nouvelles lessives douces et concentrées. La saponification est achevée lorsque le savon se dissout dans l'eau chaude sans laisser d'yeux à la surface, et lorsque, comprimé entre le pouce et l'index, il prend une consistance très-dure. On met le savon à sec en exprimant de nouveau, et on obtient un produit noirâtre, qui durcit par le refroidissement. Sa couleur est due au sulfure de fer mêlé à un savon alumino-ferrugineux provenant de la soude brute.

On convertit ce savon en savon blanc ou en savon marbré.

464. Savon blanc. — Pour faire le savon blanc on délaye le savon noir dans une lessive faible : le savon alumino-ferrugineux se dépose lentement; on enlève le savon blanc qui surnage et on le coule dans des moules ou *mises*, où il se solidifie; on découpe ensuite la masse solide en pains rectangulaires.

465. Savon marbré. — Le savon marbré ou madré s'obtient en délayant le savon noir dans une quantité moindre de lessive, de telle sorte que le savon alumino-ferrugineux, coloré par le sulfure de fer, au lieu de se déposer au fond de la chaudière, reste en suspension dans la masse, au milieu de laquelle il forme des veines bleuâtres. Le savon marbré est plus estimé que le savon blanc, parce qu'on ne peut l'obtenir qu'avec 30 pour 100 d'eau au plus, tandis que le savon blanc peut en contenir 40 et 50 pour 100.

466. Savons unicolores. — On prépare des savons unicolores avec les huiles de coco, de palme, de sésame, d'arachide, l'acide oléique, les suifs d'os, etc. On peut les préparer, soit par le procédé précédent, soit par un procédé qui en diffère peu, et que nous ne décrirons pas.

Ces savons, dits *économiques*, ne méritent pas toujours cette désignation, car il en est qui renferment jusqu'à 75 pour 100 d'eau.

467. Savons mous. — Les savons mous, dits savons noirs ou savons verts, sont toujours à base de potasse, et sont fabriqués avec les huiles les moins chères : huiles de chènevis, d'œillette, de colza. Leur préparation est des plus simples : il suffit de faire bouillir les huiles avec des lessives caustiques de potasse, de concentrer le mélange pour chasser l'excès d'eau, puis de le couler dans des tonneaux lorsqu'il est arrivé à la consistance voulue.

Ces savons sont verts quand on les fait avec des huiles jaunes et qu'on y ajoute à la fin de la cuisson un peu d'indigo. Ils sont noirs quand on les a colorés par du sulfate de cuivre, du sulfate de fer, du tannin et du bois de campêche.

468. Savons de toilette. — Les savons de toilette se préparent avec des matières très-pures. Ils doivent être, autant que possible, dégagés d'alcali.

Le savon transparent s'obtient en traitant des raclures de savon de suif par l'alcool chaud, qui ne dissout que le savon et laisse les impuretés. La dissolution, refroidie et éclaircie par le repos, est versée dans des mouloirs où elle se solidifie; le savon ne devient transparent qu'au bout de plusieurs semaines.

469. Usages des savons. — Le savon blanc est employé pour le blanchissage du linge, de la soie, de la laine, pour les besoins de la toilette; il agit alors à la manière des alcalis faibles, et dissout les corps gras. Le savon marbré, qui est plus alcalin et plus mordant, est employé pour

les tissus forts. Enfin les savons mous, qui sont très-alca-
lins, sont employés pour le blanchissage du linge commun
et dans le dégraissage de la laine.

CHAPITRE VI

MATIÈRES COLORANTES. — TEINTURE.

CONSIDÉRATIONS GÉNÉRALES SUR LES MATIÈRES COLORANTES.

470. La nature nous présente un grand nombre de matières colorées. Parmi elles, il en est un certain nombre
qui ont trouvé dans l'industrie un rôle plus ou moins important et qui sont employées à teindre les étoffes. Il ne
peut entrer dans notre plan de faire l'étude complète de
ces matières. Nous nous bornerons à quelques notions élé-
mentaires.

Depuis les temps les plus reculés, l'homme fait servir à
la coloration des tissus certains produits que nous trouvons
dans le commerce sous la dénomination générique de matières tinctoriales. Ces produits sont tantôt des êtres organisés (kermès, cochenille), tantôt des parties seulement
d'un végétal (écorce de bois jaune, racines de garance, bois
de campêche, fleurs et feuilles de gaude), tantôt enfin le
résultat de la préparation qu'on a fait subir à certaines
plantes (indigo, orseille).

La lumière solaire agit sur les matières colorantes, au
moins avec le temps, comme une température élevée; elle
les détruit peu à peu. Tout le monde sait que les étoffes
teintes se décolorent graduellement, surtout lorsqu'elles
sont exposées à l'action de la lumière. La lumière n'agit
cependant pas seule : l'air active le plus souvent son action;
car s'il est vrai qu'un grand nombre de principes colorables
des végétaux ne se colorent que sous l'influence de l'oxy-

gène, il convient de remarquer qu'un excès d'oxygène les décolore ensuite.

Les matières colorantes ont la propriété de s'unir aux différents tissus, et de former des combinaisons plus ou moins stables. En général, ces matières manifestent une plus grande affinité pour les tissus faits avec des fibres d'origine animale, comme la laine et la soie, que pour les tissus faits avec des fibres végétales, telles que le coton, le chanvre et le lin, et elles en ont plus pour le coton que pour les deux derniers.

Parmi les matières colorantes, les unes ont pour les tissus une affinité assez grande pour se combiner avec eux sans intermédiaire : tels sont les principes colorants de l'indigo, du curcuma, du carthame, du cachou, etc. D'autres ne peuvent s'y attacher qu'autant qu'on revêt le tissu d'une substance ayant de l'affinité et pour le tissu et pour la matière colorante. Cette substance est désignée sous le nom de *mordant*. Ajoutons que les mordants ont aussi pour effet de modifier souvent la couleur du principe colorant.

Les matières colorantes, au point de vue de la résistance qu'elles opposent aux agents physiques ou chimiques, peuvent être divisées en couleurs *solides*, et en couleurs *faux teint*.

471. On appelle couleurs *solides* ou *couleurs de bon* et de *grand teint*, celles qui résistent à l'action décolorante du soleil, à l'influence de l'air, de l'eau, des acides et des alcalis faibles, des hypochlorites faibles et du savon. Telles sont les couleurs de la garance, de l'indigo, de la gaude, du bois jaune, du quercitron, de la cochenille, du cachou, de la noix de galle et des sels de fer.

On appelle au contraire couleurs *faux teint*, ou de *petit teint*, celles qui sont promptement détruites par la lumière, l'air, les lessives alcalines et les acides faibles, les hypochlorites et le savon. Tels sont les principes colorants des bois rouges, du campêche, du curcuma, du rocou, du carthame.

Observons toutefois que, quelle que soit la solidité d'une

couleur, elle ne résiste jamais complétement à l'action des causes dont nous venons de parler.

472. Teinture et impressions sur étoffes. — La description détaillée des procédés si nombreux et si variés qu'emploie la teinture ne saurait entrer dans les limites de cet ouvrage.

Pour colorer d'une manière durable les fibres textiles, il y a deux méthodes distinctes qui font l'objet de deux industries différentes, celles du *teinturier* et celle de l'*imprimeur sur étoffes*.

Le teinturier se propose de donner à la masse entière des fils ou des étoffes une teinte uniforme; l'imprimeur ne colore que certaines parties de l'une des faces d'un tissu, et y dispose les matières colorantes de manière á former des dessins.

CHAPITRE VII

MATIÈRES ANIMALES. — ŒUFS. — ALBUMINE. — LAIT.
— SANG. — CHAIR DES ANIMAUX OU MUSCLES. — OS.

473. Nous allons maintenant étudier quelques substances qui jouent un rôle important dans l'alimentation

DES ŒUFS ET DE L'ALBUMINE.

474. Œufs. — Les œufs des oiseaux sont souvent employés comme aliments par l'homme. En Europe, c'est l'œuf de la poule qui est en usage, à l'exclusion de presque tous les autres. Il se compose de quatre parties distinctes :

1° D'une coquille formée principalement de carbonate de chaux, qui se trouve uni par une matière animale à du phosphate de chaux, à du carbonate de magnésie et à de l'oxyde de fer ; 2° d'une membrane collée à la surface intérieure de la coquille ; 3° du *blanc*, qui est formé par des cellules à parois lâches et transparentes, pleines d'un liquide glaireux ; ce liquide est composé principalement d'eau et d'une matière azotée, l'*albumine*; 4° du *jaune*, matière de consistance épaisse, renfermant de l'eau, une substance azotée appelée *vitelline*, des corps gras et des matière colorantes rouge et jaune. Le blanc et le jaune renferment aussi une petite quantité de sels minéraux.

475. Albumine. — L'albumine est un corps visqueux, filant, qui mousse par l'agitation et se dissout dans l'eau froide. Les acides la coagulent à froid ; les sels métalliques forment avec elle des combinaisons insolubles dans lesquelles elle joue le rôle d'un acide. L'albumine se coagule lorsqu'on l'expose à l'action de la chaleur ; une température de 60° à 75° suffit pour la transformer en une masse solide, blanche, opaque et insoluble dans l'eau. C'est ce qui se produit lorsqu'on cuit des œufs à la coque. L'action de la chaleur coagule l'albumine ou blanc d'œuf.

La propriété qu'a l'albumine de se coaguler est utilisée pour la clarification des liqueurs troublées par des matières en suspension, telles que les dissolutions sucrées. Si l'on verse dans ces liquides bouillants une certaine quantité d'albumine, celle-ci se coagule et forme une espèce de réseau, qui emprisonne entre ses mailles les matières en suspension et les entraîne à la surface sous forme d'écume.

L'albumine sert aussi à froid au collage des vins, à la clarification des vinaigres et des liqueurs de table ; la coagulation s'opère alors sous l'influence de l'alcool ou des acides que renferment ces liquides.

DU LAIT.

476. Le *lait* est un liquide sécrété par les glandes mammaires des femelles des animaux connus sous le nom de mammifères. Il sert à la nourriture de leurs petits et constitue un aliment précieux et *complet*, c'est-à-dire contenant tous les principes nécessaires à la nourriture.

Le lait de vache est celui que nous étudierons; c'est celui qui est généralement employé dans l'alimentation.

Le lait est un liquide opaque, blanc, tirant sur le jaune; sa saveur est douce et légèrement sucrée. Sa densité est plus grande que celle de l'eau. Abandonné à lui-même, le lait se sépare en deux couches distinctes : la couche supérieure, que l'on appelle la *crème*, est jaunâtre, onctueuse et épaisse; elle est constituée par de petits globules, qui sont ordinairement en suspension dans le lait et qui renferment une matière grasse ; la couche inférieure est bleuâtre, plus dense et moins consistante : c'est ce que l'on appelle le lait *écrémé*.

Le lait écrémé contient en dissolution un principe appelé *caséine*, du sucre de lait et divers sels minéraux. Lorsqu'on chauffe le lait écrémé à une température de 40° à 50°, et qu'on y ajoute un peu de présure, c'est-à-dire de la membrane interne de l'estomac du veau, la caséine se sépare sous forme d'un coagulum blanc, opaque et solide, et le liquide restant, qu'on appelle *sérum* ou petit-lait, est transparent et jaunâtre. La coagulation de la caséine peut aussi être déterminée par les acides.

Le sucre de lait que contient le sérum peut se transformer en *acide lactique* sous l'influence d'un ferment que M. Pasteur a découvert et qu'il nomme *levûre lactique*.

Il arrive quelquefois que pendant les chaleurs de l'été, ou par un temps orageux, le lait *tourne* en bouillant, c'est-à-dire que la caséine se coagule et se sépare du petit-lait. Cet inconvénient est dû à la formation de l'acide lactique, qui détermine la coagulation de la caséine. Il peut être évité par l'addition d'un peu de carbonate de soude. Ce sel sature l'acide au fur et à mesure qu'il se forme et s'oppose à son action sur la caséine.

BEURRE.

477. Le beurre est constitué par la matière grasse que renferment les globules du lait. Par le battage de la crème, on déchire la membrane qui forme l'enveloppe des glo-

bules, et la matière grasse se réunit en une masse qui constitue le beurre. Le battage de la crème se fait à l'aide d'instruments appelés *barattes*. Il y en a de plusieurs sortes.

La baratte ordinaire (fig. 138), qu'on nomme *beurrière*, *baratte à pompe*, *serène*, est un vase en bois que l'on peut

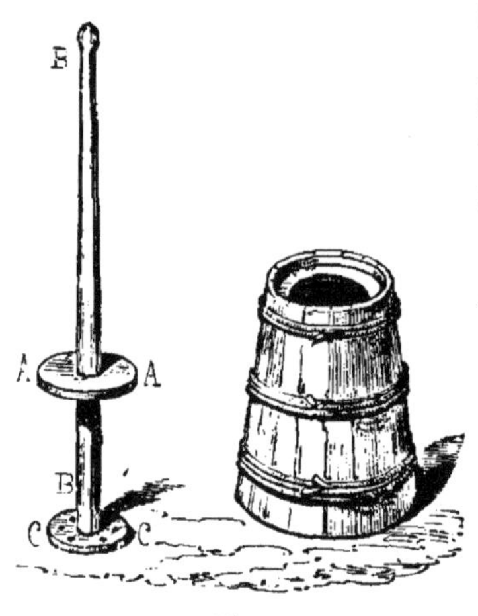

fermer avec une rondelle plate AA, percée d'un trou assez grand pour permettre à un bâton BB d'y glisser avec facilité. Ce bâton, qu'on appelle *batte-beurre*, *baraton* ou *piston*, porte à sa partie supérieure un disque de bois *cc*, percé de trous destinés à diviser la crème et à donner passage au lait de beurre. La crème est introduite dans la baratte, et, par un mouvement alternatif communiqué au baraton, elle est battue

Fig. 138.

jusqu'à formation du beurre.

En Normandie, la baratte employée n'est autre qu'un

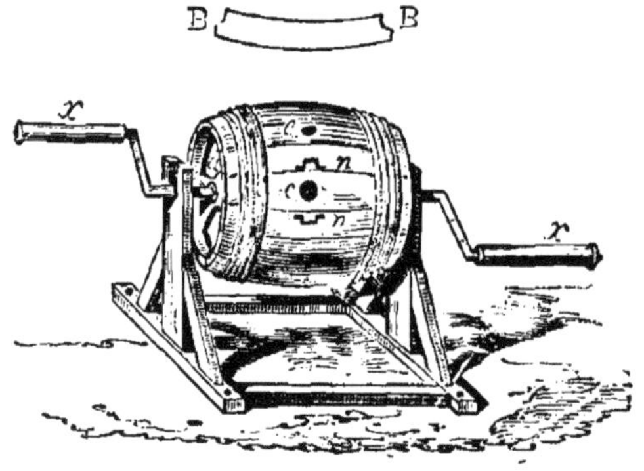

Fig. 139.

tonneau (fig. 139) qui peut tourner autour d'un axe horizontal, et qui porte à son intérieur, de distance en distance, des planchettes telles que BB, attachées à des douves opposées du baril. La crème est introduite dans la baratte, et, dans le mouvement de rotation imprimé à celle-ci, la crème se trouve battue contre les planchettes. Le *petit-lait baratté* ou *babeurre* sort par l'ouverture *e*, et le beurre est retiré par l'ouverture *c*.

Dans les Pyrénées, la baratte est un baril cylindrique

Fig. 140.

(fig. 140) dans l'axe duquel on fait tourner un moulinet à ailes.

Lorsque le beurre est fait, on enlève le petit lait et on lave le beurre à plusieurs reprises dans la baratte elle-même avec de l'eau très-fraîche; après ce premier lavage, le beurre est extrait et plongé dans l'eau froide, où on le pétrit en masses plus ou moins grosses.

Le beurre se conserve d'autant mieux qu'il contient moins de lait de beurre; car ce liquide favorise le développement des ferments.

FROMAGES.

478. On désigne sous le nom de *fromage* la partie caséeuse du lait mêlée à la partie butyreuse, le tout réduit à l'état de coagulum.

La fabrication du fromage peut se résumer en quelques mots. Le lait, tantôt pur, tantôt plus ou moins additionné de crème, est porté à 30° environ, et on y ajoute de la présure. La coagulation est complète au bout de deux heures.

Le caillé est divisé en fragments pour le séparer du petit-
lait; il se rassemble au fond du vase, et on le ramasse dans
une étamine. Lorsqu'il est égoutté, on le soumet à la presse.
Quelquefois on échaude le fromage ainsi formé en le mettant pendant deux heures dans du petit-lait chaud ou dans
de l'eau chaude; il est ensuite remis sous la presse. L'action de la chaleur a pour effet de donner plus de densité à
la croûte. On procède ensuite à la salaison en plongeant le
fromage entouré de linge dans une forte saumure, ou bien
encore en le frottant et le recouvrant de sel. Quand la salaison est terminée, ce qui arrive au bout de dix jours environ, on lave la surface des fromages à l'eau chaude ou
avec du petit-lait chaud, et on les place sur une planche où
on les laisse sécher. Quand ils sont secs, on les porte à la
cave, où ils restent plus ou moins longtemps, pour y subir
une espèce de fermentation, dont dépend le goût propre à
chacun d'eux.

479. En employant du lait, en ajoutant certains aromates
ou certaines matières colorantes et en faisant varier les
conditions de la fermentation, on obtient une quarantaine
de variétés de fromages, que l'on peut diviser en quatre
catégories.

1° Les fromages *cuits*, à pâte plus ou moins dure et pres-
sée, tels que le fromage de Gruyère, qui se fait en Suisse,
dans les Vosges, l'Ain et le Jura; le fromage de Parmesan,
qui se fabrique surtout dans le Milanais.

2° Les fromages *crus*, à pâte ferme, tels que les fromages d'Auvergne, le Chester, qui est coloré avec du rocou, le fromage de Hollande, le fromage de Roquefort, qui
est fait avec un mélange de lait de chèvre et de lait de
brebis.

3° Les fromages mous salés, tels que les fromages de
Brie, de Maroilles ou Marolles, le fromage du Mont-Dore
qui est fait avec du lait de chèvre.

4° Les fromages mous et frais, tels que le fromage de
Neufchâtel.

SANG.

480. Le sang est un liquide nourricier qui circule dans les vaisseaux des animaux et sert à leur nutrition. Il est rouge dans les animaux supérieurs.

Le sang est composé d'une partie aqueuse et transparente, contenant en dissolution deux principes importants, l'albumine et la fibrine, et de globules infiniment petits, que la figure 140 représente vus au microscope.

En A sont des globules de sang humain grossis environ quatre cents fois en diamètre; en A' sont des globules du sang des oiseaux, des reptiles et des batraciens.

Les globules colorés du sang sont formés d'une substance albuminoïde, d'une autre substance colorante ferrugineuse,

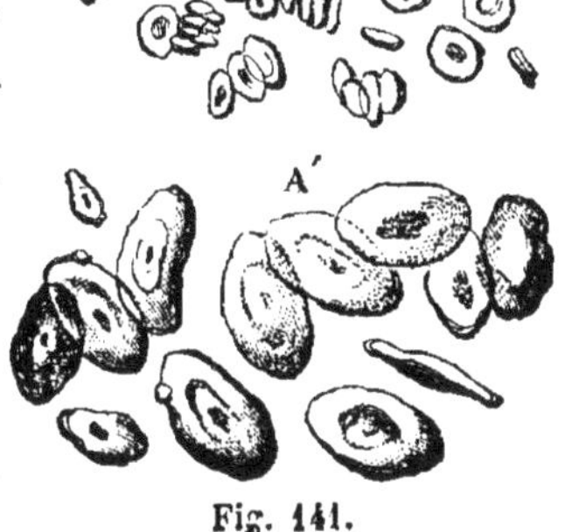

Fig. 141.

de quelques corps gras et salés, et de certaines matières appelées *matières extractives*.

Lorque le sang est sorti des vaisseaux et qu'il est abandonné à lui-même, il se coagule assez rapidement, parce que la fibrine passe de l'état soluble à l'état insoluble, et se précipite en emprisonnant les globules, avec lesquels elle forme une masse gélatineuse appelée *caillot*. Le liquide au milieu duquel flotte ce caillot est transparent, légèrement alcalin et appelé *sérum*. Il contient encore l'albumine en dissolution.

L'analyse suivante du sang veineux de l'homme donnera une idée approximative de la proportion suivant laquelle sont répartis les principes essentiels de ce liquide.

Eau	780,0
Globules.......	140,0
Albumine.............................	69,0
Fibrine.	2,2
Matières salines grasses...............	8,8
	1000,0

CHAIR DES ANIMAUX OU MUSCLES.

481. Les muscles qui sont attachés sur les os des animaux, et qui donnent à ceux-ci la facilité de se mouvoir,
grâce aux contractions qu'ils peuvent éprouver sous l'influence de la volonté, sont connus sous le nom de *chair* ou
viande. La structure des muscles est assez complexe ; outre
les fibres, qui sont l'élément principal, on y rencontre du
tissu cellulaire, du tissu adipeux, des vaisseaux sanguins,
des vaisseaux lymphatiques, des nerfs, et un certain nombre
de substances organiques, solubles dans l'eau, parmi lesquelles nous citerons l'acide *inosique* qui est doué d'un goût
de bouillon.

La fibrine forme la partie la plus importante des muscles ; elle est insoluble dans l'eau froide ou chaude ; elle a
une grande analogie de propriétés avec l'albumine coagu-
lée et la caséine ; ces trois substances azotées sont souvent
désignées sous le nom collectif de *matières albuminoïdes.*

La fibrine musculaire et la fibrine du sang ont été pendant
longtemps considérées comme deux corps identiques ; mais,
grâce aux travaux de M. Liebig, on les distingue maintenant l'un de l'autre, et l'on désigne la fibrine des muscles
sous le nom de *musculine.* La musculine se dissout immédiatement dans l'eau contenant $\frac{1}{10}$ d'acide chlorhydrique,
tandis que la fibrine du sang s'y gonfle et y devient gélatineuse sans se dissoudre. Ces deux substances jouissent
d'un pouvoir nutritif différent : celui de la musculine est
plus considérable que celui de la fibrine du sang.

Les chair *rouges,* telles que celles du mouton et du
bœuf, les chairs *noires,* telles que celles du lièvre, du daim,
du chevreuil et des oiseaux sauvages, sont plus riches en
musculine, en corpuscules sanguins, en matières sapides
et odorantes, que les chairs blanches des jeunes animaux,
comme le veau, l'agneau et le chevreau ; celles-ci sont plus
aqueuses et moins digestibles.

482. Cherchons maintenant à nous rendre compte des
phénomènes qui se passent dans la préparation du *bouillon*

ou *pot-au-feu*. Mise en contact avec l'eau froide, la viande lui cède une partie de l'albumine qu'elle renferme, des matières extractives, une partie des sels et la matière colorante du sang qui l'imprègne; aussi l'eau prend-elle une coloration rougeâtre. Lorsqu'on porte le liquide à l'ébullition, l'albumine et la matière colorante du sang se coagulent et viennent former à la surface des flocons que l'on enlève sous le nom d'*écumes*. En même temps la graisse se fond et forme des *yeux* à la surface du bouillon; le tissu cellulaire de la viande, modifié par l'action de l'eau bouillante, cède de la gélatine au bouillon. Quand la viande est restée dans l'eau pendant six à sept heures, à une température voisine de l'ébullition, elle ne retient presque plus de substances solubles, mais seulement des parties graisseuses, gélatineuses et albumineuses, qui restent entre les fibres et les attendrissent par leur interposition. Si le *bouilli* ne conservait pas ces parties, il serait très-dur, par suite de l'endurcissement que la cuisson fait éprouver à la fibrine.

Il est important, dans la préparation du bouillon, d'employer de l'eau froide dont on élève ensuite la température; car, lorsqu'on met la viande dans l'eau bouillante, l'albumine et la matière colorante du sang se coagulent immédiatement dans l'intérieur de la viande et s'opposent à l'action dissolvante de l'eau.

En résumé, le bouillon renferme de la gélatine, de l'albumine, des matières extractives, des principes volatils qui résultent d'une légère altération de la viande, des sels, du sel marin, et enfin les substances solubles que fournissent les légumes ajoutés ordinairement au *pot-au-feu*.

On peut faire un bouillon excellent de la manière suivante. On réduit en hachis 1 kilogramme de viande de bœuf sans graisse, on le mélange à son poids d'eau froide, avec une quantité suffisante de sel, on chauffe le mélange très-lentement, et, après quelques moments d'ébullition, on obtient, par l'expression dans un linge, 1 kilogramme de bouillon bien supérieur à celui que l'on préparerait avec les mêmes quantités de viande et d'eau par la méthode ordinaire.

La viande qui a servi à la préparation du bouillon a perdu une grande partie de ses facultés nutritives. M. Magendie a fait voir que les chiens, qui peuvent vivre en mangeant de la viande fraîche, meurent au bout de plusieurs mois s'ils sont exclusivement nourris avec de la viande cuite dans l'eau. La viande rôtie est plus nutritive, parce que la cuisson ne change pas sensiblement sa composition.

OS.

483. Les os sont la partie la plus solide du corps des animaux vertébrés ; ils en forment en quelque sorte la charpente. Les os se composent essentiellement d'une partie minérale, formée par des sels de chaux, et d'une matière organisée, l'*osséine*, dans laquelle se trouvent des vaisseaux et des nerfs ; une membrane mince, appelée *périoste*, les recouvre. Les os longs sont creux, et le canal intérieur qu'ils présentent renferme une matière que l'on appelle moelle. Lorsqu'on attaque les os par l'acide chlorhydrique, la partie minérale, composée principalement de phosphate et de carbonate de chaux, se dissout, et quand, au bout de dix jours, l'action de l'acide est terminée, il reste une masse molle et élastique, l'*osséine*, que l'action de l'eau bouillante peut transformer en *gélatine*. C'est ainsi qu'on fabrique la colle d'os.

La gélatine est une matière tout à fait neutre, soluble, incolore et transparente, sans odeur ni saveur, cassante quand elle est sèche, mais flexible et très-tenace quand elle est un peu humide. Dans l'eau froide, elle se gonfle, augmente de poids, et ne se dissout pas sensiblement ; l'eau bouillante ne la dissout que lorsqu'on l'a préalablement fait gonfler dans l'eau froide. La solution dans l'eau bouillante se prend, par le refroidissement, en une gelée transparente.

484. Les différentes colles dont se sert l'industrie ne sont pas toutes faites avec les os. La peau, les tendons, les cartilages des animaux peuvent aussi fournir, par l'action de l'eau, des colles de diverses espèces. La *colle de poisson* n'est

autre chose que la membrane interne de la vessie natatoire de plusieurs espèces d'esturgeons très-communs dans le Volga et autres fleuves qui se jettent dans la mer Noire et dans la mer Caspienne.

La *colle de Flandre* est une espèce de gélatine obtenue en faisant bouillir dans l'eau les rognures de peau, de parchemin, les peaux d'anguilles, de chevaux, de chats, de lapins, etc.

La *colle forte* est préparée avec des matières plus communes, telles que les os, les peaux, les tendons, les pieds de bœufs, les oreilles de moutons, de veaux, de chevaux, les débris de bourrelier, etc...

485. *Colle forte liquide.* On prépare une colle forte qui reste toujours liquide en dissolvant au bain-marie de la gélatine transparente avec un poids égal de vinaigre très-fort, un quart d'alcool et une petite quantité d'alun. Cette colle rend de grands services aux fabricants de fausses perles qui réunissent avec elle des fragments d'os, de corne, d'écaille, de nacre.

M. Dumoulin a fait connaître le procédé suivant pour rendre incorruptible la dissolution de colle forte. On dissout au bain-marie 1 kilogramme de colle forte dite de Givet, ou mieux de Cologne, dans un litre d'eau. On verse peu à peu dans la dissolution 200 grammes d'acide azotique à 36°, puis on laisse refroidir. Cette colle liquide se conserve indéfiniment.

CHAPITRE VIII

PUTRÉFACTION DES SUBSTANCES ORGANIQUES.
PROCÉDÉS DE CONSERVATION.

486. Putréfaction ou fermentation putride. — Les substances végétales et animales, lorsqu'elles sont soustraites à l'influence de la vie, s'altèrent en présence de l'air et de l'humidité. Cette altération, que l'on désigne sous le nom de putréfaction ou de fermentation putride, se fait avec dégagement de gaz infects. Toutes les transformations que subissent les matières organiques pendant la putréfaction n'ont jamais été étudiées d'une manière complète ; on sait seulement que, sous l'influence de l'oxygène atmosphérique, il se produit de l'eau et de l'acide carbonique et que l'azote se dégage à l'état d'ammoniaque.

Dans ces derniers temps, M. Pasteur a fait connaître la cause de la fermentation putride. Elle est produite par l'action combinée de deux espèces d'êtres microscopiques : 1° de très-petits infusoires qui respirent comme les autres animaux, en absorbant de l'oxygène ; 2° des vibrions nommés *animaux ferments*, qui non-seulement n'ont pas besoin d'oxygène pour vivre, mais qui meurent lorsqu'on les soumet à son action.

CONSERVATION DES MATIÈRES ORGANISÉES.

487. Les procédés de conservation des matières organisées ont pour objet de détruire les germes des ferments et d'empêcher leur développement.

La destruction des germes s'obtient soit en cuisant les substances à conserver et en les privant d'air, soit en faisant agir sur elles des substances capables d'empêcher la fermentation et appelées antiseptiques. La dessiccation des matières organiques ou l'abaissement de leur température empêche le développement des germes.

488. 1° Cuisson et privation d'air. — La coction a pour effet de détruire les germes des ferments et pourrait à elle seule empêcher la putréfaction, si l'air ne ramenait toujours de nouveaux germes. Aussi complète-t-on ses effets par la privation d'air. Un grand nombre de moyens ont été employés; ils sont tous des modifications du procédé d'Appert. Les aliments préparés comme s'ils devaient être mangés immédiatement sont introduits dans des boîtes en fer-blanc ; le couvercle est soudé avec soin, il est muni d'une ouverture par laquelle on verse la sauce de manière à emplir la boîte : on ferme cette ouverture à l'aide d'une pièce que l'on y soude, et on maintient la boîte pendant une heure environ dans un bain d'eau bouillante ou mieux dans l'eau salée à 105° ou 106°. L'effet de la chaleur est de détruire les germes.

Les viandes préparées par ce procédé sont encore bonnes après quinze ou vingt ans, mais cependant elles ont toujours une saveur particulière qui finit par exciter la répugnance des personnes dont elles sont la nourriture habituelle. Les légumes, tels que petits pois, haricots, se conservent très-bien dans des flacons en verre bien bouchés et chauffés ensuite à une température un peu supérieure à 100°.

Ce procédé de conservation ne s'applique ni au lait ni aux fruits mous.

489. 2° Conservation par l'emploi de substances antiseptiques. — Certaines substances ont la propriété, en détruisant les germes, d'assurer la conservation des matières organiques : on sait depuis longtemps que la viande fumée se conserve pendant un certain temps. Dans ce cas, l'effet est dû à certains produits, comme l'acide phénique et la créosote, qui se dégagent dans la combustion du bois et qui imprègnent la viande fumée. Le sel ou chlorure de sodium est aussi un très-bon antiseptique ; on lui ajoute maintenant un peu de salpêtre ou azotate de potasse qui communique à la viande une teinte rouge.

L'alcool est aussi un excellent antiseptrque, qui est surtout employé pour la conservation des fruits.

490. **Salaison.** — La salaison des viandes constitue une industrie importante; c'est en Angleterre et en Irlande que les procédés sont les plus parfaits. Le système d'abatage n'est pas indifférent; on a reconnu que l'assommage donnait les meilleurs résultats. Les animaux destinés à la salaison ne doivent jamais être soufflés, comme le font souvent les bouchers pour séparer la peau des muscles. Ils doivent être dépecés et vidés avec beaucoup de propreté. Le saleur saupoudre la viande avec du sel, et, pour mieux faire pénétrer celui-ci dans les tissus, frotte chaque pièce pendant une minute; chaque morceau passe ainsi dans la main de trois ou quatre ouvriers : le dernier examine chaque morceau, écarte les gros muscles et fait pénétrer le sel dans les points qui n'en ont pas encore reçu. Les pièces sont ensuite rangées dans de grandes cuves où on les abandonne pendant quinze jours environ, en ayant soin d'arroser tous les matins avec de la saumure que l'on pompe du fond. Puis on embarille, c'est-à-dire qu'on dispose dans des tonneaux la viande et le sel par rangées alternatives.

Les légumes peuvent aussi se conserver par la salaison.

491. **Conservation par dessiccation.** — La dessiccation est un des moyens de conservation les plus anciens et les plus parfaits. Elle rend impossible le développement des germes. Ce procédé consiste à découper la viande par tranches minces que l'on fait sécher au soleil. Les produits ainsi conservés laissent beaucoup à désirer.

Ce procédé est appliqué industriellement pour la conservation des fruits (pruneaux, figues, poires tapées), pour celles des légumes.

Voici le procédé suivi pour la conservation des légumes dans les usines de MM. Chollet et Cie.

Les légumes épluchés avec soin, lavés et coupés, sont cuits complétement par la vapeur dans des appareils à haute pression, où ils subissent une température de 112 ou 115°. Après la cuisson, qui est faite au bout de quelques minutes, les légumes sont rangés sur des châssis en cane-

vas, dans des séchoirs où circule un courant d'air chaud et
sec. Cet air qui, à son entrée, ne marque que 5° environ à
l'hygromètre et 45° au thermomètre, sort presque saturé
d'eau à une température de 28° à 31°. Sous l'action de ce
courant d'air, les légumes sont bientôt parfaitement desséchés, et en sortant du séchoir ils sont secs et cassants : on
les expose à l'air pendant quelque temps pour qu'ils y reprennent un peu de vapeur d'eau qui les rend flexibles et
maniables.

Lorsque les légumes sont destinés à l'approvisionnement
des navires et de l'armée, ils sont comprimés par des
presses hydrauliques, de manière à être d'un transport plus
facile. Trempés dans l'eau pendant une demi-heure, ils reprennent leur volume primitif et peuvent être cuits comme
des légumes frais.

492. Conservation par le froid. — Les substances organisées ne se putréfient pas tant qu'elles sont exposées à
un froid suffisant. Le contact de la glace suffit à assurer la
conservation de la viande et du poisson, mais nous devons
ajouter que les substances conservées par la glace se putréfient plus rapidement que les autres, toutes choses égales
d'ailleurs, dès qu'elles cessent d'être soumises à l'action de
cet agent conservateur.

493. Conservation du lait. — La conservation du lait a
été l'objet des recherches les plus variées. Les procédés qui
donnent les meilleurs résultats sont ceux de M. de Lignac
et celui de M. Grimewade.

Procédé de M. de Lignac. Ce procédé consiste à faire dissoudre 10 kilogrammes de sucre blanc dans 100 kilogrammes de lait frais puis à évaporer le lait en le maintenant à
une température de 75° à 80°, et en l'agitant constamment
de manière qu'il ne se forme pas de crème. Quand il a pris
la consistance du miel, il est introduit dans des boîtes en
fer-blanc, qui sont ensuite fermées, soudées, puis passées
au bain-marie comme les autres conserves. Ce produit, dissous dans trois fois son poids d'eau, donne un produit fort
difficile à distinguer du lait sucré ordinaire ; il bout, monte
comme le lait frais et se couvre d'une couche de crème.

Procédé de M. Grimewade. En Angleterre, M. Grimewade pratique sur une grande échelle le procédé suivant :

On prend le lait aussi frais que possible, et on y ajoute un peu de sucre et de carbonate de soude. On le soumet ensuite à une rapide évaporation en le portant à une température de 95°. Le lait épaissi est transvasé dans des vases non métalliques, en marbre ou en porcelaine, où il est remué par des spatules jusqu'à ce que le liquide prenne la consistance d'une pâte ferme. La matière est ensuite passée entre deux cylindres de granit qui la transforment en rubans minces qu'achève de dessécher un courant d'air sec soufflé sur les cylindres. Ces rubans sont ensuite rapidement pulvérisés, la poudre fine qu'ils donnent est de nouveau desséchée et renfermée dans des vases bien clos.

Pour employer cette conserve, il suffit d'ajouter à la poudre huit à dix fois son volume d'eau. Une expérience faite sur une conserve de quatre années a donné un produit qui s'est comporté comme du lait frais.

494. Conservation du beurre. — Le procédé le plus employé pour la conservation du beurre est le salage. Après avoir étendu le beurre en couches minces sur une table, on le saupoudre de sel finement pulvérisé, puis on le malaxe avec un rouleau, de manière à incorporer le sel dans la masse. La quantité de sel employée varie suivant que l'on veut avoir du beurre demi-sel, salé moyennement ou sursalé. On emploie 1 kilogramme de sel pour 12 à 20 kilogrammes de beurre.

Le beurre fondu est aussi très-employé. Pour le préparer, on le fond, puis on l'écume; on le laisse ensuite reposer, et on le décante en laissant au fond du chaudron le dépôt qui s'y est formé. On peut ajouter un peu de sel pour faciliter la conservation. Le beurre fondu est toujours un produit d'assez mauvaise qualité.

495. Conservation des œufs. — Les procédés que l'on a essayés pour la conservation des œufs sont assez nombreux.

. Appert les introduisait dans une bouteille qu'il remplissait ensuite de chapelure pour les empêcher de se casser les uns contre les autres, et les soumettait pendant quelques minutes à une température de 70° environ. Ce procédé est encore employé.

On conserve aussi un très-grand nombre d'œufs, et d'une manière très-économique, en les maintenant dans un bain d'eau de chaux. La chaux, pénétrant au travers des parois de la coque, forme avec la première couche d'albumine un ciment qui empêche l'air de pénétrer.

La gélatine, appliquée en couche mince sur les œufs, les préserve aussi du contact de l'air et en assure la conservation.

APPENDICE

496. Dans tout cet ouvrage nous avons représenté les principales réactions chimiques par des légendes qui expriment les échanges de corps simples faits entre les corps composés. Nous avons évité de faire usage des formules employées par les chimistes, formules dont l'apparence algébrique effraye souvent les personnes qui commencent l'étude de la chimie. Mais ces formules simplifient tellement l'exposé des réactions, pour ceux qui en ont pris l'habitude, que nous croyons devoir en expliquer le mécanisme, en précisant d'abord la notion d'*équivalents* indiquée au paragraphe 25. Nous donnerons ensuite les formules ayant trait aux principales réactions exposées dans cet ouvrage, en renvoyant le lecteur aux paragraphes auxquels elles se rapportent.

NOTIONS SUR LES ÉQUIVALENTS CHIMIQUES

497. Lorsqu'on plonge une lame de cuivre rouge dans la dissolution d'un sel appelé *azotate d'oxyde d'argent* (composé d'acide azotique et d'oxyde d'argent), on voit bientôt la liqueur, qui était incolore, devenir bleue, une poudre grisâtre se former au contact de la lame de cuivre et se déposer au fond du vase. Aucun gaz ne s'est dégagé et il n'y a pas d'acide mis en liberté. Voici ce qui s'est produit : le cuivre a décomposé l'azotate d'oxyde d'argent, a chassé l'argent de la combinaison et a pris sa place. Il s'est donc formé de l'azotate d'oxyde de cuivre, et, comme ce sel est bleu, il communique sa couleur à la liqueur ; quant à l'argent chassé par le cuivre, il s'est déposé sous forme de poudre grisâtre.

Nous avons là l'exemple d'un corps, le cuivre, qui se substitue à un autre pour donner lieu à un composé analogue à celui que formait le corps éliminé, l'argent. Il y a plus : cette substitution ne se fait pas en proportions quelconques, et si l'on pèse la lame de cuivre à différents moments de l'expérience pour savoir ce qu'elle a perdu, si l'on pèse la quantité d'argent qui s'est déposée pendant le même temps, on trouvera que, pendant que 31 parties de cuivre se dissolvent, 108 parties d'argent se déposent, et cela à tous les instants de l'expérience, c'est-à-dire, par exemple, que :

31 milligr. de cuivre auront remplacé 108 milligr. d'argent.
31 centigr.   —   —   108 centigr.   —
31 décig.   —   —   108 décigr.   —
31 grammes.   —   —   108 grammes. —
    etc.   etc.

On pourrait maintenant reprendre la dissolution d'azotate d'oxyde de cuivre et y plonger une lame de fer. Le fer décomposerait le sel et se substituerait au cuivre, qui se déposerait sous forme de poudre rouge, et l'on constaterait que, pour 31 parties de cuivre déposées, il se dissout 28 parties de fer. Ces 28 parties de fer sont donc capables de former avec l'oxygène et l'acide azotique un composé, l'azotate d'oxyde de fer, tout à fait analogue par l'ensemble de ses propriétés à celui que le cuivre formait avec les mêmes poids de ces corps. La chimie nous offre des exemples nombreux de ces substitutions.

Les expériences précédentes nous montrent que des quantités différentes, en poids, de corps différents peuvent se substituer les unes aux autres dans les réactions chimiques et y jouer le même rôle chimique. Ces quantités représentent ce qu'on appelle *les équivalents des corps*.

Ce sont les recherches de Wenzel[1] et de Richter[2] qui ont introduit dans la science cette notion des équivalents. Nous allons les exposer rapidement.

1. Wenzel, chimiste allemand de la fin du siècle dernier.
2. Richter, chimiste, qui vivait à Berlin à la fin du siècle dernier.

498. Équivalents des acides et des bases. — Lorsqu'on combine une base avec un acide, on peut, en choisissant convenablement les quantités relatives de l'un et de l'autre, produire un sel neutre, dans lequel les propriétés caractéristiques de l'acide et de la base se neutralisent mutuellement, le sel n'ayant d'action sur la teinture du tournesol ni pour la rougir lorsqu'elle est bleue, ni pour la bleuir lorsqu'elle est rouge.

C'est ainsi que :

47 p. de potasse comb. à 40 d'ac. sulfur. donnent un sulf. neutre de pot				
31 p. de soude	—	—	—	de soude,
28 p. de chaux	—	—	—	de chaux,
20 p. de magnésie	—	—	—	de magnésie.

Le tableau précédent montre que 47 parties de potasse, 31 de soude, 28 de chaux, 20 de magnésie s'*équivalent* devant 40 parties d'acide sulfurique, puisqu'elles les neutralisent et sont neutralisées par elles.

On arrive ainsi à l'idée d'équivalence des bases, et les nombres précédents sont dits les *équivalents des bases* auxquelles ils se rapportent.

On arrive d'une manière analogue à l'équivalence des acides :

40 p. d'acide sulfur. comb. à 47 de pot., donnent un sulf. neutre de pot.						
54	—	azotique	—	—	azotate	—
75,5	—	chlorique	—	—	chlorate	—
11,5	—	perchlorique	—	—	perchlorate	—

Donc 40 d'acide sulfurique, 54 d'acide azotique, 75,5 d'acide chlorique, 91,5 d'acide perchlorique s'équivalent devant 47 parties de potasse, puisqu'elles les neutralisent et sont neutralisées par elles. Ces nombres sont dits les *équivalents* de ces acides.

499. Équivalents des métaux. — Richter, par les expériences que nous avons citées (§ 497), était arrivé à montrer que des quantités différentes de métal peuvent être équivalentes. Cette idée ressort plus nettement encore de ce qui suit.

En analysant les quantités indiquées plus haut comme

représentant des quantités équivalentes de bases, on a trouvé que :

47 p. de potasse renfermaient	39 de potassium et 8 d'oxygène.
31 p. de soude —	23 de sodium	—
28 p. de chaux —	20 de calcium	—
20 p. de magnésie —	12 de magnésium	—

On voit que des quantités équivalentes de bases renferment la même quantité d'oxygène ; on peut donc, par conséquent, dire que les quantités 39 de potassium, 23 de sodium, 20 de calcium, 12 de magnésium sont *équivalentes*, puisque, combinées avec le même poids 8 d'oxygène, elles donnent des quantités *équivalentes* de bases.

L'*équivalent d'un métal* est la quantité de ce métal qui est combinée avec 8 d'oxygène dans l'oxyde basique de ce métal.

Pour déterminer l'équivalent d'un métal, il n'y aura donc qu'à déterminer la quantité de ce métal qui se combine avec 8 parties d'oxygène pour former un oxyde basique. 33 est l'équivalent du zinc, parce que 33 parties de zinc se combinent avec 8 parties d'oxygène pour former l'oxyde basique de zinc.

Dans certains cas, il se présente des difficultés que l'on résout par des considérations sur lesquelles nous n'insisterons pas.

500. Équivalents des métalloïdes. — Quand il s'agit des métalloïdes, on détermine leurs équivalents par la considération de leurs oxydes acides, et on appelle *équivalent d'un métalloïde* la quantité de ce métalloïde qui entre dans un équivalent d'acide formé par ce métalloïde.

L'analyse des acides suivants a prouvé que :

40 parties ou l'équivalent d'ac.	sulfur. contenait	16	p. de soufre.
54 —	—	—	azotique	— 14	p. d'azote.
75,5 —	—	—	chlorique	— 35,5	p. de chlore.
71 —	—	—	phosphorique	— 31	p. de phosphore.
22 —	—	—	carbonique	— 6	p. de carbone.

On en conclut que 16, 14, 35,5, 31 et 6 sont les équivalents du soufre, de l'azote, du chlore, du phosphore et du carbone.

501. Unité d'équivalent. — On a pris l'hydrogène comme unité d'équivalent parce qu'on a remarqué que l'équivalent de la plupart des corps était un multiple exact de celui de l'hydrogène. En partant de là, on a admis que l'eau se compose de 1 équivalent d'hydrogène combiné avec 1 équivalent d'oxygène, et comme l'analyse de l'eau nous a appris que ce corps se compose de 1 partie d'hydrogène combinée avec 8 parties d'oxygène, on en conclut que l'équivalent de l'oxygène est 8.

502. Notations et formules chimiques. — Pour éviter des longueurs dans le langage, pour simplifier l'expression des nombreuses réactions que la chimie étudie et explique, Lavoisier a proposé de représenter les corps par des symboles. Cette idée ne fut pas acceptée par tous les chimistes et, plus tard, Berzelius, fécondant l'inspiration de Lavoisier, inventa l'écriture chimique, qui est aujourd'hui généralement en usage, et dont nous allons sommairement exposer les principales règles

Chaque corps est représenté par un symbole, qui est ordinairement une ou deux lettres de son nom. L'oxygène a pour symbole O, le chlore Cl, le fer Fe, le zinc Zn, le cuivre Cu, l'argent Ag, etc. Ces symboles ne sont pas seulement une manière abrégée d'écrire les noms des corps, mais ils représentent de plus les équivalents de ces corps. O représente 8 d'oxygène, Cl 35,5 de chlore, Zn 33 de zinc, Cu 31 de cuivre, Fe 28 de fer, Ag 108 d'argent, etc

Les deux tableaux suivants offrent la liste des métalloïdes et des métaux. En regard du nom de chaque corps, on a écrit son symbole et son équivalent.

MÉTALLOÏDES

Arsenic	As...	75,00	Iode	Io ...	127,00
Azote	Az. ..	14,00	Oxygène	O.....	8,00
Bore	Bo. ..	7,20	Phosphore	Ph...	31,00
Brome	Br ...	80,00	Sélénium	Se ..	39,75
Carbone	C ...	6,00	Silicium	Si....	14,00
Chlore	Cl	35,50	Soufre	S.....	16,00
Fluor	Fl....	19,00	Tellure	Te...	65,50
Hydrogène	H	1,00			

MÉTAUX

Aluminium.....	Al....	13,75	Molybdène.....	Mo...	48,00
Antimoine.....	Sb....	120,00	Nickel.........	Ni ...	29,50
Argent.........	Ag ...	108,00	Niobium.......	Nb...	47,00
Baryum	Ba....	68,50	Or.............	Au...	196,20
Bismuth.......	Bi....	210,00	Osmium	Os ...	99,30
Cadmium	Cd....	58,50	Palladium	Pd ...	53,25
Calcium	Ca....	20,00	Platine	Pt ...	98,30
Cérium	Ce....	46,00	Plomb.........	Pb...	103,50
Chrome........	Cr....	26,20	Potassium	K	39,14
Cobalt.........	Co....	29,50	Rhodium	Rh...	52,00
Cæsium........	Cs....	133,00	Rubidium......	Rb...	85,36
Cuivre.........	Cu....	31,75	Ruthénium	Ru...	52,16
Didymium	Di....	48,08	Sodium........	Na...	23,00
Erbium	Er....	170,60	Strontium	Sr ...	43,60
Etain	Sn....	59,00	Tantale........	Ta ...	94,00
Fer............	Fe....	28,00	Thallium.......	Tl ...	204,00
Gallium........	Ga....	35,00	Thorium.......	Th ...	59,50
Indium	In....	56,70	Titane.........	Ti ...	24,00
Glucinium	Gl....	7,00	Tungstène	W ...	92,09
Iridium	Ir....	98,60	Uranium	U	60,00
Lanthane......	La....	46,00	Vanadium	Vn...	51,20
Lithium........	Li....	7,00	Yttrium........	Y	»
Magnésium	Mg...	12,00	Zinc..........	Zn...	33,00
Manganèse.....	Mn...	27,60	Zirconium.....	Zr....	45,00
Mercure	Hg ...	100,00			

Les composés binaires se représentent en réunissant
l'un à côté de l'autre les symboles de leurs éléments. On
est convenu d'écrire le premier le symbole du corps
électro-positif, c'est-à-dire le corps qui, dans la décomposition du composé par le courant électrique, va au
pôle négatif; dans la nomenclature parlée, c'est le contraire.

L'eau se compose de 1 équivalent d'hydrogène et de
1 équivalent d'oxygène; son symbole est HO.

L'acide sulfurique se compose de 1 équivalent de
soufre et de 3 équivalents d'oxygène; son symbole est
SO^3. Le chiffre 3 mis en exposant, à côté et au-dessus de
O, indique qu'il a trois équivalents d'oxygène.

La potasse, qui se compose de 1 équivalent de potassium et de 1 équivalent d'oxygène, a pour symbole KO.

Le sesquioxyde de fer, qui se compose de 2 équivalents de fer unis à 3 équivalents d'oxygène, a pour symbole Fe^2O^3.

Pour représenter un sel, on écrit, à la suite l'un de l'autre, le symbole de la base et celui de l'acide, en les séparant par une virgule. Le sulfate de potasse a pour symbole KO,SO^3.

Lorsqu'il entre dans un sel plusieurs équivalents de base ou plusieurs équivalents d'acide, on met, en avant du symbole de la base ou en avant du symbole de l'acide, un coefficient qui représente le nombre d'équivalents employés.

Ainsi le bisulfate de potasse, qui se compose de 1 équivalent de potasse uni à 2 équivalents d'acide, a pour formule $KO,2SO^3$.

Le sesquicarbonate de soude, qui contient 2 équivalents de soude unis à 3 équivalents d'acide carbonique, a pour symbole $2NaO,3CO^2$.

503. Egalités chimiques. — A l'aide de ces symboles, on parvient à représenter d'une manière très simple des réactions très compliquées, et bien plus facilement qu'on ne pourrait le faire en se servant du langage ordinaire.

Quand plusieurs corps mis en présence réagissent l'un sur l'autre et donnent lieu à de nouveaux corps, on représente la réaction de la manière suivante : on écrit d'abord les symboles des corps mis en présence en les séparant par le signe $+$; on fait suivre cette énumération du signe $=$ et on écrit à la suite les symboles des corps nouveaux produits dans la réaction en séparant ces symboles par le signe $+$.

Veut-on exprimer une décomposition : par exemple, la décomposition de l'oxyde de mercure, dont le symbole est HgO, en mercure et en oxygène, on écrira :

$$HgO = Hg + O.$$

Il est évident que l'on doit retrouver dans la seconde partie de l'égalité tout ce qui entre dans la première ; c'est là une manière de vérifier si l'on ne s'est pas trompé en écrivant l'expression de la réaction.

FORMULES DES PRINCIPALES RÉACTIONS EXPOSÉES DANS LE CORPS DE L'OUVRAGE

PRÉPARATION DE L'OXYGÈNE (§ 37)

1° *Par le bioxyde de mercure.*

$$HgO = Hg + O$$

Bioxyde de mercure.   Mercure.   Oxygène.

L'équivalent du mercure est 100, celui de l'oxygène est 8. HgO représente donc 108 parties de bioxyde de mercure, et l'égalité précédente montre que 108 parties de bioxyde de mercure donnent lieu par leur décomposition à 100 parties de mercure et à 8 parties d'oxygène.

2° *Par le chlorate de potasse.*

La potasse a pour symbole KO, l'acide chlorique ClO^5, le chlorure de potassium KCl : la réaction aura pour expression

$$KO, ClO^5 = KCl + 6O$$

Chlorate de potasse.   Chlorure de potassium.   Oxygène

Les équivalents du potassium, du chlore et de l'oxygène sont 39, 35,5 et 8 ; l'équivalent du chlorate de potasse $KOClO^5$ est donc

$$39 + 8 + 35,5 + 5 \times 8 = 122,5.$$

La formule précédente exprime donc que 122,5 parties de chlorate de potasse donneront lieu par leur décomposition à 74,5 parties de chlorure de potassium et à 40 d'oxygène.

COMBUSTION DU SOUFRE, DU PHOSPHORE ET DU FER DANS L'OXYGÈNE (§ 39)

1° *Combustion du soufre.*

$$S + 2O = SO^2$$

Soufre.   Oxygène.   Acide sulfureux.

2° *Combustion du phosphore.*

$$Ph + 5O = PhO^5$$
Phosphore. Oxygène. Acide
phosphorique

3° *Combustion du fer.*

$$3Fe + 4O = Fe^3O^4$$
Fer. Oxygène. Oxyde
magnétique
de fer.

PRÉPARATION DE L'HYDROGÈNE (§ 69)

1° *Par le fer et l'eau.*

$$3Fe + 4HO = Fe^3O^4 + 4H$$
Fer. Eau. Oxyde Hydrogène.
magnétique
de fer.

2° *Par le zinc, l'eau et l'acide sulfurique.*

$$Zn + SO^3HO = ZnO,SO^3 + H$$
Zinc Acide Sulfate Hydrogène.
sulfurique d'oxyde
hydraté. de zinc.

PRÉPARATION DE L'ACIDE AZOTIQUE

Par l'azotate de potasse et l'acide sulfurique.

$$KO,AzO^5 + 2SO^3,HO = KOHO,2SO^3 + AzO^5HO$$
Azotate Acide Bisulfate Acide
de potasse. sulfurique. de potasse. azotique hydraté.

PRÉPARATION DE L'AMMONIAQUE (§ 95)

Par le chlorhydrate d'ammoniaque et la chaux.

$$AzH^3,HCl + CaO = AzH^3 + HO + CaCl$$
Chlorhydrate Chaux. Ammoniaque. Eau. Chlorure
d'ammoniaque. de calcium.

PRÉPARATION DE L'ACIDE SULFUREUX

1° *Par le cuivre et l'acide sulfurique (§ 110)*

$$Cu + 2SO^3HO = CuOSO^3 + 2HO + SO^2$$
Cuivre. Acide Sulfate Eau. Acide
sulfurique. d'oxyde sulfureux.
de cuivre.

2° Par le charbon et l'acide sulfurique.

$$C + 2SO^3HO = SO^2 + HO + CO^2$$

Charbon.   Acide sulfurique.   Acide sulfureux.   Eau.   Acide carbonique.

RÉACTIONS DE LA PRÉPARATION DE L'ACIDE SULFURIQUE (§ 120)

$$AzO^5,HO + SO^2 = AzO^4 + SO^3,HO$$

Acide azotique hydraté.   Acide sulfureux.   Acide hypoazotique.   Acide sulfurique hydraté.

L'acide hypoazotique au contact de l'eau, qui est envoyé dans les chambres à l'état de vapeur, se décompose en acide azotique et en acide azoteux.

$$2AzO^4 + 2HO = AzO^5,HO + AzO^3,HO$$

Acide hypoazotique.   Eau.   Acide azotique hydraté.   Acide azoteux hydraté.

L'acide azoteux au contact de l'eau donne lieu à de l'acide azotique et à du bioxyde d'azote.

$$3AzO^3 + 2HO = AzO^5,HO + 2AzO^2$$

Acide azoteux.   Eau.   Acide azotique.   Bioxyde d'azote.

Le bioxyde d'azote, au contact de l'oxygène de l'air introduit dans les chambres, donne lieu à de l'acide hypoazotique, qui se transformera lui-même en acide azotique et en acide azoteux.

$$AzO^2 + 2O = AzO^4$$

Bioxyde d'azote.   Oxygène.   Acide hypoazotique.

On voit par ces différentes réactions que l'acide azotique désoxydé par l'acide sulfureux se régénère constamment et que théoriquement on peut, avec une quantité limitée d'acide azotique, préparer des quantités illimitées d'acide sulfurique, à condition d'introduire constamment dans les chambres de l'acide sulfureux, de la vapeur d'eau et de l'air.

PRÉPARATION DE L'ACIDE SULFHYDRIQUE (§ 126)

Par le sulfure d'antimoine et l'acide chlorhydrique.

$$SbS^3 + 3HCl = SbCl^3 + 3HS$$

Sulfure d'antimoine.   Acide chlorhydrique.   Chlorure d'antimoine   Hydrogène sulfuré.

PRÉPARATION DU CHLORE (§ 129)

Par le bioxyde de manganèse et l'acide chlorhydrique.

$$MnO^2 + 2HCl = MnCl + 2HO + Cl$$

Bioxyde de manganèse.   Acide chlorhydrique.   Chlorure de manganèse.   Eau.   Chlore.

PRÉPARATION DE L'ACIDE CHLORHYDRIQUE (§ 142)

Par le chlorure de sodium et l'acide sulfurique.

$$NaCl + 2SO^3,HO = NaO,HO,2SO^3 + HCl$$

Chlorure de sodium.   Acide sulfurique hydraté.   Sulfate acide de soude.   Acide chlorhydrique.

DÉCOMPOSITION DE L'ACIDE CARBONIQUE PAR LE CHARBON (§ 176)

$$CO^2 + C = 2CO$$

Acide carbonique.   Charbon.   Oxyde de carbone.

PRÉPARATION DE L'ACIDE CARBONIQUE (§ 177)

Par le carbonate de chaux et l'acide chlorhydrique.

$$CaO,CO^2 + HCl = CO^2 + CaCl + HO$$

Carbonate de chaux.   Acide chlorhydrique.   Acide carbonique.   Chlorure de calcium.   Eau.

PRÉPARATION DE L'OXYDE DE CARBONE (§ 183)

Par l'acide oxalique et l'acide sulfurique.

$$C^2O^3,HO = CO + CO^2 + HO$$

Acide oxalique.   Oxyde de carbone.   Acide carbonique.   Eau.

L'acide sulfurique produit la décomposition en s'emparant de HO.

FORMULES D'UN CERTAIN NOMBRE DE CORPS ÉTUDIÉS DANS CE LIVRE

Carbonate de potasse : KO,CO^2
Carbonate de soude : NaO,CO^2.
Chlorure de sodium : $NaCl$.
Azotate de potasse : KO,AzO^5.

Chaux : CaO.

Carbonate de chaux : CaO, CO^2.

Bicarbonate de chaux : $CaO, 2CO^2$.

Sulfate de chaux : CaO, SO^3.

Alumine : Al^2O^3.

Alun de potasse : $KO, SO^3 + Al^2O^3, 3SO^3 + 24HO$.

Alun d'ammoniaque : $AzH^3, HO, SO^3 + Al^2O^3, 3SO^3 + 24HO$.

Protoxyde de fer : FeO.

Sesquioxyde de fer : Fe^2O^3.

Oxyde magnétique de fer : Fe^3O^4.

Protoxyde d'étain : SnO.

Bioxyde d'étain : SnO^2.

Protoxyde de plomb : PbO.

Minium : Pb^3O^4.

Oxyde noir de cuivre : CuO.

Sous-oxyde rouge de cuivre : Cu^2O

Protoxyde de mercure : Hg^2O

Bioxyde de mercure : HgO.

Acide acétique : $C^4H^3O^3, HO$.

Acide oxalique : C^2O^3, HO.

Acide citrique : $C^6H^6O^6$.

Acide tannique : $C^{28}H^{10}O^{18}$.

Cellulose : $C^{42}H^{40}O^{40}$.

Glucose : $C^{12}H^{12}O^{12}$.

Sucre de canne ou de betteraves : $C^{24}H^{22}O^{22}$.

Alcool : $C^4H^6O^2$.

FIN

TABLE DES MATIÈRES

LIVRE PREMIER

LIVRE II

MÉTAUX

Chapitre I. — Propriétés générales

Chapitre II. — Alliages métalliques.

Chapitre III. — Action de l'oxygène, du soufre et du chlore sur les métaux.

Chapitre IV. — Sels

LIVRE III

Chapitre I. —- Potasses et soudes. Leur application au blanchissage. Sel gemme. Sel marin. Salpêtre. Poudre a canon.

Chapitre II. — Chaux. Mortiers. Carbonate de chaux et sulfate de chaux. Aluminium et ses composés usuels.

Chapitre III. — Argiles. Poteries. Faience. Porcelaine. Verres. Cristal.

CHAPITRE IV. — FER. FONTE. ACIER. ZINC. ÉTAIN. PLOMB. CUIVRE.
MERCURE. ARGENT. OR. PLATINE.

LIVRE IV

CHIMIE ORGANIQUE

CHAPITRE I. — ACIDES ET BASES ORGANIQUES.

CHAPITRE II. — MATIÈRES ORGANIQUES NEUTRES. CELLULOSE. BOIS. LEUR
CONSERVATION. FABRICATION DU PAPIER.

CHAPITRE III. — SUCRES.

FIN DE LA TABLE

SOCIÉTÉ ANONYME D'IMPRIMERIE DE VILLEFRANCHE-DE-ROUERGUE
Jules Bardoux, Directeur.

9 782016 150481